Mathématiques
et
Applications

Directeurs de la collection:
J. Garnier et V. Perrier

72

For further volumes:
http://www.springer.com/series/2966

MATHÉMATIQUES & APPLICATIONS

Hervé Le Dret

Équations aux dérivées partielles elliptiques non linéaires

Hervé Le Dret
Laboratoire Jacques-Louis Lions
Université Pierre et Marie Curie
Paris
France

ISSN 1154-483X
ISBN 978-3-642-36174-6 ISBN 978-3-642-36175-3 (eBook)
DOI 10.1007/978-3-642-36175-3
Springer Heidelberg New York Dordrecht London

Library of Congress Control Number: 2013931944

Mathematics Subject Classification (2010): 35J15, 35J20, 35J25, 35J47, 35J50, 35J57, 35J60, 35J61, 35J62, 35J66, 35J87, 35J88, 35J92, 49J35, 49J40, 49J45, 49J50

Imprimé sur papier non acide

Springer est membre du groupe Springer Science+Business Media (www.springer.com)

Préface

Cet ouvrage est issu d'un cours de Master 2 enseigné à l'UPMC entre 2004 et 2007, à partir de notes substantiellement réécrites et augmentées. Nous y présentons une sélection de techniques mathématiques orientées vers la résolution des équations aux dérivées partielles elliptiques semi-linéaires et quasi-linéaires, agrémentée d'exemples et d'exercices. Cette sélection ne tend pas à l'exhaustivité ni à établir un état de l'art en la matière. Nous ne revenons pas sur les démonstrations des résultats de cours standards en analyse réelle pour les équations aux dérivées partielles de niveau Master 1.

Le premier chapitre est justement consacré à des rappels d'analyse réelle et d'analyse fonctionnelle, principalement intégration, distributions, espaces de Sobolev, topologies faibles, donnés le plus souvent sans démonstration. Il est conçu comme une sorte de vade-mecum. Nous y démontrons également quelques résultats d'intérêt général réutilisés plusieurs fois dans les chapitres suivants. Une annexe, dont la lecture n'est pas requise pour la suite, permettra néanmoins de satisfaire la curiosité du lecteur pour ce qui concerne les espaces vectoriels topologiques parfois un peu exotiques que l'on est amenés à manipuler dans la pratique.

Le deuxième chapitre est consacré à la démonstration des grands théorèmes de point fixe : points fixes de Brouwer et de Schauder, suivie par des applications à la résolution d'équations aux dérivées partielles semi-linéaires.

Déjà rencontrés au chapitre 2, les opérateurs de superpositions sont étudiés plus en détail au chapitre 3 où l'on s'intéresse à leurs propriétés de continuité ou de non continuité pour diverses topologies dans divers espaces. On introduit en particulier la notion de mesures de Young.

Le chapitre 4 revient à la résolution d'équations aux dérivées partielles elliptiques non linéaires avec la présentation de la méthode de Galerkin, c'est-à-dire la réduction d'une formulation variationnelle à la dimension finie suivi d'un passage à la limite quand cette dimension tend vers l'infini, sur deux exemples. Le premier exemple est l'exemple semi-linéaire déjà traité par point fixe au chapitre 2 et le deuxième exemple, bien que très académique, présente du point de vue de sa non linéarité des similarités avec les équations de Navier-Stokes stationnaires de la mécanique des fluides.

Le chapitre 5 est divisé en trois parties. Dans une première partie, on démontre plusieurs versions du principe du maximum. La deuxième partie est un catalogue de résultats de régularité elliptique. La troisième partie utilise une combinaison de principe du maximum et de régularité elliptique pour montrer sur un exemple l'existence pour des problèmes semi-linéaires par la méthode des sur- et sous-solutions.

Changement de décor au chapitre 6, où l'on s'intéresse au calcul des variations pour la minimisation de fonctionnelles. Celui-ci permet de résoudre cette fois des problèmes d'équations elliptiques quasi-linéaires. Nous traitons le cas scalaire, où la notion cruciale est la convexité, et le cas vectoriel, c'est-à-dire adapté à des systèmes d'équations, où des notions plus subtiles de convexité entrent en jeu, quasi-convexité, polyconvexité, rang-1-convexité.

Le chapitre 7 offre une autre perspective sur le calcul des variations avec la recherche des points critiques des fonctionnelles. Cette approche est plus adaptée aux problèmes semi-linéaires, dont on donne plusieurs exemples.

Le chapitre 8 se replace dans le contexte des problèmes quasi-linéaires qui ne sont pas nécessairement associés à une fonctionnelle du calcul des variations. On y introduit les opérateurs monotones et pseudo-monotones et l'on y résout les problèmes d'inéquations variationnelles qui leur sont associés. On donne enfin l'exemple des opérateurs de Leray-Lions.

Je remercie François Murat pour ses notes de cours de DEA qui ont formé l'ossature initiale du cours d'où est issu le présent ouvrage.

Paris, le 25 juin 2012 Hervé Le Dret

Table des matières

Chapitre 1
Rappels d'analyse réelle et fonctionnelle

Dans ce chapitre, on passe rapidement en revue les résultats d'analyse réelle et d'analyse fonctionnelle dont on se servira le plus souvent dans la suite. On en trouvera des démonstrations dans la plupart des ouvrages qui traitent de ces questions. On pourra notamment consulter [2, 11, 22, 24, 53].

1.1 Intégration et théorèmes de convergence de Lebesgue

Soit (X, μ) un espace mesuré. La plupart du temps, X sera un ouvert de $\mathbb{R}^d$ et μ la mesure de Lebesgue, définie sur la complétion de la σ-algèbre borélienne. On confondra le plus souvent fonctions et classes d'équivalence de fonctions modulo l'égalité μ-presque partout, sauf quand il s'avérera nécessaire de faire la distinction entre les deux.

Rappelons tout d'abord l'inégalité de Hölder.

Théorème 1.1. *Soient $p, p' \in [1, +\infty]$ une paire d'exposants conjugués, c'est-à-dire tels que $\frac{1}{p} + \frac{1}{p'} = 1$ (avec la convention $\frac{1}{+\infty} = 0$), $f \in L^p(X, d\mu)$ et $g \in L^{p'}(X, d\mu)$. Alors $fg \in L^1(X, d\mu)$ et l'on a*

$$\|fg\|_{L^1(X,d\mu)} \leq \|f\|_{L^p(X,d\mu)} \|g\|_{L^{p'}(X,d\mu)}.$$

Quand $p = p' = 2$, cette inégalité est plus communément appelée inégalité de Cauchy-Schwarz.

À la base de tous les résultats de convergence d'intégrales utiles dans la pratique se trouve le théorème suivant, que l'on utilise par contre rarement tel quel.

Théorème 1.2. (Convergence monotone de Lebesgue). *Soit f_n une suite croissante de fonctions mesurables sur X à valeurs dans $\overline{\mathbb{R}}_+$. Cette suite converge simplement vers une fonction mesurable f et l'on a*

H. Le Dret, *Équations aux dérivées partielles elliptiques non linéaires*, Mathématiques et Applications 72, DOI: 10.1007/978-3-642-36175-3_1,

$$\int_X f_n \, d\mu \to \int_X f \, d\mu \text{ quand } n \to +\infty.$$

Ici, $\overline{\mathbb{R}}_+$ désigne l'ensemble $[0, +\infty]$ muni de la topologie de l'ordre et les intégrales sont également à valeurs dans $\overline{\mathbb{R}}_+$.

Une conséquence immédiate du théorème de convergence monotone est le lemme de Fatou, que l'on peut voir (et surtout dont l'on peut se rappeler) comme un résultat de semi-continuité inférieure de l'intégrale de Lebesgue vis-à-vis de la convergence ponctuelle.

Théorème 1.3. (Lemme de Fatou). *Soit f_n une suite de fonctions mesurables de X à valeurs dans $\overline{\mathbb{R}}_+$. On a*

$$\int_X (\liminf_{n\to\infty} f_n) \, d\mu \leq \liminf_{n\to\infty} \Big(\int_X f_n \, d\mu \Big).$$

Une autre façon de se souvenir correctement du lemme de Fatou est d'avoir à l'esprit un exemple simple où l'inégalité est stricte, comme $X = \mathbb{R}$, μ la mesure de Lebesgue et $f_n = \mathbf{1}_{[n,+\infty[}$. La notation $\mathbf{1}_A$ désigne en toute généralité la *fonction caractéristique* de l'ensemble A, elle vaut 1 sur A et 0 sur le complémentaire de A.

Une conséquence presque immédiate du lemme de Fatou est le théorème de convergence dominée de Lebesgue, qui est de loin le plus employé dans la pratique.

Théorème 1.4. (Convergence dominée de Lebesgue). *Soit f_n une suite de fonctions mesurables sur X à valeurs dans $\mathbb{C}$ telle que*

$$f_n(x) \to f(x) \text{ quand } n \to +\infty \text{ presque partout dans } X,$$

et telle qu'il existe une fonction g sur X à valeurs dans $\overline{\mathbb{R}}_+$, intégrable, telle que l'on ait

$$|f_n(x)| \leq g(x) \text{ presque partout dans } X.$$

Alors f est intégrable et l'on a

$$\int_X |f_n - f| \, d\mu \to 0 \text{ quand } n \to +\infty.$$

En particulier,

$$\int_X f_n \, d\mu \to \int_X f \, d\mu.$$

Le théorème de convergence dominée existe aussi en version L^p.

Théorème 1.5. *Soit $p \in [1, +\infty[$ et f_n une suite de fonctions de $L^p(X, d\mu)$ telle que*

$$f_n(x) \to f(x) \text{ quand } n \to +\infty \text{ presque partout dans } X,$$

et telle qu'il existe une fonction $g \in L^p(X, d\mu)$ *telle que l'on ait*

$$|f_n(x)| \leq g(x) \text{ presque partout dans } X.$$

Alors $f \in L^p(X, d\mu)$ *et l'on a*

$$\|f_n - f\|_{L^p(X,d\mu)} \to 0 \text{ quand } n \to +\infty.$$

On fera un usage répété de la réciproque partielle du théorème de convergence dominée.

Théorème 1.6. *Soient* $p \in [1, +\infty[$, f_n *une suite de fonctions de* $L^p(X, d\mu)$ *et* f *une fonction de* $L^p(X, d\mu)$, *telles que* $\|f_n - f\|_{L^p(X,d\mu)} \to 0$ *quand* $n \to +\infty$. *Alors on peut extraire une sous-suite* n_m *telle qu'il existe* $g \in L^p(X, d\mu)$ *avec*

$$f_{n_m}(x) \to f(x) \text{ quand } q \to +\infty \text{ presque partout dans } X,$$

et

$$|f_{n_m}(x)| \leq g(x) \text{ presque partout dans } X.$$

Ce résultat moins connu que le théorème direct, mais très utile, est un sous-produit de la démonstration usuelle du fait que $L^p(X, d\mu)$ est complet.

Attention ! L'extraction d'une sous-suite est obligatoire dans la réciproque partielle du théorème de convergence dominée, comme le montre l'exemple suivant. On définit une suite f_n sur [0, 1] en posant, pour tout $m \geq 1$ entier, quand $\frac{m(m-1)}{2} + 1 \leq n \leq \frac{m(m+1)}{2}$, $f_n(x) = \mathbf{1}_{\left[\frac{n-1}{m} - \frac{m-1}{2}, \frac{n}{m} - \frac{m-1}{2}\right]}(x)$.

La fonction f_n vaut donc 0 sauf sur un intervalle de longueur $\frac{1}{m}$ où elle vaut 1. Comme $m \geq \sqrt{n} - 1$, on voit par conséquent que $f_n \to 0$ dans tous les $L^p(0, 1)$, $p < +\infty$. Par ailleurs, l'intervalle de longueur $\frac{1}{m}$ où f_n vaut 1 balaie la totalité de [0, 1], puisqu'il est successivement égal à $\left[0, \frac{1}{m}\right]$, $\left[\frac{1}{m}, \frac{2}{m}\right]$,...,$\left[1 - \frac{1}{m}, 1\right]$ avant de repartir avec une longueur $\frac{1}{m+1}$ à $\left[0, \frac{1}{m+1}\right]$, etc. En particulier, $f_n(x)$ ne converge pour aucune valeur de x.

Il est facile sur cet exemple d'extraire une sous-suite qui satisfait les conclusions du Théorème 1.6. Il suffit en effet de prendre $n_m = \frac{m(m-1)}{2} + 1$ et $g = 1$.

À propos de sous-suites, on utilisera aussi souvent la petite astuce topologique d'unicité suivante.

Lemme 1.1. *Soit* X *un espace topologique et* x_n *une suite de cet espace qui a la propriété qu'il existe* $x \in X$ *tel que de toute sous-suite de cette suite, on peut extraire une nouvelle sous-suite qui converge vers* x. *Alors la suite entière* x_n *converge vers* x.

Preuve. On raisonne par l'absurde. Supposons que la suite ne converge pas vers x. Il existe donc un voisinage V de x et une sous-suite x_{n_m} telle que $x_{n_m} \notin V$ pour tout m. Extrayons de cette sous-suite une nouvelle sous-suite $x_{n_{m_l}}$ qui converge vers

x quand $l \to +\infty$. Il existe donc un l_0 tel que pour tout $l \geq l_0$, $x_{n_{m_l}} \in V$, ce qui constitue une contradiction. □

Un dernier résultat de théorie de l'intégration que nous utiliserons assez souvent est le théorème des points de Lebesgue, dans le cas particulier suivant. On munit $\mathbb{R}^d$ de la distance euclidienne canonique $d(x, y) = \|x - y\|$ où $\|x\|^2 = \sum_{i=1}^d x_i^2$, et l'on note $B(x, r)$ la boule ouverte de rayon r centrée au point x.

Théorème 1.7. *Soit f une fonction mesurable localement intégrable sur $\mathbb{R}^d$ muni de la mesure de Lebesgue. Il existe un ensemble de mesure nulle N tel que si $x \notin N$, on a*

$$\frac{1}{\text{mes}\,(B(x,r))} \int_{B(x,r)} |f(y) - f(x)|\, dy \to 0 \text{ quand } r \to 0.$$

En particulier, on a

$$\frac{1}{\text{mes}\,(B(x,r))} \int_{B(x,r)} f(y)\, dy \to f(x) \text{ quand } r \to 0 \tag{1.1}$$

pour tout $x \notin N$.

Remarquons que l'ensemble L_f des points x où la quantité du membre de gauche de (1.1) converge, ne dépend que de la classe d'équivalence de f modulo l'égalité presque partout, puisqu'elle ne fait intervenir f que via des intégrales. Cet ensemble est appelé *ensemble des points de Lebesgue* de f. Le Théorème 1.7 nous permet de donc de définir un représentant précisé $\widetilde{f}$ d'une classe d'équivalence $f \in L^1_{\text{loc}}(\mathbb{R}^d)$ en posant

$$\widetilde{f}(x) = \begin{cases} \lim\limits_{r \to 0} \left(\frac{1}{\text{mes}\,(B(x,r))} \int_{B(x,r)} f(y)\, dy \right) & \text{pour } x \in L_f, \\ 0 & \text{pour } x \notin L_f, \end{cases}$$

par exemple.

1.2 La convolution

La convolution est une technique de base dont les applications sont nombreuses. Nous nous en servirons principalement comme outil de régularisation des fonctions. Pour la convolution, on travaille dans $\mathbb{R}^d$ tout entier (ou l'on s'y ramène d'une façon ou d'une autre) avec la mesure de Lebesgue.

Théorème 1.8. *Soient f et g deux fonctions de $L^1(\mathbb{R}^d)$. Alors, pour presque tout x de $\mathbb{R}^d$, la fonction*

$$y \mapsto f(x-y)g(y)$$

est intégrable et la fonction $f \star g$ *définie par*

$$(f \star g)(x) = \int_{\mathbb{R}^d} f(x-y)g(y)\,dy$$

appartient à $L^1(\mathbb{R}^d)$*. Elle est appelée la* convoluée *de* f *et de* g*. L'opération de* convolution *ainsi définie est une application bilinéaire continue de* $L^1(\mathbb{R}^d) \times L^1(\mathbb{R}^d)$ *dans* $L^1(\mathbb{R}^d)$*, avec l'estimation*

$$\|f \star g\|_{L^1(\mathbb{R}^d)} \leq \|f\|_{L^1(\mathbb{R}^d)} \|g\|_{L^1(\mathbb{R}^d)}.$$

De plus, on a $f \star g = g \star f$ *et* $f \star (g \star h) = (f \star g) \star h$*.*

La valeur de la fonction $f \star g$ au point x peut être vue comme une moyenne des valeurs de f autour de x pondérée par celles de g (en brisant la symétrie entre f et g, et autour de x pouvant signifier sur $\mathbb{R}^d$ entier, naturellement).

Plus généralement, on peut définir la convolution de deux fonctions si elles appartiennent à des espaces $L^p(\mathbb{R}^d)$ convenables. Plus précisément :

Théorème 1.9. *Soit* (p, q, r) *un triplet de* $[1, +\infty]$ *tel que*

$$1 + \frac{1}{r} = \frac{1}{p} + \frac{1}{q} \text{ avec la convention } \frac{1}{+\infty} = 0. \tag{1.2}$$

Alors, pour presque tout x *de* $\mathbb{R}^d$*, la fonction*

$$y \mapsto f(x-y)g(y)$$

est intégrable et la fonction $f \star g$ *définie sur* $\mathbb{R}^d$ *par*

$$(f \star g)(x) = \int_{\mathbb{R}^d} f(x-y)g(y)\,dy$$

appartient à $L^r(\mathbb{R}^d)$*. L'application* $(f, g) \mapsto f \star g$ *est bilinéaire continue de* $L^p(\mathbb{R}^d) \times L^q(\mathbb{R}^d)$ *dans* $L^r(\mathbb{R}^d)$ *avec*

$$\|f \star g\|_{L^r(\mathbb{R}^d)} \leq \|f\|_{L^p(\mathbb{R}^d)} \|g\|_{L^q(\mathbb{R}^d)}.$$

Il est instructif d'explorer les couples (p, q) admissibles pour la convolution, c'est-à-dire tels qu'il existe $r \in [1, +\infty]$ satisfaisant la relation (1.2), et quelles sont les valeurs de r correspondantes. Remarquons un cas particulier intéressant, $r = +\infty$, en d'autres termes le cas où p et q sont des exposants conjugués. Dans ce cas, non seulement $f \star g \in L^\infty(\mathbb{R}^d)$, mais en fait $f \star g \in C^0(\mathbb{R}^d)$, et tend qui plus est vers 0 à l'infini quand $1 < p, q < +\infty$.

Notre intérêt premier pour la convolution vient ici des deux résultats suivants dont la conjonction permet de régulariser les fonctions (la convolution a bien sûr nombre d'autres applications).

Théorème 1.10. *Soit $k \in \mathbb{N}$. Si g appartient à $C^k(\mathbb{R}^d)$ et est à support compact, alors pour tout $f \in L^1_{\mathrm{loc}}(\mathbb{R}^d)$, $f \star g \in C^k(\mathbb{R}^d)$ et l'on a $\partial^\alpha(f \star g) = f \star \partial^\alpha g$ pour tout multi-indice α tel que $|\alpha| \leq k$. Si g appartient à $C^\infty(\mathbb{R}^d)$ et est à support compact, alors $f \star g \in C^\infty(\mathbb{R}^d)$.*

On rappelle que la longueur d'un multi-indice $\alpha = (\alpha_1, \alpha_2, \dots, \alpha_d) \in \mathbb{N}^d$ est donnée par $|\alpha| = \sum_{i=1}^d \alpha_i$ et que $\partial^\alpha g = \frac{\partial^{|\alpha|} g}{\partial x_1^{\alpha_1} \partial x_2^{\alpha_2} \cdots \partial x_d^{\alpha_d}}$.

Naturellement, si $f \in L^1(\mathbb{R}^d)$, on peut supprimer la condition de support compact sur g et la remplacer par une condition d'intégrabilité.

Théorème 1.11. *Soient g une fonction de $L^1(\mathbb{R}^d)$ d'intégrale 1 et $p \in [1, +\infty[$. Posons*

$$g_\varepsilon(x) = \varepsilon^{-d} g\left(\frac{x}{\varepsilon}\right).$$

On a alors, pour toute fonction f appartenant à $L^p(\mathbb{R}^d)$,

$$\lim_{\varepsilon \to 0} \|g_\varepsilon \star f - f\|_{L^p(\mathbb{R}^d)} = 0.$$

Pour approcher une fonction f de $L^p(\mathbb{R}^d)$ au sens de la norme de $L^p(\mathbb{R}^d)$ par une suite de fonctions C^∞, il suffit donc de construire une fonction C^∞ à support compact et d'intégrale égale à 1. Cela n'est pas très difficile.

Lemme 1.2. *Soit θ la fonction de $\mathbb{R}$ dans $\mathbb{R}$ définie par*

$$\theta(t) = e^{\frac{1}{t-1}} \text{ si } t < 1 \quad \text{et} \quad \theta(t) = 0 \text{ sinon},$$

et $g \colon \mathbb{R}^d \to \mathbb{R}$ par

$$g(x) = \frac{1}{\int_{B(0,1)} \theta(|y|^2)\, dy} \theta(|x|^2).$$

Alors g est C^∞ sur $\mathbb{R}^d$, à support égal à $\bar{B}(0,1)$ et d'intégrale 1.

On remarque dans ce cas que le support de g_ε est $\bar{B}(0, \varepsilon)$. La fonction g_ε se concentre dans cette boule en gardant une intégrale égale à 1 grâce au facteur ε^{-d}. La suite g_ε est appelée *suite régularisante*. La remarque suivante va permettre de travailler dans des ouverts quelconques.

Lemme 1.3. *Soit S le support de $f \in L^1_{\mathrm{loc}}(\mathbb{R}^d)$ et $S_\varepsilon = \{x \in \mathbb{R}^d; d(x, S) \leq \varepsilon\}$. Alors le support de $g_\varepsilon \star f$ est inclus dans S_ε.*

Preuve. En effet, on rappelle que le support d'une fonction f est un fermé, c'est le complémentaire de la réunion des ouverts où f est nulle presque partout. Si $d(x,S) > \varepsilon$, alors $B(x,\varepsilon) \cap S = \emptyset$. Par conséquent, $f = 0$ presque partout dans $B(x,\varepsilon)$. Or

$$g_\varepsilon \star f(x) = \int_{\mathbb{R}^d} g_\varepsilon(x-y)f(y)\,dy = \int_{B(x,\varepsilon)} g_\varepsilon(x-y)f(y)\,dy = 0,$$

dans la mesure où le support de $g_\varepsilon(x - \cdot)$ est exactement $\bar{B}(x,\varepsilon)$. Donc $g_\varepsilon \star f$ est identiquement nulle sur le complémentaire de S_ε. □

Comme l'effet de la convolution par g_ε est de « lisser les aspérités » des valeurs de f, un peu comme on estompe un dessin fait au crayon, ceci se fait au prix d'une petite expansion d'au plus ε du support de f.

En traitement de l'image, une image noir et blanc est représentée par une fonction de $\mathbb{R}^2$ à valeurs dans $[0,1]$. Par convention, le blanc correspond à la valeur 0, le noir à la valeur 1 (ou le contraire si la convention inverse est adoptée), et les nuances de gris aux valeurs intermédiaires. Sur la Figure 1.1, on voit à gauche la fonction caractéristique du carré unité et à droite une régularisation de cette fonction caractéristique par convolution, dont le support s'est légèrement élargi.

Soit maintenant Ω un ouvert quelconque de $\mathbb{R}^d$. On note $\mathscr{D}(\Omega)$ l'espace des fonctions C^∞ à support compact dans Ω.

Théorème 1.12. *L'espace $\mathscr{D}(\Omega)$ est dense dans $L^p(\Omega)$ pour tout $p \in [1,+\infty[$.*

Preuve. On prend une suite exhaustive de compacts de Ω, K_n (une suite de compacts tels que $K_n \subset \mathring{K}_{n+1}$ et $\Omega = \cup_{n\in\mathbb{N}} K_n$. Il en existe une dans tout ouvert de $\mathbb{R}^d$). Pour tout $f \in L^p(\Omega)$, on a $f\mathbf{1}_{K_n} \to f$ quand $n \to +\infty$ dans $L^p(\Omega)$ par le théorème de convergence dominée. On prolonge $f\mathbf{1}_{K_n}$ par 0 à $\mathbb{R}^d$ tout entier. Alors $g_\varepsilon \star f\mathbf{1}_{K_n} \to f\mathbf{1}_{K_n}$ quand $\varepsilon \to 0$ dans $L^p(\mathbb{R}^d)$, c'est une suite de fonctions C^∞, et pour $\varepsilon < d(K_n, \mathbb{R}^d \setminus \Omega)$, $g_\varepsilon \star f\mathbf{1}_{K_n}$ est à support dans $(K_n)_\varepsilon \subset \Omega$ et compact. On conclut par un argument de double limite en faisant d'abord tendre n vers l'infini, puis ε vers 0. □

Ce résultat est bien sûr faux pour $p = +\infty$. L'adhérence de $\mathscr{D}(\Omega)$ dans $L^\infty(\Omega)$ est $C_0(\overline{\Omega})$, l'espace des fonctions continues sur $\overline{\Omega}$ nulles au bord et qui tendent vers 0 à l'infini.

Fig. 1.1 Régularisation par convolution

1.3 Les distributions

Dans la pratique des équations aux dérivées partielles, il n'est pas nécessaire de maîtriser totalement les détails de la topologie naturelle de l'espace $\mathscr{D}(\Omega)$ (la topologie limite inductive d'une famille d'espaces de Fréchet). Il suffit d'en connaître les suites convergentes. On pourra consulter l'annexe de ce chapitre pour avoir une vue peu plus de détaillée de cette topologie.

Proposition 1.1. *Une suite φ_n de fonctions de $\mathscr{D}(\Omega)$ converge vers $\varphi \in \mathscr{D}(\Omega)$ si et seulement si*

i) Il existe un compact $K \subset \Omega$ tel que le support de φ_n soit inclus dans K pour tout n,

ii) Pour tout multi-indice α, $\partial^\alpha \varphi_n \to \partial^\alpha \varphi$ uniformément sur K.

En fait, on peut voir cette proposition comme une définition de travail, largement suffisante dans la pratique.

De même, il n'est nul besoin de connaître les détails de la topologie de son dual $\mathscr{D}'(\Omega)$, l'espace des formes linéaires continues sur $\mathscr{D}(\Omega)$, *i.e.* l'espace des distributions sur Ω. On doit être capable de reconnaître une distribution.

Proposition 1.2. *Une forme linéaire T sur $\mathscr{D}(\Omega)$ est une distribution si et seulement si pour tout compact K de Ω, il existe un entier n et une constante C telles que pour tout $\varphi \in \mathscr{D}(\Omega)$ à support dans K*

$$|\langle T, \varphi \rangle| \leq C \max_{|\alpha| \leq n, x \in K} |\partial^\alpha \varphi(x)|.$$

En général, l'entier n et la constante C dépendent naturellement de K. S'il existe un entier n dans l'estimation ci-dessus qui ne dépend pas de K, alors le plus petit tel entier s'appelle *l'ordre* de la distribution T.

En fait, la continuité d'une forme linéaire sur $\mathscr{D}(\Omega)$ se trouve être équivalente à sa continuité séquentielle, ce qui n'est pas une trivialité dans la mesure où la topologie de $\mathscr{D}'(\Omega)$ n'est pas une topologie métrisable.

Proposition 1.3. *Une forme linéaire T sur $\mathscr{D}(\Omega)$ est une distribution si et seulement si, pour toute suite $\varphi_n \in \mathscr{D}(\Omega)$ qui converge vers φ au sens de $\mathscr{D}(\Omega)$, on a*

$$\langle T, \varphi_n \rangle \to \langle T, \varphi \rangle.$$

De même, la convergence d'une suite de distributions dans l'espace $\mathscr{D}'(\Omega)$ s'exprime de façon particulièrement simple.

Proposition 1.4. *Une suite de distributions T_n converge vers une distribution T au sens de $\mathscr{D}'(\Omega)$ si et seulement si pour tout $\varphi \in \mathscr{D}(\Omega)$, on a*

$$\langle T_n, \varphi \rangle \to \langle T, \varphi \rangle.$$

La plupart des espaces de fonctions raisonnables s'injectent dans les distributions. En particulier,

Proposition 1.5. *L'application* $\iota\colon L^1_{\mathrm{loc}}(\Omega) \to \mathscr{D}'(\Omega)$ *définie par*

$$\forall \varphi \in \mathscr{D}(\Omega), \quad \langle \iota(f), \varphi \rangle = \int_\Omega f\varphi\, dx,$$

est une injection continue.

On identifie donc les fonctions localement intégrables — donc a fortiori toutes les fonctions L^p, les fonctions continues, etc. — à des distributions sans autre forme de procès.

On dérive indéfiniment les distributions par dualité.

Proposition 1.6. *Soit* T *une distribution sur* Ω. *La forme linéaire définie par*

$$\forall \varphi \in \mathscr{D}(\Omega), \quad \Big\langle \frac{\partial T}{\partial x_i}, \varphi \Big\rangle = -\Big\langle T, \frac{\partial \varphi}{\partial x_i} \Big\rangle$$

est une distribution. Si T *se trouve être une fonction de classe* C^1, *alors ses dérivées partielles au sens des distributions coïncident avec ses dérivées partielles au sens classique. Enfin, l'application* $T \mapsto \partial T/\partial x_i$ *est continue de* $\mathscr{D}'(\Omega)$ *dans* $\mathscr{D}'(\Omega)$.

Pour la continuité des opérateurs de dérivation partielle de l'espace des distributions dans lui-même, on pourra se contenter de la continuité séquentielle, laquelle est évidente. On multiplie les distributions par des fonctions C^∞ par dualité également.

Proposition 1.7. *Soit* T *une distribution sur* Ω *et* $v \in C^\infty(\Omega)$. *La forme linéaire définie par*

$$\forall \varphi \in \mathscr{D}(\Omega), \quad \langle vT, \varphi \rangle = \langle T, v\varphi \rangle$$

est une distribution. Si T *se trouve être une fonction de* L^1_{loc}, *alors* vT *coïncide avec le produit au sens classique.*

Grâce à ces deux propositions, on peut donc appliquer n'importe quel opérateur différentiel linéaire à coefficients C^∞ à n'importe quelle distribution et le résultat est une distribution. En particulier, cela a un sens de parler de solution distribution d'une EDP linéaire à coefficients C^∞.

Quelques mots d'avertissement : une distribution n'est en général pas une fonction (sauf naturellement quand c'en est une au sens de la Proposition 1.5), penser par exemple à la masse de Dirac. Elle n'a pas de valeurs ponctuelles ou presque partout. On ne l'intègre pas sur Ω. Écrire une formule comme $\int_\Omega T(x)\varphi(x)\, dx$ à la place d'un crochet de dualité n'est pas acceptable si l'on ne s'est pas assuré au préalable que T est en fait dans $L^1_{\mathrm{loc}}(\Omega)$, c'est-à-dire en toute rigueur que T est dans l'image de l'application ι de la Proposition 1.5. Enfin, la convergence au sens des distributions n'est pas une manipulation magique susceptible de justifier tout et n'importe quoi.

Remarquons quand même que si une distribution ne prend pas de valeurs ponctuelles, elle conserve néanmoins un caractère local. En particulier, on peut restreindre une distribution définie sur Ω à un ouvert plus petit par dualité du prolongement par zéro au grand ouvert des fonctions C^∞ à support compact sur le petit ouvert. Par ailleurs, une distribution sur Ω_1 et une autre distribution sur Ω_2 dont les restrictions à $\Omega_1 \cap \Omega_2$ sont égales, peuvent se recoller en une distribution sur $\Omega_1 \cup \Omega_2$ (on dit que les distributions forment un *faisceau*).

1.4 Les espaces de Sobolev

Une bonne partie de l'analyse des équations aux dérivées partielles se déroule dans les espaces de Sobolev. Une autre partie se déroule dans les espaces de Hölder, ainsi que dans plusieurs autres espaces fonctionnels plus sophistiqués dont nous ne parlerons pas ici. On trouvera des points de vue variés sur les espaces de Sobolev dans les ouvrages [2, 11, 13, 41, 49], parmi bien d'autres.

Rappelons au passage, car nous en aurons besoin plus tard, la définition des espaces de fonctions höldériennes. Pour $0 < \alpha \leq 1$, on dit que u est *höldérienne d'exposant* α (*lipschitzienne* pour $\alpha = 1$) s'il existe une constante C telle que, pour tout couple de points (x, y) dans $\overline{\Omega}$,

$$|u(x) - u(y)| \leq C|x - y|^\alpha.$$

On note que u est continue et l'on pose

$$|u|_{C^{0,\alpha}(\overline{\Omega})} = \sup_{\substack{x,y\in\overline{\Omega}\\ x\neq y}} \frac{|u(x) - u(y)|}{|x - y|^\alpha},$$

et, dans le cas où $\overline{\Omega}$ est borné,

$$\|u\|_{C^{0,\alpha}(\overline{\Omega})} = \|u\|_{C^0(\overline{\Omega})} + |u|_{C^{0,\alpha}(\overline{\Omega})}.$$

Cette dernière quantité est une norme sur l'espace des fonctions höldériennes $C^{0,\alpha}(\overline{\Omega})$ qui en fait un espace de Banach. L'espace $C^{k,\alpha}(\overline{\Omega})$ est constitué des fonctions de classe C^k dont toutes les dérivées partielles d'ordre k sont dans $C^{0,\alpha}(\overline{\Omega})$. On le munit de la norme

$$\|u\|_{C^{k,\alpha}(\overline{\Omega})} = \|u\|_{C^k(\overline{\Omega})} + \max_{|\gamma|=k} |\partial^\gamma u|_{C^{0,\alpha}(\overline{\Omega})}$$

pour laquelle il est complet.

Venons-en maintenant aux espaces de Sobolev. Il en existe plusieurs caractérisations. Dans le cas des espaces de Sobolev d'ordre entier positif $k \in \mathbb{N}$, on retiendra que

$$W^{k,p}(\Omega) = \{u \in L^p(\Omega);\ \partial^\alpha u \in L^p(\Omega) \text{ pour tout multi-indice } \alpha \text{ tel que } |\alpha| \leq k\},$$

muni de la norme

$$\|u\|_{W^{k,p}(\Omega)} = \Big(\sum_{|\alpha|\leq k} \|\partial^\alpha u\|^p_{L^p(\Omega)}\Big)^{1/p}$$

pour $p \in [1, +\infty[$ et

$$\|u\|_{W^{k,\infty}(\Omega)} = \max_{|\alpha|\leq k} \|\partial^\alpha u\|_{L^\infty(\Omega)}$$

pour $p = +\infty$. On utilise parfois la notation $\|\cdot\|_{k,p,\Omega}$ pour désigner ces normes. Les dérivées partielles écrites ci-dessus sont naturellement prises au sens des distributions. Les espaces $W^{k,p}(\Omega)$ sont des espaces de Banach. Dans le cas $p = 2$, on note $W^{k,2}(\Omega) = H^k(\Omega)$ qui est un espace de Hilbert pour le produit scalaire

$$(u|v)_{H^k(\Omega)} = \sum_{|\alpha|\leq k} (\partial^\alpha u|\partial^\alpha v)_{L^2(\Omega)}.$$

On utilise parfois la notation $\|\cdot\|_{k,\Omega}$ pour désigner la norme sur H^k. Notons que $W^{0,p}(\Omega) = L^p(\Omega)$ d'où la notation $\|\cdot\|_{0,p,\Omega}$ parfois employée pour la norme L^p, qui devient $\|\cdot\|_{0,\Omega}$ pour L^2.

Clairement, les fonctions C^∞ à support compact sont dans $W^{k,p}(\Omega)$, et l'on note $W_0^{k,p}(\Omega)$ l'adhérence de $\mathscr{D}(\Omega)$ dans $W^{k,p}(\Omega)$, pour $p < +\infty$. On note bien sûr $W_0^{k,2}(\Omega) = H_0^k(\Omega)$. C'est un sous-espace vectoriel fermé (donc complet) de $W^{k,p}(\Omega)$, qui est en général un sous-espace strict pour $k \geq 1$. Les exceptions à cette règle sont $\Omega = \mathbb{R}^d$, ou bien $\mathbb{R}^d$ privé d'un ensemble « petit », la signification précise de ce « petit » dépendant des valeurs des paramètres k et p. En particulier, $\mathscr{D}(\mathbb{R}^d)$ est dense dans $W^{k,p}(\mathbb{R}^d)$ pour $p < +\infty$.

Par définition, on peut approcher tout élément de $W_0^{k,p}(\Omega)$ au sens de $W^{k,p}(\Omega)$ par une suite de fonctions de $\mathscr{D}(\Omega)$ pour n'importe quel ouvert Ω. Dans le même ordre d'idées,

Théorème 1.13. (Théorème de Meyers-Serrin). *L'espace $C^\infty(\Omega) \cap W^{k,p}(\Omega)$ est dense dans $W^{k,p}(\Omega)$, pour tout $p \in [1, +\infty[$.*

Il se démontre à l'aide de convolutions astucieusement menées. Naturellement, les fonctions de $C^\infty(\Omega)$ n'ont aucune propriété d'intégrabilité sur Ω, d'où l'intersection avec $W^{k,p}$ dans l'énoncé du théorème, voir [2].

La question de la densité des fonctions régulières jusqu'au bord dans $W^{k,p}(\Omega)$ dépend quant à elle de la régularité de l'ouvert Ω lui-même. Rappelons d'abord la définition d'un ouvert lipschitzien de $\mathbb{R}^d$.

Définition 1.1. On dit qu'un ouvert Ω est lipschitzien s'il est borné et si l'on peut recouvrir sa frontière $\partial\Omega$ par un nombre fini d'hypercubes ouverts C_j, chacun associé à un système de coordonnées cartésiennes orthonormées, $y^j = (y^j_1, y^j_2, \dots, y^j_d)$, de telle sorte que

$$C_j = \{y \in \mathbb{R}^d; |y^j_i| < a_j \text{ pour } i = 1, \dots, d\},$$

et qu'il existe une fonction $\varphi_j : \mathbb{R}^{d-1} \to \mathbb{R}$ lipschitzienne telle que l'on ait

$$\Omega \cap C_j = \{y \in C_j; y^j_d < \varphi_j((y^j)')\},$$

avec la notation $\mathbb{R}^{d-1} \ni (y^j)' = (y^j_1, y^j_2, \dots, y^j_{d-1})$.

On a parfois besoin de plus de régularité de l'ouvert, auquel cas on utilise également la définition suivante.

Définition 1.2. Un ouvert borné $\Omega \subset \mathbb{R}^d$ est dit être de classe $C^{k,\alpha}$ si en chaque point x_0 de $\partial\Omega$ il existe une boule B centrée en x_0 et une bijection ψ de B sur un ouvert $D \in \mathbb{R}^d$ telles que
i) $\psi(B \cap \Omega) \subset \mathbb{R}^d_+$;
ii) $\psi(B \cap \partial\Omega) \subset \partial\mathbb{R}^d_+$;
iii) $\psi \in C^{k,\alpha}(B; D)$, $\psi^{-1} \in C^{k,\alpha}(D; B)$,
où $\mathbb{R}^d_+ = \{(x_1, x_2, \dots, x_d); x_d \geq 0\}$.

On dit que ψ est un $C^{k,\alpha}$-difféomorphisme, au sens où ses composantes sont de classe $C^{k,\alpha}$, qui aplatit localement la frontière. Les deux définitions de régularité d'un ouvert rappelées ici sont légèrement différentes l'une de l'autre, mais on peut naturellement les comparer, voir par exemple [30]. L'ouvert Ω est dit être de classe C^∞, ou régulier sans autre précision, s'il est de classe $C^{k,\alpha}$ pour tout $k \in \mathbb{N}$.

Si Ω est un ouvert a priori quelconque, on note $C^\infty(\overline{\Omega})$ l'espace des fonctions C^∞ qui admettent, ainsi que toutes leurs dérivées partielles à tous ordres, un prolongement continu à $\overline{\Omega}$.

Théorème 1.14. *Soit Ω un ouvert lipschitzien. Alors l'espace $C^\infty(\overline{\Omega})$ est dense dans $W^{1,p}(\Omega)$, pour tout $p \in [1, +\infty[$.*

Ce théorème est établi en utilisant la convolution par une suite régularisante et un argument de translation au voisinage du bord dans lequel le caractère lipschitzien intervient. Il admet des contre-exemples si l'on omet l'hypothèse Ω lipschitzien, hypothèse qui n'est d'ailleurs a priori que suffisante.

Mentionnons maintenant un résultat de première importance : les injections de Sobolev pour $\Omega = \mathbb{R}^d$ ou bien Ω ouvert régulier (c'est une hypothèse un peu trop forte, mais du moins avec elle on est sûr de ne pas avoir de mauvaise surprise...).

Théorème 1.15. *Soit $k \geq 1$ et $p \in [1, +\infty[$. Alors*
i) Si $\frac{1}{p} - \frac{k}{d} > 0$, on a $W^{k,p}(\Omega) \hookrightarrow L^q(\Omega)$ avec $\frac{1}{q} = \frac{1}{p} - \frac{k}{d}$,
ii) Si $\frac{1}{p} - \frac{k}{d} = 0$, on a $W^{k,p}(\Omega) \hookrightarrow L^q(\Omega)$ pour tout $q \in [p, +\infty[$ (mais pas pour $q = +\infty$ si $p > 1$),

iii) Si $\frac{1}{p} - \frac{k}{d} < 0$, *on a* $W^{k,p}(\Omega) \hookrightarrow L^\infty(\Omega)$. *Dans ce dernier cas, si* $k - \frac{d}{p} > 0$ *n'est pas un entier, alors* $W^{k,p}(\Omega) \hookrightarrow C^{l,\beta}(\overline{\Omega})$ *où* $l = \left[k - \frac{d}{p}\right]$ *et* $\beta = k - \frac{d}{p} - l$ *sont respectivement la partie entière et la partie fractionnaire de* $k - \frac{d}{p}$.
Toutes ces injections sont continues.

La partie iii) du théorème est aussi connue sous le nom de théorème de Morrey.

Sans hypothèse de régularité sur Ω, les injections de Sobolev restent vraies localement, *i.e.* dans tout ouvert compactement inclus dans Ω. En d'autres termes, on a $W^{k,p}(\Omega) \hookrightarrow L^q_{\mathrm{loc}}(\Omega)$, etc. Elles restent vraies globalement si l'on remplace $W^{k,p}(\Omega)$ par $W_0^{k,p}(\Omega)$, voir [2, 11].

Il est utile de réécrire ce théorème dans le cas $k = 1$ et Ω borné, régulier.

Théorème 1.16. *Soit* $p \in [1, +\infty[$. *Alors*
i) Si $1 \leq p < d$, *on a* $W^{1,p}(\Omega) \hookrightarrow L^{p^*}(\Omega)$ *avec* $\frac{1}{p^*} = \frac{1}{p} - \frac{1}{d}$, *ou encore* $p^* = \frac{dp}{d-p}$,
ii) Si $p = d$, *on a* $W^{1,d}(\Omega) \hookrightarrow L^q(\Omega)$ *pour tout* $q \in [1, +\infty[$,
iii) Si $p > d$, *on a* $W^{1,p}(\Omega) \hookrightarrow C^{0,\beta}(\overline{\Omega})$ *où* $\beta = 1 - \frac{d}{p}$.

Le nombre p^* s'appelle l'*exposant (critique) de Sobolev*. Notons que si Ω est borné régulier, alors $W^{1,\infty}(\Omega)$ s'identifie algébriquement et topologiquement à l'espace $C^{0,1}(\overline{\Omega})$ des fonctions lipschitziennes sur $\overline{\Omega}$.

On peut également exploiter les injections de Sobolev ci-dessus pour obtenir par exemple que pour $p < d$, $W^{k,p}(\Omega) \hookrightarrow W^{k-1,p^*}(\Omega)$, et ainsi de suite. L'intérêt bien sûr, est que $p^* > p$.

Un autre résultat de première importance est un résultat de compacité que l'on regroupe sous le terme générique de théorème de Rellich-Kondrašov.

Théorème 1.17. *Soit* Ω *ouvert borné, régulier de* $\mathbb{R}^d$, *et* $p \in [1, +\infty[$. *Alors les injections*
i) $W^{1,p}(\Omega) \hookrightarrow L^q(\Omega)$ *avec* $1 \leq q < p^*$, *si* $1 \leq p < d$,
ii) $W^{1,p}(\Omega) \hookrightarrow L^q(\Omega)$ *avec* $1 \leq q < +\infty$, *si* $p = d$,
iii) $W^{1,p}(\Omega) \hookrightarrow C^{0,\gamma}(\overline{\Omega})$ *avec* $0 \leq \gamma < 1 - \frac{d}{p}$, *si* $p > d$,
sont des injections compactes.

En particulier, l'injection $W^{1,p}(\Omega) \hookrightarrow L^p(\Omega)$ est compacte. On rappelle qu'on opérateur est dit être *compact* s'il transforme les ensembles bornés de l'espace de départ en ensembles relativement compacts de l'espace d'arrivée.

Sans hypothèse de régularité sur Ω, mais toujours avec Ω borné, les injections restent compactes à condition de considérer les espaces L^q_{loc}, etc., à l'arrivée, ou bien en remplaçant $W^{1,p}(\Omega)$ par $W_0^{1,p}(\Omega)$, voir [2, 11].

Nous allons maintenant nous intéresser au comportement des fonctions appartenant à $W^{1,p}(\Omega)$ au bord de Ω. Dans le cas où $p \leq d$, les éléments de $W^{1,p}(\Omega)$ ne sont pas nécessairement continus. Il s'agit de classes d'équivalence modulo l'égalité presque partout et l'on ne peut pas aisément définir de façon raisonnable les valeurs qu'elles pourraient prendre sur $\partial\Omega$ comme on le fait pour les fonctions continues sur $\overline{\Omega}$, où il s'agit simplement de prendre leur restriction à $\partial\Omega$. En effet, $\partial\Omega$ est de mesure nulle dans $\mathbb{R}^d$.

Le bord $\partial\Omega$ d'un ouvert lipschitzien est muni d'une mesure naturelle $(d-1)$-dimensionnelle héritée de la mesure de Lebesgue sur $\mathbb{R}^d$, que nous noterons $d\sigma$, et d'un vecteur normal au bord, unitaire, extérieur n, défini presque partout par rapport à cette mesure. La mesure $d\sigma$ et le vecteur normal n se calculent à l'aide des fonctions φ_j de la Définition 1.1. Pour contourner de façon naturelle le problème des valeurs au bord, on dispose du théorème de trace suivant, voir [2, 41].

Théorème 1.18. *Soit Ω un ouvert lipschitzien et $p \in [1, +\infty[$. Il existe une unique application linéaire continue $\gamma_0 \colon W^{1,p}(\Omega) \to L^p(\partial\Omega)$ qui prolonge l'application de restriction $u \mapsto u_{|\partial\Omega}$ définie sur le sous-espace dense $C^1(\overline{\Omega})$.*

Cette application, appelée *application trace*, n'est pas surjective. Son image est notée $W^{1-1/p,p}(\partial\Omega)$, ou bien $H^{1/2}(\partial\Omega)$ pour $p = 2$ (il s'agit d'espaces de Sobolev d'ordre fractionnaire que l'on n'a pas définis en tant que tels ici). Son noyau n'est autre que $W_0^{1,p}(\Omega)$. Nous utiliserons le plus souvent le cas $p = 2$.

À la fois du point de vue algébrique et du point de vue topologique, $H^{1/2}(\partial\Omega)$ est isomorphe à l'espace quotient $H^1(\Omega)/H_0^1(\Omega)$. Comme $H_0^1(\Omega)$ est un sous-espace vectoriel fermé de $H^1(\Omega)$, cet espace quotient est un espace de Banach pour la norme quotient

$$\|\dot{v}\|_{H^1(\Omega)/H_0^1(\Omega)} = \inf_{v \in \dot{v}} \|v\|_{H^1(\Omega)},$$

que l'on peut donc prendre comme norme sur $H^{1/2}(\partial\Omega)$ sous la forme

$$\|g\|_{H^{1/2}(\partial\Omega)} = \inf_{\gamma_0(v)=g} \|v\|_{H^1(\Omega)}.$$

Ce n'est pas tout à fait apparent, mais cette norme quotient est en fait hilbertienne. Il existe d'autres normes équivalentes sur $H^{1/2}(\partial\Omega)$ écrites directement sous forme intégrale sur $\partial\Omega$. On peut également caractériser $H^{1/2}(\partial\Omega)$ en utilisant la transformation de Fourier.

L'espace $H^{1/2}(\partial\Omega)$ est assez délicat à saisir intuitivement. C'est un sous-espace dense de $L^2(\Omega)$ qui contient par construction l'espace des restrictions des fonctions de classe C^1 à $\partial\Omega$. Il contient des fonctions non bornées. Par exemple, si $\Omega =]-e, e[\times]0, 1[$, la fonction égale à $\ln(|\ln(|x|)|)$ sur $[-e, e] \times \{0\}$, 0 sur le reste du bord, appartient à $H^{1/2}(\partial\Omega)$. Par contre, $H^{1/2}(\partial\Omega)$ n'admet pas de discontinuités de première espèce comme la fonction égale à 0 si $x < 0$, 1 si $x > 0$ sur $[-e, e] \times \{0\}$, prolongée aussi régulièrement que l'on veut sur le reste du bord (exercice : passer en coordonnées polaires pour le montrer). On pourra consulter [30, 41] pour plus de détails sur cet espace.

On définit aussi des traces d'ordre supérieur sur $W^{k,p}(\Omega)$ pour $k > 1$ qui prolongent par continuité la dérivée normale $\frac{\partial u}{\partial n}$ et ainsi de suite. À ce propos, il convient de bien distinguer les espaces $W_0^{k,p}(\Omega)$ et $W^{k,p}(\Omega) \cap W_0^{1,p}(\Omega)$ quand $k > 1$. Dans le premier espace, toutes les traces jusqu'à l'ordre $k-1$ sont nulles (moralement, $u = \frac{\partial u}{\partial n} = \cdots = 0$ sur $\partial\Omega$) alors que dans le second, seule la première trace est nulle.

Notons la formule d'intégration par parties :

$$\forall u, v \in H^1(\Omega), \quad \int_\Omega \frac{\partial u}{\partial x_i} v\,dx = -\int_\Omega u \frac{\partial v}{\partial x_i}\,dx + \int_{\partial\Omega} \gamma_0(u)\gamma_0(v) n_i\,d\sigma,$$

où n_i est la i-ème composante du vecteur normal n. Cette formule porte des noms variés (formule de Green, etc.) et donne naissance à un certain nombre d'autres formules par applications répétées. On l'établit d'abord pour des fonctions $C^1(\overline{\Omega})$, puis on conclut par densité. Mentionnons le cas particulier important

$$\forall u \in H^1(\Omega), \quad \int_\Omega \frac{\partial u}{\partial x_i}\,dx = \int_{\partial\Omega} \gamma_0(u) n_i\,d\sigma.$$

Concluons ces brefs rappels sur les espaces de Sobolev avec l'inégalité de Poincaré.

Théorème 1.19. *Soit Ω un ouvert borné dans une direction. Il existe une constante C (dépendant de Ω et de p) telle que*

$$\forall u \in W_0^{1,p}(\Omega), \quad \|u\|_{L^p(\Omega)} \leq C\|\nabla u\|_{L^p(\Omega;\mathbb{R}^d)}.$$

Il s'agit encore d'un résultat que l'on montre d'abord sur les fonctions régulières, puis que l'on étend par densité. Il implique clairement que, dans un ouvert borné dans une direction, la semi-norme $\|\nabla u\|_{L^p(\Omega;\mathbb{R}^d)}$ définit une norme sur $W_0^{1,p}(\Omega)$ équivalente à la norme de $W^{1,p}(\Omega)$. On note parfois $|u|_{1,p,\Omega} = \|\nabla u\|_{L^p(\Omega;\mathbb{R}^d)}$ cette semi-norme.

1.5 Dualité et convergences faibles

On rappelle que pour tout $p \in [1, +\infty[$, le dual de $L^p(X, d\mu)$ s'identifie isométriquement à $L^{p'}(X, d\mu)$, où la relation $\frac{1}{p} + \frac{1}{p'} = 1$ définit une paire d'exposants conjugués, par l'intermédiaire de la forme bilinéaire $(u, v) \mapsto \int_X uv\,d\mu$. Par contre, $L^1(X, d\mu)$ s'identifie isométriquement à un sous-espace strict de $\big(L^\infty(X, d\mu)\big)'$ via l'injection canonique d'un espace dans son bidual, en tout cas pour la plupart des mesures μ qui peuvent nous intéresser ici. Le plus souvent, par exemple quand X est un ouvert de $\mathbb{R}^d$ muni de la mesure de Lebesgue, $L^1(X, d\mu)$ n'est pas un dual.

On déduit de ce qui précède que pour $1 < p < +\infty$, l'espace $L^p(X, d\mu)$ est réflexif. Par conséquent, de toute suite u_n bornée dans $L^p(X, d\mu)$, on peut extraire une sous-suite u_{n_m} faiblement convergente. On rappelle que $u_n \rightharpoonup u$ dans $L^p(X, d\mu)$ si et seulement si $\int_X u_n v\,d\mu \to \int_X uv\,d\mu$ pour tout $v \in L^{p'}(X, d\mu)$.

Pour $p = +\infty$, X ouvert de $\mathbb{R}^d$ et μ la mesure de Lebesgue, alors on peut extraire une sous-suite faiblement-étoile convergente, car dans ce cas le prédual de L^∞, qui n'est autre que L^1, est séparable. On rappelle que $u_n \overset{*}{\rightharpoonup} u$ si et seulement si $\int_X u_n v \, d\mu \to \int_X uv \, d\mu$ pour tout $v \in L^1(X, d\mu)$. Enfin, une suite bornée dans $L^1(X, d\mu)$ n'a en général pas de propriété de convergence faible vis-à-vis de L^1 sans hypothèse supplémentaire (il existe plusieurs caractérisations des compacts faibles de L^1).

Pour X ouvert de $\mathbb{R}^d$ et μ la mesure de Lebesgue, ces convergences faible ou faible-étoile impliquent trivialement la convergence au sens des distributions. On reviendra plus en détail et avec plus de généralité sur les topologies faible et faible-étoile à la Section 1.6.

Intéressons nous maintenant à la dualité des espaces de Sobolev. Tout d'abord, les espaces $W^{1,p}(\Omega)$, $1 < p < +\infty$, sont réflexifs. On peut donc extraire de toute suite bornée une sous-suite faiblement convergente. Malheureusement pour nous, le dual de $W^{1,p}(\Omega)$ n'est pas si facile à identifier à un autre espace fonctionnel concret. Qu'à cela ne tienne, on a la caractérisation suivante de la convergence faible dans $W^{1,p}(\Omega)$.

Proposition 1.8. *Une suite u_n converge faiblement vers u dans $W^{1,p}(\Omega)$, si et seulement si $u_n \rightharpoonup u$ faiblement dans $L^p(\Omega)$ et $\frac{\partial u_n}{\partial x_i} \rightharpoonup g_i$ faiblement dans $L^p(\Omega)$, $i = 1, \dots, d$. Dans ce cas, on a $g_i = \frac{\partial u}{\partial x_i}$.*

Preuve. Soit u_n telle que $u_n \rightharpoonup u$ faiblement dans $W^{1,p}(\Omega)$. Pour toute forme linéaire continue ℓ sur $W^{1,p}(\Omega)$, on a donc $\ell(u_n) \to \ell(u)$. Prenons $v \in L^{p'}(\Omega)$ arbitraire. Les formes linéaires $\ell(u) = \int_\Omega uv \, dx$ et $\ell_i(u) = \int_\Omega \frac{\partial u}{\partial x_i} v \, dx$ sont continues sur $W^{1,p}(\Omega)$ par l'inégalité de Hölder. Par conséquent, $u_n \rightharpoonup u$ dans $L^p(\Omega)$ et $\frac{\partial u_n}{\partial x_i} \rightharpoonup \frac{\partial u}{\partial x_i}$ dans $L^p(\Omega)$.

Réciproquement, soit u_n telle que $u_n \rightharpoonup u$ faiblement dans $L^p(\Omega)$ et $\frac{\partial u_n}{\partial x_i} \rightharpoonup g_i$ faiblement dans $L^p(\Omega)$ pour $i = 1, \dots, d$. On en déduit d'une part que $u_n \to u$ et $\frac{\partial u_n}{\partial x_i} \to g_i$ dans $\mathscr{D}'(\Omega)$. Par continuité de la dérivation au sens des distributions, il s'ensuit que $g_i = \frac{\partial u}{\partial x_i}$. On en déduit d'autre part que la suite u_n est bornée dans $W^{1,p}(\Omega)$. Comme $1 < p < +\infty$, on peut en extraire une sous-suite u_{n_m} qui converge faiblement au sens de $W^{1,p}(\Omega)$, lequel est réflexif, vers un certain $v \in W^{1,p}(\Omega)$. D'après ce qui précède, on a donc $v = u$ et l'on conclut par unicité de la limite, *cf.* Lemme 1.1. □

On a une caractérisation analogue avec des étoiles dans le cas $p = +\infty$. Grâce au théorème de Rellich, on a en prime que $u_n \to u$ dans $L^p_{\mathrm{loc}}(\Omega)$ fort.

Le cas de $H^1(\Omega)$ est particulier, puisqu'il s'agit d'un espace de Hilbert. Il est donc isométrique à son dual par l'intermédiaire de son produit scalaire (théorème de Riesz). On peut donc dire que $u_n \rightharpoonup u$ faiblement dans $H^1(\Omega)$ si et seulement si, pour tout v dans $H^1(\Omega)$,

$$\int_\Omega (u_n v + \nabla u_n \cdot \nabla v)\, dx \to \int_\Omega (uv + \nabla u \cdot \nabla v)\, dx.$$

Mais l'un dans l'autre, la caractérisation de la Proposition 1.8 est bien souvent plus commode.

La dualité de $W_0^{1,p}(\Omega)$ est en un sens plus simple. En effet, $\mathscr{D}(\Omega)$ est dense dans $W_0^{1,p}(\Omega)$ par définition. Il s'ensuit que toute forme linéaire continue sur $W_0^{1,p}(\Omega)$ définit une distribution et une seule. En d'autres termes, on a une injection canonique de $(W_0^{1,p}(\Omega))'$ dans $\mathscr{D}'(\Omega)$. On note $W^{-1,p'}(\Omega)$ l'image de cette injection canonique (c'est un espace de Sobolev d'ordre négatif, que nous n'avons pas défini comme tel ici). Il est clair qu'une distribution T appartient à $W^{-1,p'}(\Omega)$ si et seulement s'il existe une constante C telle que

$$\forall \varphi \in \mathscr{D}(\Omega), \quad |\langle T, \varphi\rangle| \leq C|\varphi|_{1,p,\Omega},$$

car elle se prolonge alors en une forme linéaire continue sur $W_0^{1,p}(\Omega)$ grâce à l'inégalité de Poincaré. La norme de T dans $W^{-1,p'}(\Omega)$, notée $\|T\|_{-1,p',\Omega}$, est la borne inférieure des constantes C pouvant apparaître dans l'inégalité ci-dessus. C'est aussi la norme duale au sens abstrait usuel.

On peut également caractériser l'espace $W^{-1,p'}(\Omega)$ à l'aide de dérivées partielles premières de fonctions de $L^{p'}(\Omega) = W^{0,p'}(\Omega)$, ce qui explique un peu la notation. Dans le cas $p = 2$, on note $H^{-1}(\Omega)$ le sous-espace de $\mathscr{D}'(\Omega)$ ainsi identifié à $(H_0^1(\Omega))'$.

Attention : l'espace $H_0^1(\Omega)$ est un espace de Hilbert, et peut donc être identifié à son dual par l'intermédiaire de son propre produit scalaire (il suffit de prendre le produit scalaire des gradients par l'inégalité de Poincaré). Cette identification, qui dit que pour toute forme linéaire continue ℓ sur $H_0^1(\Omega)$, il existe un unique $v \in H_0^1(\Omega)$ tel que $\ell(u) = \int_\Omega \nabla u \cdot \nabla v\, dx$ pour tout $u \in H_0^1(\Omega)$, est tout aussi légitime que la précédente, mais ce n'est pas la même ! En particulier, elle n'est pas compatible avec l'identification de dual de $L^2(\Omega)$ avec lui-même à l'aide son produit scalaire, identification qui ne fait guère débat.

Par contre, l'identification $(H_0^1(\Omega))' \simeq H^{-1}(\Omega)$ est compatible avec l'identification du dual de $L^2(\Omega)$ avec lui-même précédente, ainsi que l'identification de $L^2(\Omega)$ à un sous-espace de $\mathscr{D}'(\Omega)$.

En effet, si $T \in L^2(\Omega)$, alors on a

$$\forall \varphi \in \mathscr{D}(\Omega), \quad |\langle T, \varphi\rangle| = \left|\int_\Omega T\varphi\, dx\right| \leq \|T\|_{0,\Omega}\|\varphi\|_{0,\Omega} \leq C\|T\|_{0,\Omega}|\varphi|_{1,\Omega},$$

par l'inégalité de Cauchy-Schwarz d'abord, puis celle de Poincaré. Cette inégalité montre que $L^2(\Omega) \hookrightarrow H^{-1}(\Omega)$ canoniquement (alors que $L^2(\Omega)$ ne s'injecte absolument pas de façon canonique dans $H_0^1(\Omega)$!), avec $\|T\|_{-1,\Omega} \leq C\|T\|_{0,\Omega}$, la constante C étant la constante de l'inégalité de Poincaré. En fait, cette injection n'est autre que la transposée de l'injection canonique de $H_0^1(\Omega)$ dans $L^2(\Omega)$. Quand on utilise l'identification avec $H^{-1}(\Omega)$, on a donc droit à l'harmonieux diagramme

$$\mathscr{D}(\Omega) \hookrightarrow H_0^1(\Omega) \hookrightarrow L^2(\Omega) \hookrightarrow H^{-1}(\Omega) \hookrightarrow \mathscr{D}'(\Omega)$$

où toutes les injections sont continues, denses et canoniques.

Dans la pratique, on préfère le plus souvent $H^{-1}(\Omega)$, pour la raison qui précède, mais il arrive de temps à autre qu'il soit plus avantageux d'utiliser l'identification $(H_0^1(\Omega))' \simeq H_0^1(\Omega)$ du théorème de Riesz. Plus généralement, quand on a affaire à deux espaces de Hilbert $V \hookrightarrow H$ avec injection continue et dense, pour identifier leurs duaux de façon compatible, on procède le plus souvent selon le même schéma

$$V \hookrightarrow H \simeq H' \hookrightarrow V'.$$

Enfin, au niveau des espaces de traces, on note $H^{-1/2}(\partial\Omega) = (H^{1/2}(\partial\Omega))'$ au sens d'une identification analogue. Ce n'est pas seulement une notation, c'est aussi un espace de Sobolev fractionnaire négatif sur une hypersurface.

1.6 Topologies faible et faible-étoile

On reprend dans cette section la question des topologies faible et faible-étoile sous un angle plus abstrait. On trouvera plus de détails dans un cadre plus général dans l'appendice 1.9. Soit E un espace de Banach réel. La topologie engendrée par la norme de E est appelée topologie forte et l'on note E' le dual topologique de E, l'espace vectoriel de toutes les formes linéaires sur E continues pour la topologie forte. C'est aussi un espace de Banach pour la norme duale $\|\ell\|_{E'} = \sup_{\|x\|_E \leq 1} |\ell(x)|$.

La topologie faible sur E, notée $\sigma(E, E')$ est la topologie la moins fine, c'est-à-dire celle qui a le moins d'ouverts possible, qui rend continues toutes les formes linéaires fortement continues, c'est-à-dire tous les éléments de E'. C'est une topologie projective au sens de la Définition 1.5, voir Section 1.9. C'est en outre une topologie séparée.

On note $\rightharpoonup$ la convergence pour la topologie faible de E. D'après ce qui ressort de l'appendice 1.9, $x_n \rightharpoonup x$ si et seulement si pour tout $\ell \in E'$, $\ell(x_n) \to \ell(x)$. De plus, une suite faiblement convergente est bornée — ceci découle du théorème de Banach-Steinhaus — et $\|x\|_E \leq \liminf \|x_n\|_E$.

Notons également que le dual topologique de E pour la topologie faible est le même que celui de départ, E', à savoir que l'on n'a pas ajouté de forme linéaire continue supplémentaire en affaiblissant ainsi la topologie de E.

On dispose d'une famille fondamentale de voisinages de 0 pour la topologie faible, de la forme $\{x \in E; |\ell_i(x)| < \varepsilon, i = 1, \dots, k\}$ avec k entier et $\varepsilon > 0$. On en déduit qu'en dimension infinie, un ouvert faible non vide n'est jamais borné. En fait, il contient même un espace affine de dimension infinie. Par exemple, le voisinage $\{x \in E; |\ell_i(x)| < 1, i = 1, \dots, k\}$ contient l'espace $\cap_{i=1}^k \ker \ell_i$ qui est de dimension infinie comme intersection finie d'hyperplans. En particulier, une boule est d'intérieur faible vide en dimension infinie.

On montre également assez facilement à l'aide de cette famille fondamentale de voisinages que si E est de dimension infinie, il n'est pas à base dénombrable de voisinages pour la topologie faible. En particulier, celle-ci n'est pas métrisable. Par contre, en dimension finie, la topologie faible coïncide visiblement avec la topologie forte.

Comme la topologie faible possède moins d'ouverts que la topologie forte, il y existe a priori plus de suites faiblement convergentes que de suites fortement convergentes. Plus précisément, $x_n \to x$ implique que $x_n \rightharpoonup x$. A l'inverse, il y a moins d'applications faiblement continues de E à valeurs dans un autre espace topologique que d'applications fortement continues. Plus précisément, si $f : E \to F$ est continue pour la topologie faible sur E, alors elle l'est pour la topologie forte. L'inverse n'est en général pas vrai, et c'est une des difficultés que l'on rencontre dans les problèmes d'EDP non linéaires.

On dit qu'un espace de Banach E est uniformément convexe si sa norme a la propriété que pour tout $\varepsilon > 0$, il existe un $\delta > 0$ tel que si $\max(\|x\|_E, \|y\|_E) \leq 1$ et $\|x-y\|_E > \varepsilon$, alors $\left\|\frac{x+y}{2}\right\|_E < 1-\delta$. Tout espace de Banach uniformément convexe est réflexif et l'on a la propriété fort utile suivante :

Proposition 1.9. *Soit E un espace de Banach uniformément convexe et x_n une suite de E telle que $x_n \rightharpoonup x$ faiblement dans E et $\|x_n\|_E \to \|x\|_E$. Alors on a $x_n \to x$ fortement dans E.*

Ainsi par exemple, les espaces L^p pour $1 < p < +\infty$ sont uniformément convexes, voir [11].

Un résultat fondamental concernant la topologie faible est la caractérisation des convexes fermés. Il découle directement du théorème de Hahn-Banach sous (deuxième) forme géométrique, voir [11]. Ce résultat sera utile quand nous aborderons les questions de calcul des variations au Chapitre 6.

Théorème 1.20. *Un convexe C de E est faiblement fermé si et seulement si il est fortement fermé.*

Preuve. Comme la topologie faible est moins fine que la topologie forte, tout fermé faible est un fermé fort. Par conséquent, tout convexe fermé faible est un convexe fermé fort. C'est dans la réciproque que se trouve l'essence du théorème.

Soit donc C un convexe fortement fermé et soit $x_0 \notin C$. D'après le théorème de Hahn-Banach sous forme géométrique, il existe $\ell \in E'$ et $\alpha \in \mathbb{R}$ tels que pour tout $y \in C$, on a $\ell(x_0) < \alpha < \ell(y)$. L'ensemble $V = \{x \in E; \ell(x) < \alpha\}$ est un ouvert faible comme image réciproque d'un ouvert de $\mathbb{R}$ par une application faiblement continue, $x_0 \in V$ et $V \cap C = \emptyset$. Par conséquent, le complémentaire de C est faiblement ouvert et C est faiblement fermé. □

On remarque que ceci implique qu'un convexe fermé (fort ou faible) est égal à l'intersection de tous les demi-espaces fermés qui le contiennent, voir Figure 1.2. On remarque aussi que ce résultat implique immédiatement que la topologie faible est séparée, comme annoncé plus haut.

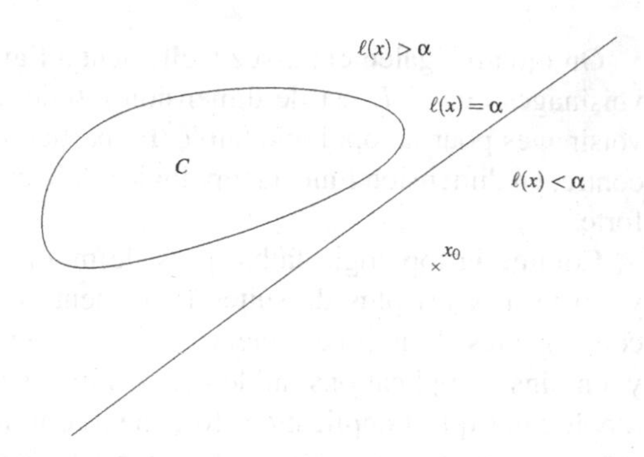

Fig. 1.2 La preuve par l'image : x_0 appartient à un ouvert faible, lui-même contenu dans le complémentaire de C

On a déjà remarqué que le dual E' d'un espace de Banach est également un espace de Banach. Il est donc lui-même muni d'une topologie faible $\sigma(E', E'')$. Il est également muni d'une topologie plus intéressante, la topologie faible-étoile $\sigma(E', E)$, qui est la topologie la moins fine qui rend continues toutes les applications linéaires sur E' engendrées par des éléments de E, *i.e.*, $\ell \mapsto \ell(x)$ pour un certain $x \in E$ fixé. C'est aussi une topologie projective et elle est également séparée. La convergence pour cette topologie est notée $\overset{*}{\rightharpoonup}$. Naturellement, $\ell_n \overset{*}{\rightharpoonup} \ell$ si et seulement si pour tout $x \in E$, $\ell_n(x) \to \ell(x)$, une suite faiblement-$*$ convergente est bornée et $\|\ell\|_{E'} \leq \liminf \|\ell_n\|_{E'}$.

La topologie faible-étoile est en général plus faible que la topologie faible sur E' (sauf si l'injection canonique de E dans E'' est un isomorphisme, c'est-à-dire si E est réflexif). Elle possède moins d'ouverts, d'où, en contrepartie et c'est ce qui fait son intérêt, plus de compacts que la topologie faible. En particulier, on a le théorème de Banach-Alaoglu, voir [11].

Théorème 1.21. *La boule unité fermée de E' est faiblement-$*$ compacte.*

Corollaire 1.1. *Si E est réflexif, alors la boule unité fermée de E est faiblement compacte.*

Preuve. En effet, dans ce cas $E = (E')'$ et les topologies faible et faible-$*$ coïncident sur E. □

Remarque 1.1. Cette propriété est en fait une condition nécessaire et suffisante de réflexivité. □

Plus généralement, on voit que

Corollaire 1.2. *Si E est réflexif et K un convexe fermé borné de E, alors K est faiblement compact.*

Preuve. L'ensemble K est faiblement fermé par le Théorème 1.20. Comme il est borné, il existe $\lambda \in \mathbb{R}$ tel que $K \subset \lambda \bar{B}_E$, où $\bar{B}_E$ désigne la boule unité fermée de E. C'est donc un fermé (faible) d'un compact (faible), par conséquent il est lui-même compact pour la topologie faible. □

En faisant des hypothèses de séparabilité, on peut également raisonner sur des suites. Mentionnons rapidement quelques résultats dans cette direction.

Proposition 1.10. *Si E est séparable, alors la restriction de la topologie faible-$*$ de E' à sa boule unité est métrisable.*

Par contre, en dimension infinie, ni la topologie faible on l'a déjà vu, ni la topologie faible-$*$ ne sont métrisables. Pour avoir une indication dans ce sens, prenons une suite $x_k \in E$ telle que $x_k \rightharpoonup 0$ mais $\|x_k\|_E = 1$ (une telle suite existe dans la plupart des espaces de Banach de dimension infinie raisonnables, la propriété contraire étant plutôt de nature pathologique). On introduit alors la famille à deux indices $x_{k,n} = nx_k$. À n fixé, on a $x_{k,n} \rightharpoonup 0$ quand $k \to +\infty$. Si la topologie était métrisable avec une distance d, on aurait donc $d(x_{k,n}, 0) \to 0$ quand $k \to +\infty$. Pour tout n, nous pourrions alors choisir $k(n)$ tel que $d(x_{k(n),n}, 0) \leq \frac{1}{n}$, c'est-à-dire $x_{k(n),n} \rightharpoonup 0$. Or, $\|x_{k,n}\|_E = n$. Par conséquent, la suite $x_{k(n),n}$ n'étant pas bornée, elle ne peut certainement pas converger faiblement.

Cet exemple montre surtout que l'argument familier de double approximation est en général faux pour la topologie faible ou faible-$*$ — et qu'il convient donc de s'en méfier ! — sauf si l'on reste dans un borné du dual d'un espace séparable, bien entendu.

Corollaire 1.3. *Si E est séparable et ℓ_n est une suite bornée dans E', alors il existe une sous-suite $\ell_{n'}$ faiblement-$*$ convergente.*

On utilise très souvent ce résultat dans $E' = L^\infty(\Omega)$ qui est le dual de l'espace de Banach notoirement séparable $E = L^1(\Omega)$, et dans les espaces de Sobolev construits sur $L^\infty(\Omega)$.

Corollaire 1.4. *Si E est réflexif et x_n est une suite bornée dans E, alors il existe une sous-suite $x_{n'}$ faiblement convergente.*

Nul besoin d'hypothèse de séparabilité ici, car on se place sur l'adhérence de l'espace engendré par la suite x_n, laquelle est séparable. On utilise le fait qu'un sous-espace vectoriel fermé d'un espace réflexif est réflexif.

Notons pour finir qu'un convexe fortement fermé dans E' n'est pas nécessairement faiblement-$*$ fermé. Un exemple simple en est $C^0([0, 1])$ qui est un convexe fortement fermé de $L^\infty(0, 1)$, mais pas faiblement-$*$ fermé. Il suffit par exemple d'approcher ponctuellement la fonction caractéristique d'un intervalle par une suite de fonctions continues comprises entre 0 et 1 pour s'en convaincre. Bien entendu, $C^0([0, 1])$ est faiblement fermé dans $L^\infty(0, 1)$, ce qui montre bien que la topologie faible de $L^\infty(0, 1)$, qui est induite par son dual $(L^\infty(0, 1))'$, est un objet assez délicat à manipuler.

À l'autre extrême, on note que la boule unité de $L^1(0, 1)$ n'est pas faiblement séquentiellement compacte. Considérons pour cela la suite $u_n(x) = n\mathbf{1}_{[0,1/n]}(x)$. Supposons qu'il existe une sous-suite $u_{n'}$ qui converge faiblement vers u dans $L^1(0, 1)$. Ceci signifie que pour tout $v \in L^\infty(0, 1)$, $\int_0^1 u_{n'} v\,dx \to \int_0^1 uv\,dx$. En particulier, pour $v(x) = 1$, il vient

$$\int_0^1 u\,dx = \lim_{n'\to+\infty} n' \int_0^{1/n'} dx = 1,$$

d'une part, et pour $v(x) = \mathbf{1}_{[a,b]}(x)$ avec $a > 0$ d'autre part,

$$\int_a^b u\,dx = \lim_{n'\to+\infty} n' \int_0^{1/n'} \chi_{[a,b]}(x)\,dx = 0,$$

car $[0, 1/n'] \cap [a, b] = \emptyset$ dès que $n' > 1/a$. Cette deuxième égalité implique que $u = 0$, ce qui contredit la première égalité. On dit dans ce cas que la famille u_n n'est pas équi-intégrable (une condition nécessaire de compacité faible dans $L^1(0, 1)$). On peut résumer les qualités et défauts respectifs des différentes topologies faibles dans un tableau.

	topologie faible sur E	topologie faible-$*$ sur E'
pour	convexes fermés forts fermés	boule unité compacte
contre	boule unité pas toujours compacte	convexes fermés forts pas toujours fermés

On voit que tout va pour le mieux dans le meilleur des mondes quand E est réflexif.

1.7 Formulations variationnelles et leur interprétation

On rappelle le résultat fondamental dans le contexte des EDP elliptiques linéaires, le théorème de Lax-Milgram, voir [11] par exemple.

Théorème 1.22. *Soit V un espace de Hilbert, ℓ une forme linéaire continue sur V et a une forme bilinéaire continue sur H telle qu'il existe $\alpha > 0$ tel que*

$$\forall v \in V, \quad a(v, v) \geq \alpha \|v\|^2 (\textit{on dit que a est V-elliptique}).$$

Alors le problème : trouver $u \in V$ tel que

$$\forall v \in V, \quad a(u, v) = \ell(v),$$

admet une solution unique. De plus, l'application qui à ℓ associe u est linéaire continue de V' dans V.

Il s'agit d'un résultat hilbertien abstrait. Pour en déduire des résultats d'existence pour des problèmes aux limites, on doit *interpréter* les problèmes variationnels. Donnons en deux exemples simples.

Considérons tout d'abord le problème de Dirichlet homogène. Soit Ω un ouvert borné de $\mathbb{R}^d$. On cherche une fonction u tel que $-\Delta u = f$ dans Ω et $u = 0$ sur $\partial\Omega$, où le second membre f est donné.

On lui associe le problème variationnel suivant : $V = H_0^1(\Omega)$ qui incorpore la condition de Dirichlet homogène, $a(u, v) = \int_\Omega \nabla u \cdot \nabla v \, dx$ et $\ell(v) = \langle f, v \rangle$ en choisissant $f \in H^{-1}(\Omega)$. Le théorème de Lax-Milgram s'applique, la V-ellipticité étant une conséquence immédiate de l'inégalité de Poincaré. En quoi la fonction u ainsi trouvée satisfait-elle le problème aux limites de départ ?

Pour ce qui concerne la condition de Dirichlet, $u = 0$ sur $\partial\Omega$, celle-ci n'a pas de sens pour u dans $H^1(\Omega)$. Par contre l'appartenance au sous-espace $H_0^1(\Omega)$ la remplace avantageusement. En effet, on a vu que quand Ω est suffisamment régulier, on a $\gamma_0(u) = 0$, ce qui est l'extension naturelle de la condition de Dirichlet homogène aux fonctions $H^1(\Omega)$.

Pour l'équation aux dérivées partielles, notons d'abord que $H_0^1(\Omega) \subset \mathscr{D}'(\Omega)$, donc $-\Delta u$ a un sens en tant que distribution. En fait, on voit facilement que $-\Delta$ est un opérateur continu de $H^1(\Omega)$ dans $H^{-1}(\Omega)$. En effet, en utilisant la convention d'Einstein de sommation des indices répétés,

$$\langle -\Delta u, \varphi \rangle = -\langle \partial_{ii} u, \varphi \rangle = \langle \partial_i u, \partial_i \varphi \rangle = \int_\Omega \nabla u \cdot \nabla \varphi \, dx,$$

pour tout $\varphi \in \mathscr{D}(\Omega)$, par définition de la dérivation au sens des distributions et l'identification des fonctions de carré intégrable à des distributions à l'aide de l'intégrale. Par conséquent,

$$|\langle -\Delta u, \varphi \rangle| \leq \|\nabla u\|_{0,\Omega} \|\nabla \varphi\|_{0,\Omega},$$

par l'inégalité de Cauchy-Schwarz. On voit donc que $u \mapsto -\Delta u$ est bien continue de $H^1(\Omega)$ dans $H^{-1}(\Omega)$.

Comme $\mathscr{D}(\Omega) \subset H_0^1(\Omega)$, on peut de plus utiliser la formulation variationnelle avec φ comme fonction-test, qui nous dit que $a(u, \varphi) = \ell(\varphi)$ pour en conclure que

$$\langle -\Delta u, \varphi \rangle = \langle f, \varphi \rangle,$$

pour tout $\varphi \in \mathscr{D}(\Omega)$, soit $-\Delta u = f$ au sens de $\mathscr{D}'(\Omega)$ (en fait de $H^{-1}(\Omega)$, espace auquel appartiennent les deux membres de l'égalité). On a donc *interprété* la solution du problème variationnel en termes de problème aux limites.

Réciproquement, supposons que l'on nous donne une fonction $u \in H_0^1(\Omega)$ telle que $-\Delta u = f$ au sens de $\mathscr{D}'(\Omega)$. En remontant les calculs précédents, ceci signifie que

$$\forall \varphi \in \mathscr{D}(\Omega), \quad a(u, \varphi) = \ell(\varphi).$$

Or, par définition, $\mathscr{D}(\Omega)$ est dense dans $H_0^1(\Omega)$. Pour tout $v \in H_0^1(\Omega)$, il existe une suite $\varphi_n \in \mathscr{D}(\Omega)$ telle que $\varphi_n \to v$ dans $H_0^1(\Omega)$. Comme a et ℓ sont continues, on passe à la limite dans l'égalité ci-dessus et on obtient que u est solution du problème variationnel. Or cette solution est unique et donnée par le théorème de Lax-Milgram. En d'autres termes, le problème aux limites n'a pas d'autre solution dans $H_0^1(\Omega)$ que u.

Deuxième exemple un peu plus délicat, le problème de Neumann non homogène, $-\Delta u + u = f$ dans Ω et $\frac{\partial u}{\partial n} = g$ sur $\partial\Omega$, où f et g sont donnés. On suppose ici Ω lipschitzien.

On lui associe le problème variationnel correspondant aux données suivantes :

$$V = H^1(\Omega), \quad a(u,v) = \int_\Omega (\nabla u \cdot \nabla v + uv)\, dx$$

et

$$\ell(v) = \int_\Omega f v\, dx + \langle g, \gamma_0(v)\rangle_{H^{-1/2}(\partial\Omega), H^{1/2}(\partial\Omega)},$$

en choisissant $f \in L^2(\Omega)$ et $g \in H^{-1/2}(\partial\Omega)$. Le théorème de Lax-Milgram s'applique trivialement.

Interprétons ce problème. On commence par obtenir l'EDP à l'intérieur en prenant des fonctions-test dans $\mathscr{D}(\Omega)$. Le calcul est analogue au précédent et donne

$$\langle -\Delta u + u, \varphi\rangle = \langle f, \varphi\rangle,$$

pour tout $\varphi \in \mathscr{D}(\Omega)$, c'est-à-dire $-\Delta u + u = f$ au sens de $\mathscr{D}'(\Omega)$. En effet, on a bien sûr $\gamma_0(\varphi) = 0$. Réécrivant $-\Delta u = f - u$, on voit que $-\Delta u \in L^2(\Omega)$ et l'EDP a donc en fait lieu au sens de $L^2(\Omega)$. Maintenant, et à la différence du problème de Dirichlet, $\mathscr{D}(\Omega)$ n'est pas dense dans $H^1(\Omega)$ et l'on est loin d'avoir exploité le problème variationnel dans sa totalité.

L'interprétation de la condition aux limites de Neumann demande l'introduction d'une nouvelle notion de trace, duale en un certain sens de l'application γ_0 présentée un peu plus haut. On note $H(\Delta, \Omega)$ l'espace des fonctions de $H^1(\Omega)$ dont le laplacien au sens des distributions appartient à $L^2(\Omega)$, muni de la norme

$$\|v\|_{H(\Delta,\Omega)} = \left(\|v\|^2_{H^1(\Omega)} + \|\Delta v\|^2_{L^2(\Omega)}\right)^{1/2}.$$

C'est un espace de Hilbert pour cette norme et l'on vient de voir que la solution u du problème variationnel en est un élément.

Proposition 1.11. *Il existe une application linéaire continue γ_1 de $H(\Delta, \Omega)$ dans $H^{-1/2}(\partial\Omega)$, appelée* trace normale, *telle que $\gamma_1(v) = \frac{\partial v}{\partial n}$ pour tout $v \in C^1(\bar{\Omega})$. Elle est donnée par*

$$\forall g \in H^{1/2}(\partial\Omega),\ \langle \gamma_1(v), g\rangle_{H^{-1/2}(\partial\Omega), H^{1/2}(\partial\Omega)} = \int_\Omega \nabla w \cdot \nabla v\, dx + \int_\Omega w \Delta v\, dx, \tag{1.3}$$

où $w \in H^1(\Omega)$ est n'importe quelle fonction telle que $\gamma_0(w) = g$.

Preuve. Notons $\lambda(v, w)$ le membre de droite de (1.3), qui est bien défini pour tout $v \in H(\Delta, \Omega)$ et $w \in H^1(\Omega)$. Il convient d'abord de montrer que $\lambda(v, w)$ ne dépend que de $\gamma_0(w)$. Comme ce terme est linéaire par rapport à w, il suffit donc de voir qu'il s'annule dès que $\gamma_0(w) = 0$, c'est-à-dire $w \in H_0^1(\Omega)$. Or, si $\varphi \in \mathscr{D}(\Omega)$, on a par définition de la dérivation au sens des distributions

$$\int_\Omega \varphi \Delta v \, dx = \langle \Delta v, \varphi \rangle = -\langle \nabla v, \nabla \varphi \rangle = -\int_\Omega \nabla \varphi \cdot \nabla v \, dx,$$

puisque $v \in H(\Delta, \Omega)$. Par conséquent, $\lambda(v, \varphi) = 0$. Également en raison du fait que $v \in H(\Delta, \Omega)$, l'application $w \mapsto \lambda(v, w)$ est continue sur $H^1(\Omega)$. Comme $H_0^1(\Omega)$ est l'adhérence de $\mathscr{D}(\Omega)$ dans $H^1(\Omega)$, on en déduit que $\lambda(v, w) = 0$ pour tout $w \in H_0^1(\Omega)$ par densité.

On voit donc que la forme linéaire $w \mapsto \lambda(v, w)$ passe au quotient modulo $H_0^1(\Omega)$, c'est-à-dire qu'elle définit en fait une forme linéaire sur $H^{1/2}(\partial\Omega)$ que l'on note $\gamma_1(v)$. Montrons que cette forme linéaire est continue. Pour tout $g \in H^{1/2}(\partial\Omega)$, on a

$$|\gamma_1(v)(g)| \leq \int_\Omega \|\nabla w\| \|\nabla v\| \, dx + \int_\Omega |w| |\Delta v| \, dx \leq \|w\|_{H^1(\Omega)} \|v\|_{H(\Delta,\Omega)},$$

pour tout w tel que $\gamma_0(w) = g$, par Cauchy-Schwarz. Prenant la borne inférieure du membre de droite par rapport à w, nous obtenons donc que

$$|\gamma_1(v)(g)| \leq \|g\|_{H^{1/2}(\partial\Omega)} \|v\|_{H(\Delta,\Omega)},$$

ce qui montre d'une part que $\gamma_1(v) \in H^{-1/2}(\partial\Omega)$ et d'autre part que l'application γ_1, qui est évidemment linéaire, est continue de $H(\Delta, \Omega)$ dans $H^{-1/2}(\partial\Omega)$.

Prenant maintenant v dans $C^1(\overline{\Omega})$, la formule de Green, qui est valable pour $v \in H(\Delta, \Omega)$, montre dans ce cas que $\gamma_1(v) = \frac{\partial v}{\partial n}$. □

Revenons à l'interprétation de notre problème variationnel, avec une fonction-test v arbitraire dans $H^1(\Omega)$. Nous pouvons le réécrire

$$\int_\Omega \nabla u \cdot \nabla v \, dx + \int_\Omega v \Delta u \, dx + \int_\Omega (u - \Delta u) v \, dx = \int_\Omega f v \, dx + \langle g, \gamma_0(v) \rangle_{H^{-1/2}(\partial\Omega), H^{1/2}(\partial\Omega)}.$$

Or nous avons déjà établi que $u - \Delta u = f$ à l'étape précédente et que $u \in H(\Delta, \Omega)$. Il vient donc

$$\langle \gamma_1(u), \gamma_0(v) \rangle_{H^{-1/2}(\partial\Omega), H^{1/2}(\partial\Omega)} = \langle g, \gamma_0(v) \rangle_{H^{-1/2}(\partial\Omega), H^{1/2}(\partial\Omega)},$$

pour tout $v \in H^1(\Omega)$. Comme l'application trace est surjective sur $H^{1/2}(\partial\Omega)$, on en déduit que la condition de Neumann $\gamma_1(u) = g$ est satisfaite au sens de $H^{-1/2}(\partial\Omega)$. Naturellement, si on peut établir par ailleurs que u est plus régulière (voir au Chapitre 5 les résultats de *régularité elliptique*), alors on obtient la forme classique de la condition de Neumann.

Comme dans le cas du problème de Dirichlet, on peut remonter les calculs à partir des relations $-\Delta u + u = f$ et $\gamma_1(u) = g$ avec $u \in H^1(\Omega)$, pour retomber sur l'unique solution du problème variationnel.

Un dernier mot d'avertissement : les formulations souvent employées à l'oral comme « on multiplie l'équation par une fonction-test et on intègre par parties... » sont informelles (curieusement, on dit souvent « on multiplie formellement etc. »). Elles sont utiles car elles permettent de guider l'intuition dans la construction de formulations variationnelles mais ne constituent pas des raisonnements rigoureux.

1.8 Un peu de théorie spectrale

Sans que cela constitue un thème central de cet ouvrage, nous rencontrons néanmoins de temps à autre les valeurs propres et fonctions propres d'un opérateur elliptique, en particulier celles de $-\Delta$. Rappelons donc également les notions de base en théorie spectrale, dont on trouvera une étude plus approfondie dans [15] par exemple.

Soit A un opérateur linéaire continu d'un espace de Hilbert H dans lui-même. On appelle *spectre* de A et l'on note $\sigma(A)$ l'ensemble des scalaires λ tels que $A - \lambda Id$ ne soit pas inversible. On dit que λ est une *valeur propre* de A si $\ker(A - \lambda Id) \neq \{0\}$, c'est-à-dire si $A - \lambda Id$ n'est pas injectif. Dans ce cas, tout élément non nul de ce noyau est appelé *vecteur propre* associé à la valeur propre λ. Naturellement, en dimension finie, le spectre ne contient que des valeurs propres, mais il n'en va pas de même en dimension infinie en général, où il est tout à fait possible que $A - \lambda Id$ soit injectif sans être pour autant inversible. Notons qu'il serait indiqué ici de complexifier l'espace H pour pouvoir parler de spectre comme sous-ensemble de $\mathbb{C}$, mais nous n'aurons affaire qu'à des situations où le spectre est de toutes façons réel.

Étant donné un opérateur linéaire continu A sur H, il est facile de voir qu'il existe un unique opérateur linéaire A^* continu sur H tel que l'on ait

$$\forall (x, y) \in H \times H,\ (Ax|y)_H = (x|A^*y)_H.$$

L'opérateur A^* s'appelle *l'adjoint* de A. Quand A est tel que $A^* = A$, on dit que A est *auto-adjoint*.

Le théorème spectral de base pour ce qui nous concerne est une généralisation aux espaces de Hilbert du théorème bien connu de diagonalisation orthogonale des endomorphismes symétriques dans un espace euclidien ou des matrices symétriques.

Théorème 1.23. *Soit A un opérateur compact auto-adjoint d'un espace de Hilbert H séparable de dimension infinie.*

i) Le spectre de A est la réunion de $\{0\}$ et soit d'une suite $(\lambda_j)_{j \in \mathbb{N}^*}$ de valeurs propres réelles non nulles tendant vers 0, soit d'un nombre fini de valeurs propres réelles non nulles.

ii) L'espace propre $\ker(A - \lambda_j Id)$ *est de dimension finie si* λ_j *est non nul.*

iii) Il existe une base hilbertienne $(e_j)_{j\in\mathbb{N}^*}$ *de* H *formée de vecteurs propres et l'on a*

$$\forall x \in H, \quad Ax = \sum_{j\in\mathbb{N}^*} \tilde{\lambda}_j (x|e_j)_H e_j \text{ et } \|Ax\|_H^2 = \sum_{j\in\mathbb{N}^*} \tilde{\lambda}_j^2 (x|e_j)_H^2,$$

où la famille $(\tilde{\lambda}_j)_{j\in\mathbb{N}^*}$ *est formée de la suite ou de la famille finie des valeurs propres non nulles, en comptant les multiplicités, éventuellement complétée par la valeur propre nulle. De plus* $\|A\|_{\mathcal{L}(H)} = \max_{j\in\mathbb{N}^*} |\tilde{\lambda}_j|$.

Appliquons ceci à l'opérateur $-\Delta$. Plus précisément, nous considérons le problème de valeurs propres

$$-\Delta\phi = \lambda\phi, \tag{1.4}$$

avec $\phi \in H_0^1(\Omega)$ non nulle, donc avec condition de Dirichlet homogène. Dans ce contexte, le vecteur propre ϕ est plutôt appelé *fonction propre* associée à la valeur propre λ. On a alors le résultat suivant :

Théorème 1.24. *Soit* Ω *un ouvert borné de* $\mathbb{R}^d$. *Il existe une suite de valeurs propres* $(\lambda_j)_{j\in\mathbb{N}^*}$ *et de fonctions propres* $(\phi_j)_{j\in\mathbb{N}^*}$ *telles que* $0 < \lambda_1 < \lambda_2 \leq \cdots \leq \lambda_j \leq \cdots$, *avec* $\lambda_j \to +\infty$ *quand* $j \to +\infty$, $\phi_j \in H_0^1(\Omega)$ *et* $-\Delta\phi_j = \lambda_j\phi_j$. *La famille des fonctions propres forme une base hilbertienne de* $L^2(\Omega)$ *et est orthogonale et totale dans* $H_0^1(\Omega)$ *muni du produit scalaire associé à la semi-norme.*

On applique pour cela le théorème spectral général à $H = L^2(\Omega)$ et $A = (-\Delta)^{-1}$ défini par l'application du théorème de Lax-Milgram : $Au = v$ si et seulement si $-\Delta v = u$ et $v \in H_0^1(\Omega)$. Cet opérateur est auto-adjoint sur H, manifestement par la formulation variationnelle, compact en raison du théorème de Rellich (on a supposé pour cela Ω borné). Les valeurs propres de $-\Delta$ sont en fait les inverses des valeurs propres de $(-\Delta)^{-1}$ données par le Théorème 1.23.

Le Théorème 1.24 est un peu plus spécifique que le théorème général car il indique que toutes les valeurs propres sont strictement positives, ce qui est également évident par application de la formulation variationnelle, et de plus que $\lambda_1 < \lambda_2$. Cette inégalité stricte est une façon détournée de signifier que la première valeur propre λ_1 est simple, au sens où $\dim(\ker(-\Delta - \lambda_1 Id)) = 1$. Les valeurs propres suivantes peuvent par contre éventuellement être multiples, en particulier si Ω a des propriétés de symétrie. Dans le même ordre d'idée, on a aussi le résultat fin suivant, qui est une conséquence du théorème de Krein-Rutman, voir [54].

Proposition 1.12. *Il existe* $\phi_1 \in \ker(-\Delta - \lambda_1 Id)$ *telle que* $\phi_1(x) > 0$ *pour tout* x *dans* Ω.

En d'autres termes, les fonctions propres associées à la première valeur propre ne s'annulent pas dans Ω, et on peut donc en choisir une qui soit strictement positive dans Ω (la régularité elliptique, voir Chapitre 5, implique que les fonctions propres sont très régulières).

1.9 Appendice : topologies de $\mathscr{D}$ et $\mathscr{D}'$

Dans la littérature des équations aux dérivées partielles appliquées, on a l'habitude de passer sous silence la description des topologies de $\mathscr{D}(\Omega)$ et de $\mathscr{D}'(\Omega)$. En effet, il n'est pas crucial de connaître ces dernières pour pouvoir travailler efficacement. Les propriétés séquentielles décrites plus haut suffisent amplement. On peut donc sans risque se passer de la lecture de cette section.

Néanmoins, on peut aussi être légitimement curieux de ces topologies et avoir envie d'en savoir un peu plus, sans devoir absorber la totalité de la théorie abstraite des espaces vectoriels topologiques, que l'on pourra toutefois trouver dans [8, 54, 59]. Nous avons en effet affaire à des espaces vectoriels topologiques qui ne sont pas des espaces vectoriels normés, mais qui sont munis de topologies plus sophistiquées. On rappelle qu'un *espace vectoriel topologique* sur $\mathbb{R}$, ou plus généralement sur un corps topologique $\mathbb{K}$, est un $\mathbb{K}$-espace vectoriel E muni d'une topologie telle que l'addition soit continue de $E \times E$ dans E et la multiplication par un scalaire continue de $\mathbb{K} \times E$ dans E.

Commençons donc par la notion *d'espace de Fréchet*. On rappelle qu'une semi-norme sur un espace vectoriel sur $\mathbb{R}$ est une application à valeurs dans $\mathbb{R}_+$ positivement homogène et satisfaisant l'inégalité triangulaire.

Soit E un espace vectoriel sur $\mathbb{R}$ et $(p_n)_{n\in\mathbb{N}}$ une famille dénombrable, croissante de semi-normes sur E telles que pour tout $u \neq 0$ de E, il existe $n \in \mathbb{N}$ tel que $p_n(u) > 0$. Pour tout $n \in \mathbb{N}$ et $\alpha > 0$, notons

$$V_{n,\alpha}(u) = \{v \in E;\, p_n(v-u) < \alpha\}$$

(la lettre V est utilisée pour évoquer le mot voisinage, bien sûr). On définit une famille $\mathscr{O}$ de parties de E par

$$U \in \mathscr{O} \iff \forall u \in U, \exists n \in \mathbb{N}, \exists \alpha \in \mathbb{R}_+^*, V_{n,\alpha}(u) \subset U.$$

Proposition 1.13. *La famille $\mathscr{O}$ est une topologie d'espace vectoriel topologique sur E, dite* engendrée par la famille de semi-normes. *Cette topologie est métrisable et l'application de $E \times E$ dans $\mathbb{R}_+$,*

$$d(u,v) = \sum_{n=0}^{\infty} 2^{-n} \min(1, p_n(u-v)), \tag{1.5}$$

définit une distance qui engendre cette topologie.

Preuve. Vérifions les axiomes de topologie. Trivialement, $E \in \mathscr{O}$ et $\emptyset \in \mathscr{O}$, puisque dans ce dernier cas, la condition à remplir est vide.

Soit $(U_i)_{i=1,\dots,k}$ une famille finie d'éléments de $\mathscr{O}$ et $U = \cap_{i=1}^k U_i$. Soit $u \in U$. Par définition, pour tout $i = 1, \dots k$, il existe $n_i \in \mathbb{N}$, $\alpha_i > 0$ tels que $V_{n_i,\alpha_i}(u) \subset U_i$. Posons $n = \max\{n_i\} \in \mathbb{N}$ et $\alpha = \min\{\alpha_i\} > 0$. Comme la suite p_n est croissante, les inégalités

$$p_{n_i}(v-u) \leq p_n(v-u) < \alpha \leq \alpha_i,$$

montrent que $V_{n,\alpha}(u) \subset V_{n_i,\alpha_i}(u) \subset U_i$ pour tout i. Par conséquent, $V_{n,\alpha}(u) \subset U$, ce qui implique que $U \in \mathscr{O}$.

Soit $(U_\lambda)_{\lambda \in \Lambda}$ une famille quelconque d'éléments de $\mathscr{O}$ et $U = \cup_{\lambda \in \Lambda} U_\lambda$. Soit $u \in U$. Par définition, il existe $\lambda \in \Lambda$ tel que $u \in U_\lambda$. Choisissons un n et un α associés à ce U_λ. Trivialement, $V_{n,\alpha}(u) \subset U_\lambda \subset U$ et $U \in \mathscr{O}$.

On donc bien affaire à une topologie. Vérifions qu'il s'agit d'une topologie d'espace vectoriel topologique, c'est-à-dire telle que les applications de $E \times E$ dans E, $(u, v) \mapsto u + v$ et de $\mathbb{R} \times E$ dans E, $(\lambda, u) \mapsto \lambda u$ soient continues. Pour l'addition, on se donne v_1 et v_2 tels que $v_1 + v_2 = u$ et U un ouvert contenant u. Il existe donc n et α tels que $V_{n,\alpha}(u) \subset U$. On constate aisément que $V_{n,\alpha/2}(v_1) + V_{n,\alpha/2}(v_2) \subset V_{n,\alpha}(u)$ ce qui implique la continuité de l'addition au point (v_1, v_2). En effet, si $w_1 \in V_{n,\alpha/2}(v_1)$ et $w_2 \in V_{n,\alpha/2}(v_2)$, alors

$$\begin{aligned} p_n(w_1 + w_2 - u) &= p_n(w_1 - v_1 + w_2 - v_2) \\ &\leq p_n(w_1 - v_1) + p_n(w_2 - v_2) < \frac{\alpha}{2} + \frac{\alpha}{2} = \alpha \end{aligned}$$

par l'inégalité triangulaire. Pour la continuité de multiplication par un scalaire, on note que

$$\mu v - \lambda u = \mu(v-u) + (\mu - \lambda)u.$$

Donnons-nous un voisinage ouvert $V_{n,\alpha}(\lambda u)$ de λu. Il existe un voisinage $W(\lambda) \subset \mathbb{R}$ de λ tel que pour tout $\mu \in W(\lambda)$, on ait $|\mu - \lambda| p_n(u) < \frac{\alpha}{2}$, et on peut choisir $W(\lambda)$ borné. On prend ensuite $v \in V_{n,\frac{\alpha}{2\max|W(\lambda)|}}$. Avec ces choix, il vient

$$\begin{aligned} p_n(\mu v - \lambda u) &\leq p_n(\mu(v-u)) + p_n((\mu - \lambda)u) \\ &= |\mu| p_n(v-u) + |\mu - \lambda| p_n(u) \\ &\leq \max|W(\lambda)| p_n(v-u) + |\mu - \lambda| p_n(u) \\ &< \frac{\alpha}{2} + \frac{\alpha}{2} = \alpha, \end{aligned}$$

par l'inégalité triangulaire et l'homogénéité positive des semi-normes, d'où la continuité de la multiplication par un scalaire.

Montrons enfin que cette topologie d'espace vectoriel topologique est métrisable. Pour cela, on s'assure tout d'abord sans difficulté que la formule (1.5) définit bien une distance sur E. La propriété disant que pour tout $u \neq 0$, il existe n tel que

$p_n(u) > 0$ intervient ici pour montrer que $d(v, w) = 0$ implique que $v = w$. Pour conclure, on doit montrer que tout ouvert non vide de $\mathcal{O}$ contient une boule ouverte non vide associée cette distance et réciproquement que toute boule ouverte non vide de cette distance contient un ouvert non vide de $\mathcal{O}$. Comme toutes ces notions sont invariantes par translation, il suffit de se placer en $u = 0$.

Donnons nous donc d'abord un ouvert U de $\mathcal{O}$ contenant 0. Par définition, il existe $n \in \mathbb{N}$ et $\alpha > 0$ tels que $V_{n,\alpha}(0) \subset U$. Il suffit alors de montrer qu'il existe $\beta > 0$ tel que $B(0, \beta) \subset V_{n,\alpha}(0)$. Remarquons qu'il suffit de considérer le cas $\alpha < 1$, puisque $V_{n,\alpha}(0) \subset V_{n,\alpha'}(0)$ dès que $\alpha \leq \alpha'$. Prenons $\beta = 2^{-n}\alpha$. Si $v \in B(0, \beta)$, alors

$$2^{-n} \min(1, p_n(v)) \leq d(0, v) < 2^{-n}\alpha.$$

Comme $\alpha < 1$, on en déduit que $p_n(v) < \alpha$, c'est-à-dire $v \in V_{n,\alpha}(0)$, d'où $B(0, \beta) \subset V_{n,\alpha}(0)$.

Réciproquement, donnons-nous $\beta>0$ et considérons la boule $B(0, \beta)$. On a, pour tout $n \in \mathbb{N}$,

$$d(0, v) = \sum_{k=0}^{n} 2^{-k} \min(1, p_k(v)) + \sum_{k=n+1}^{\infty} 2^{-k} \min(1, p_k(v)).$$

Comme $\min(1, p_k(v)) \leq 1$, on a

$$\sum_{k=n+1}^{\infty} 2^{-k} \min(1, p_k(v)) \leq 2^{-n}.$$

Choisissons donc n tel que $2^{-n} < \beta/2$. Comme $\min(1, p_k(v)) \leq p_k(v)$ et que la suite des semi-normes est croissante, on a

$$\sum_{k=0}^{n} 2^{-k} \min(1, p_k(v)) \leq 2p_n(v).$$

On choisit alors $\alpha = \beta/4$. On voit donc que, si $v \in V_{n,\alpha}(0)$, alors

$$d(0, v) \leq 2p_n(v) + \beta/2 < \beta,$$

c'est-à-dire $V_{n,\alpha}(0) \subset B(0, \beta)$ et $V_{n,\alpha}(0)$ est un ouvert de $\mathcal{O}$. □

De façon plus générale, les espaces vectoriels topologiques dont la topologie est engendrée par une famille quelconque, *i.e.* pas nécessairement dénombrable, de semi-normes sont appelés *espaces localement convexes*. Il est en effet clair que la dénombrabilité de la famille de semi-normes ne joue aucun rôle dans le fait que l'on a affaire à un espace vectoriel topologique. Elle n'intervient que pour sa métrisabilité. Une caractérisation équivalente, utilisant la notion de jauge d'un convexe (voir

Chapitre 2), est l'existence d'une base de voisinages convexes. Tous les espaces vectoriels topologiques considérés ici entrent dans cette catégorie.

Définition 1.3. On dit qu'un espace vectoriel E muni d'une famille dénombrable de semi-normes comme ci-dessus est un *espace de Fréchet* s'il est complet pour la distance (1.5).

Remarque 1.2. Les espaces de Fréchet fournissent un exemple de l'utilité de la notion d'espace métrisable et de la distinction subtile que l'on fait avec les espaces métriques : leur topologie est définie naturellement à l'aide de voisinages. Il se trouve qu'il existe une distance qui engendre cette topologie, mais cette distance n'a rien de spécialement naturelle. D'ailleurs, on peut en donner d'autres qui lui sont équivalentes. Quand on manipulera un espace de Fréchet, on n'utilisera qu'exceptionnellement la distance de façon explicite. Par contre, on utilisera les semi-normes et les voisinages qui leur sont associés. Notons qu'un espace de Fréchet étant métrisable et complet, c'est un espace de Baire. □

Définition 1.4. Une partie A d'un espace vectoriel topologique E est *bornée* si pour tout voisinage V de 0, il existe un scalaire λ tel que $A \subset \lambda V$ (on dit que A est absorbée par tout voisinage de 0).

Attention : la notion de partie bornée introduite ci-dessus n'est pas une notion métrique mais bien une notion d'espace vectoriel topologique. En fait, la distance d définie plus haut dans le cas d'une famille dénombrable de semi-normes est elle-même bornée. Le diamètre de E est inférieur à 2 pour cette distance, mais ce n'est évidemment pas cela que l'on entend quand on veut parler de partie bornée d'un espace vectoriel topologique. Les deux notions, borné dans un espace vectoriel topologique et borné au sens de la distance, coïncident par contre dans un espace vectoriel normé quand on prend la distance canonique associée à la norme (pas celle de tout à l'heure, qui reste bornée). Il est facile de caractériser les parties bornées de E en termes des semi-normes qui servent à définir sa topologie.

Proposition 1.14. *Soit E un espace vectoriel topologique dont la topologie est engendrée par une famille de semi-normes $(p_n)_{n\in\mathbb{N}}$. Une partie A de E est bornée si et seulement si pour tout n, il existe une constante λ_n telle que pour tout $u \in A$, $p_n(u) < \lambda_n$.*

Preuve. Soit A une partie bornée de E. Par définition, pour tout n, il existe λ_n tel que $A \subset \lambda_n V_{n,1}(0) = V_{n,\lambda_n}(0)$, c'est-à-dire que pour tout $u \in A$, $p_n(u) < \lambda_n$.

Réciproquement, soit U un voisinage de 0. Il contient donc un voisinage de la forme $V_{n,\alpha}(0)$. Or pour tout $u \in A$, on a $p_n(u) < \lambda_n$. Par conséquent, $p(\alpha u/\lambda_n) < \alpha$, c'est-à-dire que $A \subset \frac{\lambda_n}{\alpha} V_{n,\alpha}(0) \subset \frac{\lambda_n}{\alpha} U$. □

Ici aussi, il est clair que le caractère dénombrable de la famille de semi-normes ne joue aucun rôle dans la caractérisation des bornés précédente.

Si la suite des semi-normes est stationnaire, c'est-à-dire s'il existe un $n_0 \in \mathbb{N}$ tel que $p_n = p_{n_0}$ pour tout $n \geq n_0$, alors on vérifie aisément que p_{n_0} est une norme et que cette norme engendre la topologie ci-dessus. On n'a donc introduit quelque chose d'éventuellement nouveau par rapport aux espaces vectoriels normés, respectivement par rapport aux espaces de Banach dans le cas complet, que si la suite p_n n'est pas stationnaire. Néanmoins, un espace de Fréchet peut être normable.

Proposition 1.15. *Soit E un espace vectoriel topologique dont la topologie est engendrée par une famille de semi-normes $(p_n)_{n\in\mathbb{N}}$ telle que pour tout n, il existe $m > n$ tel que p_m n'est pas équivalente à p_n. Alors la topologie de E n'est pas normable.*

Preuve. Comme $p_n \leq p_m$, dire que p_m n'est pas équivalente à p_n signifie que $\sup\{p_m(u); u \in E, p_n(u) < 1\} = +\infty$. Si un espace vectoriel topologique est normable, il contient un borné d'intérieur non vide. En effet, il suffit de prendre la boule unité d'une norme qui engendre la topologie. On va donc montrer que tout borné de E est d'intérieur vide.

Soit donc B un borné de E et $\lambda_n, n \in \mathbb{N}$, les scalaires qui expriment cette bornitude en termes des semi-normes. Soit U un ouvert inclus dans B et supposons que U soit non vide. Il contient alors un voisinage $V_{n,\alpha}(u)$ pour un certain triplet (n, α, u) avec $\alpha > 0$. On prend $m > n$ comme ci-dessus. Pour tout $v \in V_{n,\alpha}(u)$, on a $w = \frac{v-u}{\alpha} \in V_{n,1}(0)$, et réciproquement si $w \in V_{n,1}(0)$, alors $v = u + \alpha w \in V_{n,\alpha}(u)$. Par hypothèse, il existe $w \in V_{n,1}(0)$ tel que $p_m(w) \geq \frac{\lambda_m + p_m(u)}{\alpha}$. On en déduit que $p_m(v) \geq \alpha p_m(w) - p_m(u) \geq \lambda_m$, avec $v \in V_{n,\alpha}(u) \subset U \subset B$. Contradiction, on voit donc que U vide. □

Réciproquement, il est facile de voir que si toutes les semi-normes sont équivalentes à partir d'un certain rang, alors la topologie est normable par une de ces semi-normes équivalentes.

La topologie d'un espace de Fréchet étant métrisable, elle se décrit également à l'aide de suites convergentes. Ces suites admettent elles-mêmes une description fort simple.

Proposition 1.16. *Soit E un espace muni d'une suite dénombrable, croissante de semi-normes comme plus haut. Une suite u_n tend vers u au sens de E si et seulement si, $p_k(u_n - u) \to 0$ quand $n \to +\infty$, pour tout $k \in \mathbb{N}$.*

Preuve. Le résultat est presque évident. Une suite u_n tend vers u si et seulement si, pour tout voisinage V de u, il existe n_0 tel que $u_n \in V$ pour tout $n \geq n_0$. Ceci a donc lieu si et seulement si, pour tout k et tout $\alpha > 0$, il existe n_0 tel que $u_n \in V_{k,\alpha}(u)$, c'est-à-dire $p_k(u_n - u) < \alpha$, pour tout $n \geq n_0$. □

Naturellement, pour une telle suite, on a $d(u_n, u) \to 0$ et réciproquement, un petit exercice facile si l'on ne sait pas encore que les deux topologies coïncident.

Arrêtons là les généralités sur les espaces de Fréchet pour introduire notre exemple principal dans le contexte des distributions.

Proposition 1.17. *Soit Ω un ouvert de $\mathbb{R}^d$ et K un compact de Ω. L'espace*

$$\mathscr{D}_K(\Omega) = \{\varphi \in C^\infty(\Omega); \operatorname{supp} u \subset K\}$$

des fonctions indéfiniment différentiables à support dans K, muni de la famille des semi-normes

$$p_n(\varphi) = \max_{|\gamma|\leq n, x\in K} |\partial^\gamma \varphi(x)|, \tag{1.6}$$

est un espace de Fréchet.

Preuve. On a clairement affaire à une famille dénombrable croissante de semi-normes, et p_0 étant une norme, on a aussi $p_0(\varphi) > 0$ dès que $\varphi \neq 0$. La seule difficulté est la complétude.

Soit donc $\varphi_k \in \mathscr{D}_K(\Omega)$ une suite de Cauchy. On remarque que p_n est en fait la norme dans $C^n_K(\Omega)$. Si φ_k est de Cauchy dans $\mathscr{D}_K(\Omega)$, elle est donc a fortiori de Cauchy dans $C^n_K(\Omega)$ pour tout n. Or $C^n_K(\Omega)$ est complet, et $C^{n+1}_K(\Omega) \hookrightarrow C^n_K(\Omega)$. Par conséquent, φ_k converge dans $C^n_K(\Omega)$ vers un φ, lequel est le même pour tous les n. D'après la Proposition 1.16, ceci est équivalent à sa convergence vers φ dans $\mathscr{D}_K(\Omega)$. □

On remarque au passage que la Proposition 1.16 se traduit dans ce cas particulier par le fait qu'une suite converge dans $\mathscr{D}_K(\Omega)$ si et seulement si toutes ses dérivées partielles à tous ordres convergent uniformément sur K.

L'espace $\mathscr{D}_K(\Omega)$ n'est pas un espace normable car sa famille de semi-normes vérifie les hypothèses de la Proposition 1.15. Il n'existe aucune norme qui engendre sa topologie d'espace de Fréchet, donc on n'a pas travaillé pour rien. On peut le voir également comme conséquence de la proposition suivante, un peu surprenante au premier abord quand on a seulement l'habitude des espaces vectoriels normés de dimension infinie.

Proposition 1.18. *Les fermés bornés de $\mathscr{D}_K(\Omega)$ sont compacts.*

Preuve. Soit B une partie bornée de $\mathscr{D}_K(\Omega)$. Pour tout n, il existe donc λ_n tel que

$$\forall \varphi \in B, \quad p_n(\varphi) \leq \lambda_n.$$

Par le théorème des accroissements finis, ceci implique que $\partial^\gamma B$ est une partie équicontinue de $C^0_K(\Omega)$ pour tout multi-indice $|\gamma| \leq n-1$, et que $\max_K |\partial^\gamma \varphi| \leq \lambda_n$ pour tout $\varphi \in B$. L'ensemble K étant compact, on applique le théorème d'Ascoli pour en déduire que ces ensembles sont relativement compacts dans $C^0_K(\Omega)$.

Prenons maintenant une suite dans B. Utilisant la remarque ci-dessus, on en extrait une sous-suite qui converge dans tous les $C^n_K(\Omega)$ par le procédé diagonal. L'ensemble B est donc relativement compact. □

Un espace qui a la propriété de la Proposition 1.18 et qui est réflexif est appelé *espace de Montel*. En raison du théorème de Riesz, un espace vectoriel normé de dimension infinie n'est pas un espace de Montel. Or, quand K est d'intérieur non vide, $\mathscr{D}_K(\Omega)$ est manifestement de dimension infinie (quand K est d'intérieur vide, $\mathscr{D}_K(\Omega) = \{0\}$). *Attention :* ceci ne signifie pas que $\mathscr{D}_K(\Omega)$ soit localement compact ! En fait, une version plus complète du théorème de Riesz dit qu'un espace vectoriel topologique séparé est localement compact si et seulement si il est de dimension finie, voir [54]. Simplement, ici les fermés-bornés = compacts de $\mathscr{D}_K(\Omega)$ sont tous d'intérieur vide et aucun ouvert non vide n'est relativement compact.

Il convient enfin de ne pas perdre de vue que, comme $\mathscr{D}_K(\Omega)$ est de dimension infinie, on peut le munir de plusieurs topologies raisonnables différentes. La topologie que nous avons décrite jusqu'ici est la topologie forte de $\mathscr{D}_K(\Omega)$.

Identifions maintenant le dual de $\mathscr{D}_K(\Omega)$, que nous noterons $\mathscr{D}'_K(\Omega)$.

Proposition 1.19. *Une forme linéaire T sur $\mathscr{D}_K(\Omega)$ est continue si et seulement si il existe $n \in \mathbb{N}$ et $C \in \mathbb{R}$ tels que*

$$\forall \varphi \in \mathscr{D}_K(\Omega), \quad |\langle T, \varphi \rangle| \leq C p_n(\varphi), \tag{1.7}$$

si et seulement si, pour toute suite $\varphi_k \to \varphi$ dans $\mathscr{D}_K(\Omega)$, $\langle T, \varphi_k \rangle \to \langle T, \varphi \rangle$.

Preuve. La deuxième caractérisation est triviale puisque $\mathscr{D}_K(\Omega)$ est métrisable. Pour la première caractérisation, on commence par noter qu'il suffit de considérer la continuité de T en 0 par linéarité. Soit T une forme linéaire qui satisfait (1.7). Comme $\varphi_k \to 0$ implique que $p_n(\varphi_k) \to 0$ pour tout n, on a trivialement $\langle T, \varphi_k \rangle \to 0$.

Réciproquement, soit $T \in \mathscr{D}'_K(\Omega)$. Comme c'est une application continue de $\mathscr{D}_K(\Omega)$ dans $\mathbb{R}$, l'image réciproque de tout ouvert de $\mathbb{R}$ est un ouvert de $\mathscr{D}_K(\Omega)$. En particulier, comme $0 \in T^{-1}(]-1, 1[)$, il existe $n \in \mathbb{N}$ et $\alpha > 0$ tels que $V_{n,\alpha}(0) \subset T^{-1}(]-1, 1[)$. En termes clairs, ceci signifie que si $p_n(\varphi) < \alpha$, alors $|\langle T, \varphi \rangle| < 1$. Or, si $\varphi \neq 0$, on a $p_n\big(\frac{\alpha\varphi}{2p_n(\varphi)}\big) < \alpha$ par positivité homogène. On en déduit que pour tout φ non nul, $\big|\big\langle T, \frac{\alpha\varphi}{2p_n(\varphi)}\big\rangle\big| < 1$, soit $|\langle T, \varphi \rangle| \leq \frac{2}{\alpha} p_n(\varphi)$ pour tout φ (y compris pour $\varphi = 0$, naturellement). □

Quelle topologie va-t-on mettre sur $\mathscr{D}'_K(\Omega)$? Encore une fois, on a le choix entre plusieurs possibilités. Le seule susceptible de nous intéresser ici est la topologie faible-étoile. Comme dans le cas du dual d'un espace vectoriel normé, *cf.* Section 1.6, il s'agit de la topologie la moins fine, c'est-à-dire celle qui a le moins d'ouverts possible, qui rende continues toutes les applications de la forme $T \mapsto \langle T, \varphi \rangle$ avec φ fixé quelconque dans $\mathscr{D}_K(\Omega)$.

Arrêtons-nous un instant sur cette notion de topologie la moins fine ayant telle ou telle propriété, d'un point de vue abstrait.

Proposition 1.20. *Soit X un ensemble et $\mathscr{A} \subset \mathscr{P}(X)$ une famille de parties de X. Il existe une unique topologie sur X qui est la moins fine de toutes les topologies contenant $\mathscr{A}$. On l'appelle la* topologie engendrée par *$\mathscr{A}$. Elle consiste en les réunions quelconques d'intersections finies d'éléments de $\mathscr{A}$.*

Preuve. La topologie discrète contient $\mathscr{A}$. L'intersection d'une famille non vide quelconque de topologies est trivialement une topologie. L'intersection de toutes les topologies contenant $\mathscr{A}$ répond donc à la question de l'existence et de l'unicité.

Décrivons cette topologie plus explicitement. Si elle contient $\mathscr{A}$, elle contient toutes les intersections finies d'éléments de $\mathscr{A}$, par stabilité par intersection finies. Par stabilité par réunion quelconque, elle contient les réunions quelconques de telles intersections finies. Il nous suffit donc de montrer que l'ensemble des réunions quelconques d'intersections finies d'éléments de $\mathscr{A}$ est une topologie.

Soit $\mathscr{O}$ cet ensemble. Il contient manifestement $\emptyset$ et X, et est stable par réunions quelconques. La seule (petite) difficulté réside dans la stabilité par intersections finies. Il suffit de traiter le cas de deux éléments de $\mathscr{O}$. On se donne donc A_1 et A_2 tels qu'il existe deux ensembles d'indices Λ_1 et Λ_2, et pour chaque $\lambda \in \Lambda_i$, un entier p_λ tels que l'on puisse écrire

$$A_1 = \bigcup_{\lambda\in\Lambda_1} \Big(\bigcap_{k=1}^{p_\lambda} U_{\lambda,k}\Big), \quad A_2 = \bigcup_{\mu\in\Lambda_2} \Big(\bigcap_{l=1}^{p_\mu} V_{\mu,l}\Big),$$

avec $U_{\lambda,k}$ et $V_{\mu,l}$ appartenant à A. On veut montrer que $A_1 \cap A_2 \in \mathscr{O}$. Posons $\Lambda = \Lambda_1 \times \Lambda_2$ et

$$B = \bigcup_{(\lambda,\mu)\in\Lambda} \Big(\Big(\bigcap_{k=1}^{p_\lambda} U_{\lambda,k}\Big) \bigcap \Big(\bigcap_{l=1}^{p_\mu} V_{\mu,l}\Big)\Big),$$

de telle sorte que $B \in \mathscr{O}$. Soit $x \in A_1 \cap A_2$. Il existe donc $\lambda \in \Lambda_1$ et $\mu \in \Lambda_2$ tels que $x \in \bigcap_{k=1}^{p_\lambda} U_{\lambda,k}$ et $x \in \bigcap_{l=1}^{p_\mu} V_{\mu,l}$. En d'autres termes, $x \in \big(\bigcap_{k=1}^{p_\lambda} U_{\lambda,k}\big) \bigcap \big(\bigcap_{l=1}^{p_\mu} V_{\mu,l}\big)$. On vient donc de montrer que $A_1 \cap A_2 \subset B$.

Réciproquement, soit $x \in B$. Il existe donc $(\lambda, \mu) \in \Lambda$ tel que l'on ait $x \in \big(\bigcap_{k=1}^{p_\lambda} U_{\lambda,k}\big) \bigcap \big(\bigcap_{l=1}^{p_\mu} V_{\mu,l}\big)$, c'est-à-dire $x \in \bigcap_{k=1}^{p_\lambda} U_{\lambda,k}$ et $x \in \bigcap_{l=1}^{p_\mu} V_{\mu,l}$, c'est-à-dire $x \in A_1$ et $x \in A_2$. On vient donc de montrer que $B \subset A_1 \cap A_2$. Avec l'inclusion précédente, il vient que $B = A_1 \cap A_2$, donc l'intersection de deux éléments de $\mathscr{O}$ appartient bien à $\mathscr{O}$. On conclut alors par récurrence sur le nombre d'éléments de $\mathscr{O}$ à intersecter entre eux. □

Définition 1.5. Soit X un ensemble, $(X_\lambda)_{\lambda\in\Lambda}$ une famille d'espaces topologiques et pour chaque λ, une application $f_\lambda : X \to X_\lambda$. La topologie sur X la moins fine qui rend toutes les applications f_λ continues est appelée *topologie projective* ou *topologie initiale* relativement aux $(X_\lambda, f_\lambda)_{\lambda\in\Lambda}$.

Cette topologie existe et est unique. En effet, c'est tout simplement la topologie engendrée par la famille d'ensembles $f_\lambda^{-1}(U_\lambda)$ où λ parcourt Λ et U_λ parcourt les ouverts de X_λ. Une base d'ouverts — c'est-à-dire une famille d'ensembles qui engendrent les ouverts par réunion quelconque — en est donnée par les ensembles de la forme $\bigcap_{k=1}^{p} f_{\lambda_k}^{-1}(U_{\lambda_k})$ où U_{λ_k} est un ouvert de X_{λ_k}, d'après la Proposition 1.20. On en déduit qu'une application $f : Y \to X$ d'un espace topologique Y dans

X muni de la topologie projective est continue si et seulement si pour tout $\lambda \in \Lambda$, $f_\lambda \circ f$ est continue de Y dans X_λ.

Les suites convergentes de cette topologie sont également très simples.

Proposition 1.21. *Soit x_n une suite de X muni de la topologie projective relative aux $(X_\lambda, f_\lambda)_{\lambda\in\Lambda}$. Alors $x_n \to x$ si et seulement si $f_\lambda(x_n) \to f_\lambda(x)$ dans X_λ pour tout $\lambda \in \Lambda$.*

Preuve. Supposons que $x_n \to x$. Comme chaque f_λ est continue, on en déduit que $f_\lambda(x_n) \to f_\lambda(x)$.

Réciproquement, supposons que $f_\lambda(x_n) \to f_\lambda(x)$ pour tout $\lambda \in \Lambda$. Donnons nous un voisinage de x pour la topologie projective, que l'on peut prendre de la forme $\bigcap_{k=1}^p f_{\lambda_k}^{-1}(U_{\lambda_k})$, d'après ce qui précède. Par hypothèse, pour tout $1 \leq k \leq p$, il existe un entier n_k tel que $f_{\lambda_k}(x_n) \in U_{\lambda_k}$ pour tout $n \geq n_k$. Posons $n_0 = \max\{n_1, \dots, n_p\}$. On voit donc que $x_n \in \bigcap_{k=1}^p f_{\lambda_k}^{-1}(U_{\lambda_k})$ pour tout $n \geq n_0$. Ceci montre que $x_n \to x$ pour la topologie projective. □

Appliquons tout ceci à $\mathscr{D}'_K(\Omega)$. La topologie faible-étoile n'est autre que la topologie projective relative à $\Lambda = \mathscr{D}_K(\Omega)$, $\lambda = \varphi$, $X_\varphi = \mathbb{R}$ et $f_\varphi(T) = \langle T, \varphi\rangle$. D'après la Proposition 1.20, une base de voisinages de 0 en est donnée par les ensembles de la forme $\bigcap_{k=1}^n \{T \in \mathscr{D}'_K(\Omega); |\langle T, \varphi_k\rangle| < \varepsilon\}$. Cette base de voisinages permet de vérifier très facilement qu'il s'agit bien d'une topologie d'espace vectoriel topologique dans la mesure où l'addition et la multiplication par un scalaire sont continues. On voit de plus que cette base de voisinage est associée aux semi-normes $p(T) = \max_{k\leq n} |\langle T, \varphi_k\rangle|$, donc c'est une topologie localement convexe. Une suite T_n converge vers T pour la topologie faible-étoile si et seulement si $\langle T_n, \varphi\rangle \to \langle T, \varphi\rangle$ pour tout $\varphi \in \mathscr{D}_K(\Omega)$ (ceci explique pourquoi on parle aussi de topologie de la convergence simple).

Passons maintenant à l'espace $\mathscr{D}(\Omega)$. On va aller un peu plus vite. Notons tout d'abord que $\mathscr{D}(\Omega)$ est bien un espace vectoriel. En effet, $\text{supp}(\varphi + \psi) \subset \text{supp}(\varphi) \cup \text{supp}(\psi)$ et $\text{supp}(\lambda\varphi) \subset \text{supp}(\varphi)$ qui sont des compacts de Ω.

Un tout petit peu d'abstraction pour commencer.

Proposition 1.22. *Soit X un ensemble et $(\mathscr{O}_\lambda)_{\lambda\in\Lambda}$ une famille non vide de topologies sur X. Il existe une unique topologie $\mathscr{O}$ sur X qui est la plus fine de toutes les topologies incluses dans chaque $\mathscr{O}_\lambda$.*

Preuve. Il suffit de prendre $\mathscr{O} = \bigcap_{\lambda\in\Lambda} \mathscr{O}_\lambda$ qui est clairement une topologie, donc la plus grande au sens de l'inclusion contenue dans chaque $\mathscr{O}_\lambda$. □

Un ensemble est donc un ouvert de $\mathscr{O}$ si et seulement si c'est un ouvert de $\mathscr{O}_\lambda$ pour tout $\lambda \in \Lambda$.

Définition 1.6. Soit X un ensemble, $(X_\lambda)_{\lambda\in\Lambda}$ une famille d'espaces topologiques et pour chaque λ, une application $f_\lambda\colon X_\lambda \to X$. La topologie sur X la plus fine qui rend toutes les applications f_λ continues est appelée *topologie inductive* ou *topologie finale* relativement aux $(X_\lambda, f_\lambda)_{\lambda\in\Lambda}$.

Cette topologie est bien définie. En effet, soit

$$\mathscr{O}_\lambda = \{U \subset X;\ f_\lambda^{-1}(U) \text{ est un ouvert de } X_\lambda\}.$$

C'est clairement une topologie sur X et c'est la plus fine pour laquelle f_λ est continue. On prend simplement l'intersection de toutes ces topologies. Il apparaît également à la vue de cette caractérisation qu'une application g de X dans un espace topologique Y est continue pour la topologie inductive si et seulement si toutes les applications $g \circ f_\lambda$ sont continues de X_λ dans Y.

Appliquons ceci à $\mathscr{D}(\Omega)$. On rappelle que l'ouvert Ω admet une suite exhaustive de compacts $K_n \subset \mathring{K}_{n+1}$, $\bigcup_{n\in\mathbb{N}} K_n = \Omega$. Soit $\iota_n\colon \mathscr{D}_{K_n}(\Omega) \to \mathscr{D}(\Omega)$ l'injection canonique. On munit $\mathscr{D}(\Omega)$ de la topologie inductive associée à ces données, dont on vérifie qu'elle ne dépend pas du choix de la suite exhaustive de compacts (c'est important). Comme la topologie $\mathscr{O}_n$ associée à ι_n est une topologie d'espace vectoriel topologique localement convexe, et qu'une intersection de convexes est convexe, la topologie inductive sur $\mathscr{D}(\Omega)$ est aussi une topologie d'espace vectoriel topologique localement convexe.

En fait, comme on a aussi des injections $\iota_{nm}\colon \mathscr{D}_{K_n}(\Omega) \to \mathscr{D}_{K_m}(\Omega)$ pour $n \leq m$ qui commutent avec les injections de départ, puisque les K_n sont ordonnés par l'inclusion, et que la topologie induite sur $\mathscr{D}_{K_n}(\Omega)$ par celle de $\mathscr{D}_{K_m}(\Omega)$ quand $m \geq n$ coïncide avec la topologie de $\mathscr{D}_{K_n}(\Omega)$, puisque les semi-normes coïncident, on parle dans ce cas de *topologie limite inductive stricte* et l'on note

$$\mathscr{D}(\Omega) = \varinjlim \mathscr{D}_{K_n}(\Omega).$$

Il s'agit donc de la topologie la plus fine telle que les injections ι_n soient toutes continues. Un ouvert U de $\mathscr{D}(\Omega)$ est une partie de $\mathscr{D}(\Omega)$ telle que $U \cap \mathscr{D}_{K_n}(\Omega)$ est un ouvert de $\mathscr{D}_{K_n}(\Omega)$ pour tout n, c'est-à-dire

$$U \text{ est ouvert } \Leftrightarrow \forall\varphi \in U, \forall n \text{ tel que } \operatorname{supp}\varphi \subset K_n;\ \exists p_n, \alpha_n,\ V_{K_n,p_n,\alpha_n}(\varphi) \subset U,$$

avec une notation évidente $V_{K_n,p,\alpha}(\varphi)$ pour la base de voisinages de $\mathscr{D}_{K_n}(\Omega)$.

Notons que la suite des topologies $\mathscr{O}_n$ dont on prend l'intersection, est décroissante pour l'inclusion. On impose de plus en plus de restrictions sur les ensembles considérés au fur et à mesure que n augmente. Remarquons aussi qu'un ouvert non vide contient nécessairement des fonctions de support arbitrairement grand : tous les $\mathscr{D}_K(\Omega)$ sont d'intérieur vide dans $\mathscr{D}(\Omega)$. En effet, soit K un compact et U un ouvert tel que $U \cap \mathscr{D}_K(\Omega)$ soit non vide. On prend n tel que $K \subset \mathring{K}_n$. Comme $U \cap \mathscr{D}_{K_n}(\Omega)$ est un ouvert non vide de $\mathscr{D}_{K_n}(\Omega)$, il contient un voisinage $V_{K_n,p_n,\alpha_n}(\varphi)$. Mais celui-ci n'est pas inclus dans $\mathscr{D}_K(\Omega)$ car il contient des fonctions dont le support est K_n. Par conséquent, $U \not\subset \mathscr{D}_K(\Omega)$.

On voit également que $\mathscr{D}_K(\Omega)$ est un fermé de $\mathscr{D}(\Omega)$. En effet, si $\varphi \in \mathscr{D}(\Omega) \setminus \mathscr{D}_K(\Omega)$, soit $x \notin K$ tel que $\varphi(x) \neq 0$. Prenant n tel que $\varphi \in \mathscr{D}_{K_n}(\Omega)$, il est évident que $V_{K_n,p_0,|\varphi(x)|/2}(\varphi) \subset \mathscr{D}(\Omega) \setminus \mathscr{D}_K(\Omega)$.

La convergence d'une suite dans $\mathscr{D}(\Omega)$ est bien celle donnée par la Proposition 1.1. En effet, si on a une suite φ_k qui satisfait les conditions i) et ii) de cette même Proposition 1.1, il existe n_0 tel que $K \subset K_{n_0}$. La deuxième condition nous dit que $\varphi_k \to \varphi$ dans $\mathscr{D}_{K_{n_0}}(\Omega)$, et la continuité des injections canoniques que $\varphi_k \to \varphi$ dans $\mathscr{D}(\Omega)$ pour la topologie limite inductive.

Réciproquement, soit $\varphi_k \to \varphi$ dans $\mathscr{D}(\Omega)$. Démontrons la condition i). Une fois celle-ci acquise, la condition ii) est une trivialité. Il suffit de traiter le cas $\varphi = 0$. En effet, $\operatorname{supp}(\varphi_k - \varphi + \varphi) \subset \operatorname{supp}(\varphi_k - \varphi) \cup \operatorname{supp}(\varphi)$ qui est un compact de Ω. Soit donc U un ouvert qui contient 0. Nous en déduisons qu'il existe k_0 tel que pour tout $k \geq k_0$, $\varphi_k \in U$.

On va prendre un ouvert U bien choisi. Pour cela, supposons que la condition i) ne soit pas satisfaite. Pour tout m, il existe donc k_m tel que $\operatorname{supp} \varphi_{k_m} \not\subset K_m$ ce qui implique qu'il existe $x_m \in \Omega \setminus K_m$ tel que $\varphi_{k_m}(x_m) \neq 0$. Soit $\ell(m) = \min\{\ell; x_m \in K_\ell\}$. On pose alors

$$p(\psi) = \sum_{m=0}^{\infty} 2 \max_{x \in K_{\ell(m)} \setminus K_m} \left| \frac{\psi(x)}{\varphi_{k_m}(x_m)} \right|.$$

Notons que cette quantité est bien définie sur $\mathscr{D}(\Omega)$, car pour tout ψ à support compact, il n'y a qu'un nombre fini de termes non nuls dans la somme. On voit aisément qu'il s'agit en fait d'une semi-norme sur $\mathscr{D}(\Omega)$. On choisit alors

$$U = \{\psi \in \mathscr{D}(\Omega);\ p(\psi) < 1\}.$$

C'est bien un ouvert de $\mathscr{D}(\Omega)$, puisque sur $\mathscr{D}_{K_n}(\Omega)$ la semi-norme p est équivalente à la semi-norme p_0 (encore une fois, seul un nombre fini de termes entrent en jeu). On a bien $0 \in U$, mais $p(\varphi_{k_n}) \geq 2$, ce qui implique que $\varphi_{k_n} \notin U$, contradiction.

Pour conclure sur l'espace $\mathscr{D}(\Omega)$, on note qu'il n'est pas normable car une limite inductive stricte d'une suite d'espaces de Montel est un espace de Montel. En fait, sa topologie n'est même pas métrisable. Pour le voir, considérons une variante de la fonction g du Lemme 1.2 en dimension 1. Posons

$$\varphi_{k,n}(x) = \begin{cases} e^{\frac{k}{(x-\frac{1}{n})^2 - \frac{1}{4n^2}}} & \text{pour } \frac{1}{2n} < x < \frac{3}{2n}, \\ 0 & \text{sinon,} \end{cases}$$

avec $k > 0$ et $n \geq 1$. Par construction, $\varphi_{k,n} \in \mathscr{D}(]0,2[)$. Clairement, à n fixé, $\varphi_{k,n} \to 0$ dans $\mathscr{D}(]0,2[)$ quand $k \to +\infty$ à cause du terme exponentiel en facteur dans toutes les dérivées. Si la topologie était métrisable, par l'argument usuel de suite double, on pourrait donc trouver une suite $k(n)$ telle que $\varphi_{k(n),n} \to 0$ dans $\mathscr{D}(]0,2[)$ quand $n \to +\infty$. Or ce n'est visiblement pas le cas, puisqu'il est impossible à une telle suite de satisfaire la condition i) de support dans la mesure où $\operatorname{supp} \varphi_{k(n),n} = [\frac{1}{2n}, \frac{3}{2n}]$.

Une autre façon amusante de voir que $\mathscr{D}(\Omega)$ n'est pas métrisable est de faire appel à la complétude. Il existe une théorie générale dite des structures uniformes qui permet d'étendre la notion de complétude à des espaces non métrisables en remplaçant les suites de Cauchy par des objets plus généraux appelés filtres de Cauchy, voir [54]. Or, il se trouve qu'une limite inductive stricte d'une suite d'espaces de Fréchet est complète en ce sens. Mais comme $\mathscr{D}(\Omega) = \cup_{n\in\mathbb{N}}\mathscr{D}_{K_n}(\Omega)$ et que chaque $\mathscr{D}_{K_n}(\Omega)$ est un fermé d'intérieur vide, on voit que l'on a affaire à un espace complet qui n'est pas de Baire. Il n'est donc certainement pas métrisable.

Une dernière façon de montrer la non métrisabilité consiste à exhiber une famille non dénombrable de semi-normes continues, un peu sur le modèle de ce qui a été fait pour caractériser la convergence des suites, et à s'en servir pour montrer que $\mathscr{D}(\Omega)$ n'est pas à base dénombrable de voisinages.

Parlons enfin rapidement de son dual, l'espace $\mathscr{D}'(\Omega)$. De façon duale à ce que l'on a vu plus haut, on a une application de restriction $r_n\colon \mathscr{D}^*(\Omega) \to \mathscr{D}^*_{K_n}(\Omega)$ définie par $\langle r_n T, \varphi\rangle = \langle T, \iota_n\varphi\rangle$ (il s'agit ici des duaux *algébriques*, sans condition de continuité). La définition de la topologie limite inductive implique que T est continue si et seulement si $r_n T$ est continue pour tout n, c'est-à-dire d'après la Proposition 1.19, la condition de la Proposition 1.2. En effet, T est continue si et seulement si pour tout ouvert ω de $\mathbb{R}$, $T^{-1}(\omega)$ est ouvert, c'est-à-dire si et seulement si $T^{-1}(\omega) \cap \mathscr{D}_{K_n}(\Omega)$ est ouvert dans $\mathscr{D}_{K_n}(\Omega)$ pour tout n.

Pour la condition de la Proposition 1.3, prenons T telle que $\langle T, \varphi_k\rangle \to \langle T, \varphi\rangle$ dès que $\varphi_k \to \varphi$. En particulier, cela est vrai pour toutes les suites à support dans K_n. Comme $\mathscr{D}_{K_n}(\Omega)$ est métrisable, on a donc que $r_n T$ est continue, pour tout n, ce qui implique que T est continue.

On munit enfin $\mathscr{D}'(\Omega)$ de la topologie projective associée aux restrictions r_n et aux espaces $\mathscr{D}'_{K_n}(\Omega)$ munis de leur topologie faible-étoile. Comme les K_n sont ordonnés par inclusion, on parle de *topologie limite projective* et l'on note

$$\mathscr{D}'(\Omega) = \varprojlim \mathscr{D}'_{K_n}(\Omega).$$

C'est encore une fois une topologie d'espace vectoriel topologique localement convexe. Par les propriétés générales des topologies projectives, une suite de distributions T_k converge vers T si et seulement si $r_n T_k \to r_n T$ dans $\mathscr{D}'_{K_n}(\Omega)$ pour tout n. On en déduit immédiatement la Proposition 1.4, d'après ce que l'on a vu plus haut de la convergence dans $\mathscr{D}'_{K_n}(\Omega)$. Notons que c'est aussi la topologie faible-étoile en tant que dual de $\mathscr{D}(\Omega)$. Cette topologie n'est pas métrisable non plus. En effet, soit $T_{k,n} = \frac{1}{k}\delta^{(n)} \in \mathscr{D}'(\mathbb{R})$. À n fixé, visiblement $T_{k,n} \to 0$ quand $k \to +\infty$. Soit $k(n)$ une suite quelconque d'entiers qui tend vers l'infini. Par le théorème de Borel, il existe une fonction $\varphi \in \mathscr{D}(\mathbb{R})$ telle que $\varphi^{(n)}(0) = k(n)$ pour tout n. Donc $\langle T_{k(n),n}, \varphi\rangle = 1 \not\to 0$ si bien que $T_{k(n),n}$ ne tend pas vers 0 au sens de $\mathscr{D}'(\mathbb{R})$, alors que si la topologie était métrisable, il existerait un choix de suite $k(n)$ pour lequel on aurait cette convergence vers 0.

On a ainsi à peu près balayé toutes les propriétés pratiques des distributions.

Chapitre 2
Théorèmes de point fixe et applications

Si f est une application d'un ensemble E dans lui-même, on appelle *point fixe* de f tout élément x de E tel que $f(x) = x$. De nombreux problèmes, y compris des problèmes d'équations aux dérivées partielles non linéaires, peuvent être (re)formulés sous forme de problème d'existence d'un point fixe pour une certaine application dans un certain espace. Nous en verrons plusieurs exemples plus loin. Il est par conséquent intéressant de disposer de théorèmes assurant l'existence de points fixes dans des contextes aussi généraux que possible.

On rappelle d'abord le théorème de point fixe de Picard pour une contraction stricte dans un espace métrique complet, un résultat relativement élémentaire mais peu utilisé pour les applications que l'on a en vue :

Théorème 2.1. *Soit (E, d) un espace métrique complet, $T : E \to E$ une contraction stricte, i.e., telle qu'il existe une constante $k < 1$ telle que*

$$\forall x, y \in E, \quad d(T(x), T(y)) \leq kd(x, y).$$

Alors T admet un point fixe unique $x_0 = T(x_0) \in E$. De plus, pour tout $z \in E$, la suite des itérés $T^m(z)$ converge vers x_0 quand $m \to +\infty$.

Ce théorème, ou des variantes de ce théorème, est néanmoins utile dans le contexte des équations aux dérivées partielles d'évolution, notamment pour établir le théorème de Cauchy-Lipschitz, contexte qui ne nous concerne pas directement ici.

2.1 Le théorème de point fixe de Brouwer

Le théorème de Brouwer est le théorème de point fixe fondamental en dimension finie. Soit $\bar{B}^m = \{x \in \mathbb{R}^m, \|x\| \leq 1\}$ la boule unité fermée de $\mathbb{R}^m$ muni de la norme euclidienne usuelle, et $S^{m-1} = \partial \bar{B}^m$ la sphère unité, qui en est la frontière. Le théorème de Brouwer affirme que :

H. Le Dret, *Équations aux dérivées partielles elliptiques non linéaires*, Mathématiques et Applications 72, DOI: 10.1007/978-3-642-36175-3_2,

Théorème 2.2. *Toute application continue de $\bar{B}^m$ dans $\bar{B}^m$ admet au moins un point fixe.*

Notons une amusante illustration « physique » (avec des réserves) du théorème de Brouwer. Si l'on prend un disque de papier posé sur une table, qu'on le froisse sans le déchirer et qu'on le repose sur la table de façon à ce qu'il ne dépasse pas de sa position initiale, alors au moins un point du papier froissé se retrouve exactement à la verticale de sa position de départ. L'application continue permettant d'appliquer le théorème de Brouwer est simplement celle qui associe à un point du disque sa projection sur la table après froissement.

Le théorème de Brouwer est un résultat non trivial, sauf dans le cas $m = 1$ où il se montre très simplement par un argument de connexité. Il en existe plusieurs démonstrations dans le cas général, faisant toutes appel à des notions plus ou moins élémentaires. Nous allons en donner une preuve aussi élémentaire que possible (notion subjective, malgré tout, ce qui est élémentaire pour l'un ne l'est pas forcément pour l'autre). On trouvera d'autres preuves accessibles dans [26, 33, 45], sans pour autant faire le tour de toutes les preuves existantes, que ce soit des preuves de nature combinatoire ou faisant intervenir la topologie algébrique.

Commençons par le théorème de non-rétraction de la boule sur la sphère — une rétraction d'un espace topologique sur un sous-ensemble de cet espace est une application continue de cet espace à valeurs dans le sous-ensemble et égale à l'identité sur le sous-ensemble — dans le cas d'une application de classe C^1. On verra un peu plus loin qu'il est équivalent au théorème de Brouwer.

Théorème 2.3. *Il n'existe pas d'application $f : \bar{B}^m \to S^{m-1}$ de classe C^1 telle que l'on ait $f_{|S^{m-1}} = Id$.*

Preuve. On raisonne par l'absurde. Soit f une rétraction de $\bar{B}^m$ sur S^{m-1} de classe C^1. Pour tout $t \in [0, 1]$, on pose $f_t(x) = (1-t)x + tf(x)$. Comme la boule est convexe, f_t envoie $\bar{B}^m$ dans $\bar{B}^m$. De plus, comme f est une rétraction, la restriction de f_t à S^{m-1} est l'identité. Pour $t = 1$, on $f_t = f$, pour $t = 0$, $f_t = id$ et pour t petit, f_t est une petite perturbation de l'identité. On va montrer dans un premier temps, que f_t est un difféomorphisme de la boule ouverte sur elle-même pour t petit.

Soit $c = \max_{\bar{B}^m} \|\nabla f\|$ (∇f désigne la matrice $m \times m$ des dérivées partielles des composantes de f et l'on en prend la norme matricielle subordonnée associée à la norme euclidienne de $\mathbb{R}^m$). Par l'inégalité des accroissements finis, pour tous $x, y \in \bar{B}^m$, on a

$$\|f(x) - f(y)\| \leq c\|x - y\|.$$

Comme

$$\|f_t(x) - f_t(y)\| \geq (1-t)\|x - y\| - t\|f(x) - f(y)\| \geq \big((1-t) - ct\big)\|x - y\|,$$

on en déduit que f_t est injective dès que $0 \leq t < 1/(1+c)$. Comme f_t est l'identité sur S^{m-1}, il s'ensuit que $f_t(B^m) \subset B^m$ (on note B^m la boule ouverte) pour ces valeurs de t.

On remarque également que pour $0 \leq t < 1/(1+c)$, on a

$$\nabla f_t = (1-t)I + t\nabla f = (1-t)\Big(I + \frac{t}{1-t}\nabla f\Big),$$

avec

$$\frac{t}{1-t}\|\nabla f\| \leq \frac{ct}{1-t} < 1.$$

Par conséquent, pour ces mêmes valeurs de t, ∇f_t est partout inversible. Par le théorème d'inversion locale, on en déduit que f_t est un C^1-difféomorphisme local sur B^m. En particulier, l'image de B^m par f_t est un ouvert, toujours pour ces mêmes valeurs de t.

Montrons que f_t est aussi surjective. Pour cela, il suffit de voir que $f_t(B^m) = B^m$, puisque $f_t(S^{m-1}) = S^{m-1}$. On raisonne par l'absurde. Supposons que $f_t(B^m) \neq B^m$. Comme on a vu que $f_t(B^m) \subset B^m$, il existe donc $y \in B^m \setminus f_t(B^m)$. Choisissons un point $y_0 \in f_t(B^m)$ et posons

$$\lambda_0 = \inf\{\lambda \in \mathbb{R}_+; y_\lambda = (1-\lambda)y_0 + \lambda y \notin f_t(B^m)\}.$$

Comme $f_t(B^m)$ est un ouvert, on a $\lambda_0 > 0$. On a aussi $\lambda_0 \leq 1$ par le choix de y. La suite $y_{\lambda_0 - 1/k}$ est donc dans $f_t(B^m)$ pour k assez grand, c'est-à-dire qu'il existe une suite $x_k \in B^m$ telle que $f_t(x_k) = y_{\lambda_0 - 1/k} \to y_{\lambda_0}$. Comme la suite x_k appartient au compact $\bar{B}^m$, on peut supposer qu'elle converge vers un certain $x_0 \in \bar{B}^m$. Naturellement, par continuité de f_t, il vient $f_t(x_0) = y_{\lambda_0}$, donc $x_0 \notin S^{m-1}$ puisque dans le cas contraire, on aurait $y_{\lambda_0} = x_0 \in S^{m-1}$, et le segment $\{y_\lambda, \lambda \in [0,1]\}$, est inclus dans B^m par convexité. On a donc $x_0 \in B^m$, et f_t est par conséquent un difféomorphisme local au voisinage de x_0, ce qui implique que l'image de f_t est un voisinage de y_{λ_0}. On en déduit qu'il existe $\lambda_1 > \lambda_0$ tel que $y_\lambda \in f_t(B^m)$ pour tout $\lambda \in [\lambda_0, \lambda_1[$. Ceci contredit la définition de λ_0 comme borne inféricurc.

Jusqu'ici, on a démontré que pour $0 \leq t < 1/(1+c)$, f_t est un C^1-difféomorphisme de B^m sur B^m. Posons, pour $t \in [0,1]$,

$$V(t) = \int_{B^m} \det \nabla f_t(x)\, dx.$$

Il est clair que pour t au voisinage de 0, $\det \nabla f_t > 0$. Par conséquent, c'est le jacobien de f_t et par la formule de changement de variable dans une intégrale, on a

$$V(t) = \int_{B^m} dx = \text{volume } B^m.$$

En particulier cette valeur ne dépend pas de t au voisinage de 0. Or, il est également clair d'après la forme de ∇f_t que, en tant que fonction de la variable t définie sur $\mathbb{R}$, V_t est un polynôme de degré inférieur ou égal à m. C'est donc un polynôme constant, d'où $V(1) = V(0) =$ volume B^m. Comme $f_1 = f$ et que f est une rétraction, on a $\det \nabla f = 0$, sinon l'image de f ne serait pas d'intérieur vide par le théorème d'inversion locale. On en déduit que $V(1) = 0$, contradiction. □

Venons-en à la démonstration du théorème de Brouwer, le Théorème 2.2.
Preuve du théorème de Brouwer. On raisonne une nouvelle fois par l'absurde. Soit g une application continue de $\bar{B}^m$ dans $\bar{B}^m$ et supposons qu'elle n'admette pas de point fixe. Par conséquent, il existe $\alpha > 0$ tel que pour tout $x \in \bar{B}^m$, $\|x - g(x)\| \geq \alpha$. Par le théorème de Stone-Weierstrass, il existe une application polynomiale $h\colon \bar{B}^m \to \mathbb{R}^m$ telle que l'on ait $\max_{\bar{B}^m} \|g(x) - h(x)\| \leq \alpha/2$. Écrivant

$$\|x - h(x)\| = \|x - g(x) + g(x) - h(x)\| \geq \alpha - \frac{\alpha}{2},$$

on voit que h n'a pas de point fixe non plus. Bien sûr, h n'est pas à valeurs dans $\bar{B}^m$, mais $(1 + \frac{\alpha}{2})^{-1} h$ l'est. On a donc remplacé g continue sans point fixe par une application C^1 (en fait C^∞) sans point fixe. À partir de maintenant, on suppose sans perte de généralité g de classe C^1.

L'application $x \mapsto \|x - g(x)\|^{-1}$ est donc de classe C^1 comme composée d'applications de classe C^1 et il en est de même de $x \mapsto u(x) = \|x - g(x)\|^{-1}(x - g(x))$, qui est de surcroît à valeurs dans la sphère unité S^{m-1}. On considère la droite qui passe par x et est dirigée par $u(x)$. Cette droite coupe la sphère S^{m-1} en deux points. On appelle $f(x)$ le point d'intersection situé du côté de x sur cette droite.

Il est clair par construction que f est à valeurs dans S^{m-1} et que si $x \in S^{m-1}$, alors $f(x) = x$. Vérifions que f est de classe C^1. Par définition de f, il existe un nombre réel $t(x)$ tel que $f(x) = x + t(x)u(x)$. Ce nombre s'obtient en résolvant l'équation du second degré qui exprime que $\|f(x)\|^2 = 1$ et en en prenant la racine positive. On trouve par un calcul élémentaire :

$$t(x) = -x \cdot u(x) + \sqrt{1 - \|x\|^2 + (x \cdot u(x))^2}.$$

Remarquons que le nombre situé sous la racine carrée est toujours strictement positif. On en déduit que t est de classe C^1, ainsi que f, laquelle est donc une rétraction de $\bar{B}^m$ sur son bord de classe C^1, ce qui est impossible. □

Voir la Figure 2.1 pour la construction géométrique.

Remarque 2.1. Il est amusant de constater que cette démonstration du théorème de Brouwer repose, entre autres, sur le théorème d'inversion locale, qui lui-même peut être montré en utilisant le théorème de point fixe de Picard. Remarquons également que la formule de changement de variable dans une intégrale, autre ingrédient crucial de cette démonstration, n'est pas tout à fait un résultat élémentaire, voir par exemple [33] pour une preuve. □

Grâce au théorème de Brouwer, nous pouvons maintenant généraliser le théorème de non rétraction de la boule sous une forme topologiquement plus satisfaisante.

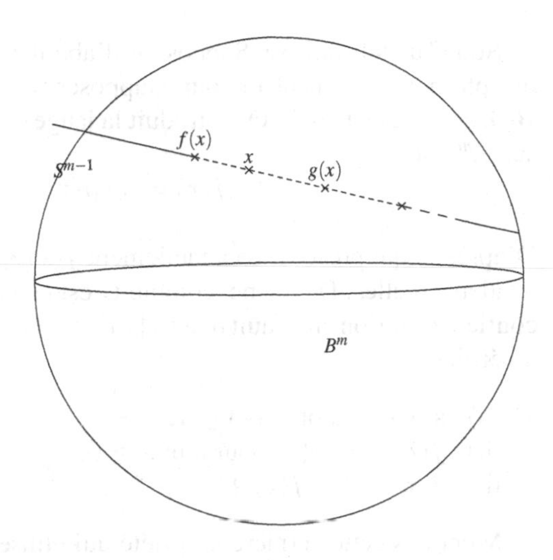

Fig. 2.1 Construction d'une rétraction à partir d'une application sans point fixe

Théorème 2.4. *Il n'existe pas d'application $f : \bar{B}^m \to S^{m-1}$ continue telle que l'on ait $f_{|S^{m-1}} = Id$.*

Preuve. Soit f une telle rétraction. On pose $g(x) = -f(x)$. Alors $g \in C^0(\bar{B}^m; \bar{B}^m)$ admet un point fixe x_0, lequel satisfait donc $x_0 = -f(x_0)$. Comme f est à valeurs dans la sphère unité, $x_0 \in S^{m-1}$. Comme f est une rétraction, on en déduit que $f(x_0) = x_0$, et donc que $x_0 = 0$, ce qui contredit $\|x_0\| = 1$. □

Finalement, on constate que le théorème de non rétraction continue de la boule et le théorème de Brouwer sont deux résultats équivalents.

La boule unité fermée de $\mathbb{R}^m$ n'est pas le seul ensemble à posséder la propriété de point fixe. On déduit facilement du théorème de Brouwer la propriété suivante.

Théorème 2.5. *Soit K un compact homéomorphe à la boule unité fermée de $\mathbb{R}^m$. Toute application continue de K dans K admet au moins un point fixe.*

Preuve. Soit g une application continue de K dans K et soit h un homéomorphisme qui envoie K sur la boule unité fermée. L'application $h \circ g \circ h^{-1}$ est continue de $\bar{B}^m$ dans $\bar{B}^m$. Elle admet donc un point fixe $y = h \circ g \circ h^{-1}(y) \in \bar{B}^m$. Par conséquent, $h^{-1}(y) \in K$ est point fixe de g. □

Donnons une conséquence utile de ce résultat.

Théorème 2.6. *Soit C un convexe compact non vide de $\mathbb{R}^m$. Toute application continue de C dans C admet au moins un point fixe.*

Preuve. On va montrer que tout convexe compact non vide de $\mathbb{R}^m$ est homéomorphe à la boule unité fermée d'un espace $\mathbb{R}^n$ avec $n \leq m$ auquel cas le théorème précédent s'applique, ou bien se réduit à un point, auquel cas il n'y a qu'une seule application de C dans C, qui a trivialement un point fixe.

Soit C un tel convexe. Supposons d'abord que $\mathring{C} \neq \emptyset$. Par translation (un homéomorphisme !), on peut toujours supposer que $0 \in \mathring{C}$ et il existe donc une boule $B(0, r)$ incluse dans C. On introduit la jauge du convexe C. C'est la fonction définie sur $\mathbb{R}^m$ par

$$j(x) = \inf\{t > 0; x/t \in C\}.$$

D'après ce qui précède, on a facilement $j(x) \leq \|x\|/r$ pour tout $x \in \mathbb{R}^m$ donc j est à valeurs réelles. De même, comme C est compact, il existe une boule $B(0, R)$ qui contient C et l'on en déduit que $\|x\|/R \leq j(x)$. Les propriétés suivantes sont faciles à vérifier :

i) si $x \in C$ alors $j(x) \leq 1$,
ii) $j(\lambda x) = \lambda j(x)$ pour tout $\lambda \geq 0$,
iii) $j(x + y) \leq j(x) + j(y)$.

Montrons cette dernière propriété qui utilise la convexité de C. Soient $t_1 > 0$ et $t_2 > 0$ tels que x/t_1 et y/t_2 appartiennent à C. On en déduit que

$$\frac{x + y}{t_1 + t_2} = \Big(\frac{t_1}{t_1 + t_2}\Big)\frac{x}{t_1} + \Big(\frac{t_2}{t_1 + t_2}\Big)\frac{y}{t_2} \in C$$

puisque $\frac{t_1}{t_1+t_2}$ et $\frac{t_2}{t_1+t_2}$ sont dans $[0, 1]$ et de somme 1. Par conséquent, on a par définition de la fonction j que $j(x + y) \leq t_1 + t_2$, puis iii) par passage aux bornes inférieures dans le membre de droite de cette dernière inégalité.

Remarquons que réciproquement, si $j(x) \leq 1$, alors $x \in C$. En effet, il existe alors une suite $t_n \to j(x)$ et $y_n \in C$ tels que $x = t_n y_n + (1 - t_n)0$. S'il existe un indice n_0 tel que $t_n \leq 1$, alors x est combinaison convexe d'éléments de C, donc appartient à C. Si $t_n > 1$ pour tout n, alors $t_n \to j(x) = 1$ et $y_n \to x$. Comme C est fermé, il vient $x \in C$.

On déduit de la sous-additivité de j qu'elle est continue de $\mathbb{R}^m$ dans $\mathbb{R}$. En effet, il vient pour tous $x, y \in \mathbb{R}^m$,

$$-j(-y) \leq j(x + y) - j(x) \leq j(y)$$

avec $\max(|j(-y)|, |j(y)|) \leq \|y\|/r$. Définissons alors deux fonctions g et h de $\mathbb{R}^m$ dans lui-même par

$$g(x) = \begin{cases} \frac{j(x)}{\|x\|}x & \text{si } x \neq 0, \\ 0 & \text{si } x = 0, \end{cases} \qquad h(y) = \begin{cases} \frac{\|y\|}{j(y)}y & \text{si } y \neq 0, \\ 0 & \text{si } y = 0. \end{cases}$$

Il est facile de vérifier que g et h sont réciproques l'une de l'autre. De plus, elles sont continues en dehors de 0 d'après le continuité de j. Comme $\|g(x)\| \leq j(x) \leq \|x\|/r$, g est continue en 0 et comme $\|h(y)\| \leq \|y\|^2/j(y) \leq R\|y\|$, il en va de même pour h. Donc g et h sont des homéomorphismes de $\mathbb{R}^m$.

Fig. 2.2 Non unicité du point fixe de Brouwer

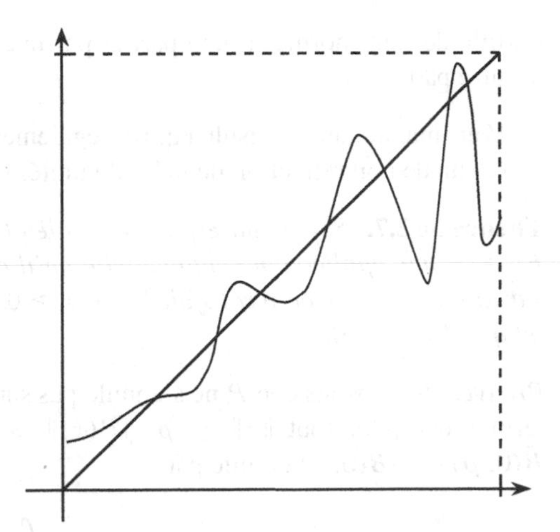

Pour conclure, il suffit de voir que $g(C) = \bar{B}^m$. Or, si $x \in C$, alors $j(x) \leq 1$, donc $\|g(x)\| \leq 1$, c'est-à-dire $g(C) \subset \bar{B}^m$.

Soit donc $y \in \bar{B}^m$. On a $j(h(y)) = \frac{\|y\|}{j(y)} j(y) \leq 1$, donc $h(y) \in C$, c'est-à-dire $h(\bar{B}^m) \subset C$, d'où en composant par g, $\bar{B}^m \subset g(C)$. Ceci termine l'étude du cas où $\mathring{C} \neq \emptyset$.

Supposons maintenant que $\mathring{C} = \emptyset$. On procède par récurrence descendante sur la dimension de l'espace. Si C contient une famille libre de m vecteurs, alors il contient le simplexe engendré par ces vecteurs et le vecteur nul, qui est d'intérieur non vide. Donc, $\mathring{C} = \emptyset$ implique que C est contenu dans un hyperplan de $\mathbb{R}^m$, soit un espace de dimension $m - 1$.

On a alors l'alternative suivante : soit l'intérieur de C comme sous-ensemble de cet hyperplan est non vide, auquel cas on applique l'étape précédente, soit cet intérieur est vide et on recommence. Au bout d'au plus $m - 1$ étapes, on a ainsi établi que C est homéomorphe à une boule de dimension inférieure à m ou bien que C est inclus dans une droite et d'intérieur vide dans cette droite. Dans ce cas, C est réduit à un point. □

Remarque 2.2. i) En général, il n'y a aucune raison pour que le point fixe de Brouwer soit unique, voir Figure 2.2.

ii) Il existe des ensembles compacts qui ne possèdent pas la propriété de point fixe. Par exemple, le théorème de Brouwer est visiblement faux dans une couronne circulaire, bien qu'il n'existe pas de rétraction de la couronne circulaire sur son bord. En fait, plus généralement, si X est une variété compacte à bord, alors il n'existe aucune rétraction continue de X sur ∂X. Les deux propriétés ne sont donc pas reliées en général.

iii) Sans rapport avec la discussion présente, on observe que si C est *équilibré*, c'est-à-dire si $x \in C$ implique que $-x \in C$, dans n'importe quel espace vectoriel réel, alors sa jauge j est une semi-norme. C'est le lien évoqué dans l'appendice 1.9 entre les définitions des espaces vectoriels topologiques localement convexes par une famille de semi-normes d'une part et par une famille de voisinages convexes de 0 d'autre part. □

Voici maintenant un résultat qui est également équivalent au théorème de Brouwer et à celui de non rétraction de la boule unité, voir [40].

Théorème 2.7. *Soit E un espace euclidien (donc de dimension finie) et soit $P : E \to E$ une application continue telle qu'il existe $\rho > 0$ pour lequel tout point x sur la sphère de rayon ρ satisfait $P(x) \cdot x \geq 0$. Il existe alors un point x_0, $\|x_0\| \leq \rho$, tel que $P(x_0) = 0$.*

Preuve. Supposons que P ne s'annule pas sur la boule fermée $\bar{B}(0, \rho)$, en d'autres termes que pour tout $\|x\| \leq \rho$, $\|P(x)\| > 0$. Par conséquent, la fonction $g : \bar{B}(0, \rho) \to \partial\bar{B}(0, \rho)$ définie par

$$g(x) = -\frac{\rho}{\|P(x)\|}P(x)$$

est continue. Par le théorème de Brouwer, cette application admet un point fixe x^*, qui est donc tel que

$$g(x^*) = x^* = -\frac{\rho}{\|P(x^*)\|}P(x^*).$$

On en déduit d'une part que $\|x^*\| = \rho$ et d'autre part que $\rho^2 = \|x^*\|^2 = g(x^*) \cdot x^* = -\frac{\rho}{\|P(x^*)\|}P(x^*) \cdot x^* \leq 0$, ce qui contredit l'hypothèse $\rho > 0$. □

Remarque 2.3. i) L'hypothèse $P(x) \cdot x \geq 0$ s'interprète géométriquement sans utiliser la structure euclidienne comme le fait que la fonction « pointe » vers l'extérieur sur le bord du convexe $\bar{B}(0, \rho)$. Changeant g en $-g$, on peut aussi bien supposer qu'elle pointe vers l'intérieur.

ii) Le Théorème 2.7 implique le théorème de non-rétraction de la boule unité, car on peut l'appliquer à une rétraction, laquelle doit donc s'annuler en un point de la boule. Il est donc bien équivalent au théorème de Brouwer. □

2.2 Les théorèmes de point fixe de Schauder

Les résultats précédents utilisent de façon cruciale la dimension finie, par exemple par l'intermédiaire de la formule de changement de variable dans les intégrales ou la compacité de la boule fermée. En dimension infinie, le théorème de Brouwer n'est plus vrai. En voici un exemple. On considère l'espace des suites de carré sommable $l^2 = \{(x_i)_{i\in\mathbb{N}}, \sum_{i=0}^{\infty} x_i^2 < +\infty\}$. Muni de la norme $\|x\|_{l^2} = \left(\sum_{i=0}^{\infty} x_i^2\right)^{1/2}$, c'est un espace de Hilbert de dimension infinie. Soit $\bar{B}$ sa boule unité fermée et S sa sphère unité. Alors l'application

$$T : \bar{B} \to \bar{B}, T(x) = \left(\sqrt{1 - \|x\|_{l^2}^2}, x_0, x_1, x_2, \dots\right)$$

est continue mais n'a pas de point fixe. En effet, T est à valeurs dans la sphère unité, donc un éventuel point fixe devrait satisfaire à la fois $\|x\|_{l^2} = 1$ et $x_0 = 0$ et $x_{i+1} = x_i$ pour tout $i \geq 0$, soit $x = 0$.

De même, l'application $R : \bar{B} \to S$ obtenue par la même construction qu'en dimension finie, *i.e.*,

$$\begin{cases} R(x)_0 = x_0 + \dfrac{1 - \|x\|_{l^2}^2}{\|x - T(x)\|_{l^2}^2}\left(x_0 - \sqrt{1 - \|x\|_{l^2}^2}\right), \\ R(x)_i \;= x_i + \dfrac{1 - \|x\|_{l^2}^2}{\|x - T(x)\|_{l^2}^2}\left(x_i - x_{i-1}\right), i \geq 1, \end{cases}$$

est une rétraction de $\bar{B}$ sur son bord.

Le problème vient en fait d'un manque de compacité, les espaces de dimension infinie n'étant pas localement compacts. Nous avons besoin d'une propriété d'approximation des compacts d'un espace vectoriel normé par des ensembles de dimension finie qui va nous permettre de nous ramener à ce dernier cas.

Lemme 2.1. *Soit E un espace vectoriel normé et soit K un compact de E. Pour tout $\varepsilon > 0$, il existe un sous-espace vectoriel F_ε de E de dimension finie et une application g_ε continue de K dans F_ε tels que pour tout $x \in K$, $\|x - g_\varepsilon(x)\|_E < \varepsilon$. De plus, $g_\varepsilon(K) \subset \operatorname{conv} K$.*

Note : $\operatorname{conv} K$ dénote l'enveloppe convexe de K. C'est l'ensemble de toutes les combinaisons convexes d'éléments de K, ou encore le plus petit convexe qui contient K. Le lemme exprime que tout compact K peut être approché arbitrairement près par un sous-espace vectoriel de E de dimension finie.

Preuve. Comme K est compact, pour tout $\varepsilon > 0$, il existe un nombre fini de points $x_i, i = 1, \dots, p$, de K, tel que K soit recouvert par les boules ouvertes de centre x_i et de rayon ε, *i.e.*, $K \subset \cup_{i=1}^p B(x_i, \varepsilon)$. Pour chaque indice i, on définit une fonction positive sur E par

$$\delta_i(x) = (\varepsilon - \|x - x_i\|_E)_+.$$

Il est clair que $\delta_i \in C^0(E; \mathbb{R}_+)$ comme composée d'application continues et qu'elle est strictement positive dans la boule ouverte $B(x_i, \varepsilon)$ et nulle part ailleurs. De plus,

$$\forall x \in K, \quad \sum_{i=1}^p \delta_i(x) > 0.$$

En effet, quel que soit x dans K, il existe un indice j tel que $x \in B(x_j, \varepsilon)$ par la propriété de recouvrement. Pour ce j, nous avons donc $\delta_j(x) > 0$ et par conséquent,

$\sum_{i=1}^{p} \delta_i(x) \geq \delta_j(x) > 0$ (en fait cette somme est même minorée inférieurement par un $\delta > 0$). Définissons alors

$$g_\varepsilon(x) = \frac{\sum_{i=1}^{p} \delta_i(x) x_i}{\sum_{i=1}^{p} \delta_i(x)}.$$

D'après ce qui précède, $g_\varepsilon \in C^0(K; F_\varepsilon)$, où F_ε est le sous-espace vectoriel de E engendré par les points x_i, ce qui implique que $\dim F_\varepsilon \leq p$. De plus, il est clair par construction que $g_\varepsilon(K) \subset \operatorname{conv} K$.

Vérifions la propriété d'approximation. Pour tout x dans K et pour tout i, nous pouvons écrire $x_i = x + h_i$, où h_i est tel que $\|h_i\|_E < \varepsilon$ si et seulement si $\delta_i(x) > 0$. On a donc

$$g_\varepsilon(x) = x + \frac{\sum_{i=1}^{p} \delta_i(x) h_i}{\sum_{i=1}^{p} \delta_i(x)},$$

et

$$\left\| \frac{\sum_{i=1}^{p} \delta_i(x) h_i}{\sum_{i=1}^{p} \delta_i(x)} \right\|_E \leq \frac{\sum_{i=1}^{p} \delta_i(x) \|h_i\|_E}{\sum_{i=1}^{p} \delta_i(x)} < \varepsilon$$

puisque, dans la somme du numérateur du deuxième membre de l'inégalité, les seuls termes non nuls sont ceux pour lesquels $\|h_i\|_E < \varepsilon$. □

Nous sommes maintenant en mesure d'établir le théorème de point fixe de Schauder.

Théorème 2.8. *Soit E un espace vectoriel normé, C un convexe compact de E et T une application continue de C dans C. Alors T admet un point fixe.*

Preuve. D'après le Lemme 2.1, pour tout entier $n \geq 1$, il existe un sous-espace de dimension finie F_n et une application g_n continue de C dans F_n tels que

$$\forall x \in C, \quad \|x - g_n(x)\|_E < \frac{1}{n} \text{ et } g_n(C) \subset \operatorname{conv} C = C.$$

On note $\overline{\operatorname{conv}}\, A$ l'enveloppe convexe fermée d'une partie A de E, c'est-à-dire l'adhérence de l'enveloppe convexe de A. Posons $K_n = \overline{\operatorname{conv}}\, g_n(C)$. C'est un convexe de F_n, compact comme sous-ensemble fermé du compact C. On considère l'application $T_n \colon K_n \to K_n$ définie par $T_n(x) = g_n(T(x))$. Cette application est continue comme composée d'applications continues, donc, par le Théorème 2.6, elle admet un point fixe $x_n \in K_n \subset C$. Comme C est un compact métrique, on peut extraire de la suite x_n une sous-suite $x_{n'}$ qui converge vers un certain $x \in C$.

L'application T étant continue, on en déduit d'abord que $T(x_{n'}) \to T(x)$ quand $n' \to +\infty$. Puis, utilisant l'inégalité triangulaire, il vient:

$$\|x - T(x)\|_E \leq \|x - x_{n'}\|_E + \|x_{n'} - T_{n'}(x_{n'})\|_E + \|T_{n'}(x_{n'}) - T(x_{n'})\|_E + \|T(x_{n'}) - T(x)\|_E.$$

Le premier et le dernier terme du membre de droite de cette inégalité tendent vers zéro quand n' tend vers l'infini, par les convergences que nous venons de montrer. Le deuxième terme est identiquement nul par la propriété de point fixe pour $T_{n'}$. Enfin,

$$\|T_{n'}(x_{n'}) - T(x_{n'})\|_E = \|g_{n'}(T(x_{n'})) - T(x_{n'})\|_E < \frac{1}{n'} \to 0 \text{ quand } n' \to +\infty,$$

par construction de $g_{n'}$. Par conséquent, $x = T(x)$ est point fixe de T. □

Dans le cas d'un espace de Banach, le théorème de Schauder est souvent utilisé sous la forme suivante :

Théorème 2.9. *Soit E un espace de Banach, C un convexe fermé de E et T une application continue de C dans C telle que $T(C)$ soit relativement compact. Alors T admet un point fixe.*

Preuve. Soit $C' = \overline{\text{conv}}\, T(C)$. Il s'agit d'un convexe inclus dans C. En effet, $T(C) \subset C$, donc $\text{conv}\, T(C) \subset C$ car C est convexe, et $\overline{\text{conv}}\, T(C) \subset C$ car C est fermé. De plus, C' est compact comme enveloppe convexe fermée d'un ensemble relativement compact dans un espace complet, *cf.* lemme suivant.

On applique alors le théorème de Schauder à la restriction de T à C'. □

Remarque 2.4. i) Dans la suite, la mention du théorème de point fixe de Schauder référera indifféremment aux Théorèmes 2.8 ou 2.9 (lesquels sont clairement équivalents dans le cas d'un espace de Banach).

ii) Dans les applications du théorème de Schauder aux problèmes aux limites non linéaires, on dispose d'une certaine liberté. Il faut d'abord reformuler le problème sous forme d'un problème de point fixe d'une certaine application T. Il faut ensuite choisir un espace E sur lequel T soit continue, puis un convexe fermé C tel que T envoie C dans C, qui soit compact ou tel que $T(C)$ soit relativement compact. Notons que pour cette dernière propriété, il suffit parfois de montrer que pour toute suite $x_n \in C$, il existe une sous-suite telle que $T(x_{n'})$ converge dans E, sans nécessairement montrer que la sous-suite $x_{n'}$ elle-même converge, ce qui n'est d'ailleurs pas forcément le cas. □

On a utilisé dans la démonstration précédente une propriété de compacité d'enveloppe convexe fermée qui mérite d'être démontrée à part.

Lemme 2.2. *Soit E un espace de Banach et A une partie relativement compacte de E. Alors $\overline{\text{conv}}\, A$ est compact.*

Preuve. Comme A est relativement compact, pour tout $\varepsilon > 0$, il existe un nombre fini de points $x_1, \dots, x_k$ de A tels que les boules de centre x_i et de rayon $\varepsilon/2$ recouvrent A, *i.e.*

$$A \subset \bigcup_{i=1}^{k} B(x_i, \varepsilon/2).$$

Posons $C = \operatorname{conv}\{x_1, \ldots, x_k\}$. C'est un convexe borné de dimension inférieure à $k-1$, il est donc relativement compact (en fait il est compact). Il existe par conséquent un nombre fini de points $y_1, \ldots, y_m$ de $C \subset \operatorname{conv} A$ tels que

$$C \subset \bigcup_{j=1}^{m} B(y_j, \varepsilon/2).$$

Soit maintenant $z \in \operatorname{conv} A$. Il existe donc un nombre fini de points $z_l \in A$, $l = 1, \ldots, p$, et des scalaires $\lambda_l \in [0, 1]$ avec $\sum_{l=1}^{p} \lambda_l = 1$ tels que $z = \sum_{l=1}^{p} \lambda_l z_l$. Par la première propriété de recouvrement, pour chaque valeur de l, nous pouvons écrire

$$z_l = x_{k_l} + r_{k_l} \text{ pour un certain indice } k_l, \text{ avec } \|r_{k_l}\|_E \leq \varepsilon/2.$$

Il vient donc

$$z = \sum_{l=1}^{p} \lambda_l x_{k_l} + \sum_{l=1}^{p} \lambda_l r_{k_l}.$$

Or, $\sum_{l=1}^{p} \lambda_l x_{k_l} \in C$, donc par la deuxième propriété de recouvrement, nous pouvons écrire

$$\sum_{l=1}^{p} \lambda_l x_{k_l} = y_j + s_j \text{ pour un certain indice } j, \text{ avec } \|s_j\|_E \leq \varepsilon/2.$$

Par conséquent,

$$z = y_j + \Big(s_j + \sum_{l=1}^{p} \lambda_l r_{k_l}\Big),$$

avec

$$\Big\|s_j + \sum_{l=1}^{p} \lambda_l r_{k_l}\Big\|_E \leq \varepsilon,$$

par l'inégalité triangulaire. En d'autres termes, on a montré que pour tout $\varepsilon > 0$, il existe un nombre fini de points $y_1, \ldots, y_m$ de $\operatorname{conv} A$ tels que

$$\operatorname{conv} A \subset \bigcup_{j=1}^{m} B(y_j, \varepsilon),$$

propriété qui caractérise bien les sous-ensembles relativement compacts d'un espace métrique complet. □

Remarque 2.5. Si E est de dimension finie et si $K \subset E$ est compact, alors $\operatorname{conv} K$ est compact. En effet, un théorème de Carathéodory affirme que si $A \subset E$, alors

$\operatorname{conv} A = \{x \in E, x = \sum_{i=1}^{\dim E+1} \lambda_i x_i, \lambda_i \geq 0, \sum_{i=1}^{\dim E+1} \lambda_i = 1, x_i \in A\}$. Par conséquent, si K est un compact de E, $\operatorname{conv} K$ est l'image du compact

$$K^{\dim E+1} \times \{\lambda_i \geq 0, \sum_{i=1}^{\dim E+1} \lambda_i = 1\}$$

par l'application continue $(x_i, \lambda_i) \mapsto \sum_{i=1}^{\dim E+1} \lambda_i x_i$. Par contre, cette propriété est fausse en dimension infinie. Pour le voir, on considère l'espace l^2 muni de sa base Hilbertienne canonique $(e_i)_{i\in\mathbb{N}}$. Soit $K = \{e_i/i\}_{i\in\mathbb{N}^*} \cup \{0\}$, c'est évidemment un compact. On prend la suite

$$x_k = \sum_{i=1}^{k-1} \frac{e_i}{i2^i} + \left(1 - \frac{1}{2^k}\right)\frac{e_k}{k} \in \operatorname{conv} K.$$

Alors $x_k \to \sum_{i=1}^{\infty} \frac{e_i}{i2^i} \notin \operatorname{conv} K$ quand $k \to +\infty$, donc $\operatorname{conv} K$ n'est pas fermé, donc pas compact. □

Mentionnons qu'il n'est pas nécessaire que l'espace E soit un espace normé. On a en effet le théorème de point fixe de Tychonov :

Théorème 2.10. *Soit E un espace vectoriel topologique localement convexe séparé, C un convexe compact de E et T un application continue de C dans C. Alors T admet un point fixe.*

Preuve. Ce résultat peut s'établir à l'aide d'arguments de degré topologique, voir J.T. Schwartz [55]. □

Remarque 2.6. On pourrait penser utiliser le théorème de Tychonov dans la situation suivante. Soit E un espace de Banach réflexif que l'on munit de sa topologie faible. Alors tout convexe fermé borné est compact et cette partie des hypothèses est acquise à peu de frais. Par contre, on rencontrera probablement des difficultés pour montrer qu'une application non linéaire donnée T est continue pour la topologie faible. Nous verrons plus précisément au Chapitre 3 quels sont les problèmes que l'on peut rencontrer dans ce contexte. Ceci limite l'emploi de ce théorème, au moins dans cette situation. □

Nous donnons pour clore cette section quelques théorèmes de point fixe qui peuvent être utiles. Rappelons à toutes fins utiles qu'une application entre deux espaces vectoriels normés est dite être *compacte* si elle transforme les bornés de l'espace de départ en ensembles relativement compacts dans l'espace d'arrivée.

Théorème 2.11. *Soit E un espace de Banach et T une application continue compacte de E dans E qui satisfait la condition suivante : il existe $R \geq 0$ tel que $x = tT(x)$ avec $t \in [0, 1[$ implique $\|x\|_E \leq R$. Alors T admet un point fixe.*

Preuve. Considérons l'application $T^* : \bar{B}(0, R+1) \to \bar{B}(0, R+1)$ définie par

$$T^*(x) = \begin{cases} T(x) & \text{si } \|T(x)\|_E \leq R + 1, \\ (R+1)\frac{T(x)}{\|T(x)\|_E} & \text{si } \|T(x)\|_E > R + 1. \end{cases}$$

Comme T^* est obtenue en composant T avec une fonction continue de E dans E, T^* est continue et compacte. Par conséquent, $T^*(\bar{B}(0, R+1))$ est relativement compact et T^* admet un point fixe $x^* \in \bar{B}(0, R + 1)$ par le théorème de Schauder.

Montrons que x^* est aussi un point fixe de T. Si $\|T(x^*)\|_E \leq R + 1$, il n'y a rien à montrer. Si $\|T(x^*)\|_E > R + 1$, alors d'une part $\|x^*\|_E = \|T^*(x^*)\|_E = R + 1$ et d'autre part $x^* = tT(x^*)$ avec $t = (R + 1)/\|T(x^*)\|_E \in [0, 1[$. Par hypothèse, on a donc $\|x^*\|_E \leq R$, contradiction. □

Remarque 2.7. En remplaçant $R + 1$ par $R + 1/n$ avec $n \in \mathbb{N}^*$ arbitraire, on voit que l'on peut en outre assurer l'existence d'un point fixe tel que $\|x^*\|_E \leq R$. □

Ce résultat est dû à Leray et Schauder en utilisant la théorie du degré topologique de Leray et Schauder. Il admet une version un peu plus générale, voir [21].

Théorème 2.12. *Soit E un espace de Banach et T une application continue compacte de* $[0, 1] \times E$ *dans E qui satisfait la condition suivante :* $T(0, x) = 0$ *et il existe* $R \geq 0$ *tel que* $x = T(t, x)$ *avec* $t \in [0, 1]$ *implique* $\|x\|_E \leq R$. *Alors pour tout* $t \in [0, 1]$, $T(t, .)$ *admet un point fixe* $x^*(t)$ *qui dépend continûment de t.*

Citons enfin,

Théorème 2.13. *Soit E un espace de Banach et T une application continue compacte de E dans E telle qu'il existe $R \geq 0$ tel que $T(\partial B(0, R)) \subset \bar{B}(0, R)$. Alors T admet un point fixe.*

Preuve. Analogue à celle du Théorème 2.11. □

Remarque 2.8. Le théorème de Leray et Schauder est un peu surprenant. En effet, on doit vérifier que si pour chaque élément de la famille tT, $t \in [0, 1[$, il existe un point fixe, alors celui-ci doit nécessairement rester dans une certaine boule indépendante de t, alors ceci implique l'existence même de ces points fixes. En d'autres termes, une estimation *a priori* des solutions éventuelles, avant même de savoir s'il y en a ou pas, suffit à assurer leur *existence*. Notons que l'expression « estimation *a priori* » est souvent employée un peu improprement, quand on estime des solutions dont on a déjà montré l'existence. □

2.3 Résolution d'un problème modèle par une méthode de point fixe

En guise d'application des théorèmes de point fixe, nous nous intéressons dans cette section à un problème d'EDP elliptique non linéaire modèle très simple. Soit Ω un ouvert borné de $\mathbb{R}^d$ et soit f fonction de $C^0(\mathbb{R}) \cap L^\infty(\mathbb{R})$. Le problème consiste à trouver une fonction $u \in H_0^1(\Omega)$ telle que $-\Delta u = f(u)$ au sens de $\mathscr{D}'(\Omega)$. Nous verrons par la suite comment préciser le sens fonctionnel de cette équation.

Pour mettre ce problème sous forme d'un problème de point fixe, on commence par énoncer un résultat d'existence et d'unicité linéaire.

Proposition 2.1. *Soit $g \in H^{-1}(\Omega)$. Il existe un unique $v \in H_0^1(\Omega)$ tel que $-\Delta v = g$ au sens de $\mathscr{D}'(\Omega)$. Cette fonction v est l'unique solution du problème variationnel :*

$$\forall w \in H_0^1(\Omega), \quad \int_\Omega \nabla v \cdot \nabla w \, dx = \langle g, w \rangle. \tag{2.1}$$

De plus, l'application $g \mapsto (-\Delta)^{-1} g = v$ est continue de $H^{-1}(\Omega)$ dans $H_0^1(\Omega)$.

Preuve. Voir Chapitre 1, Section 1.7 pour l'existence et l'unicité.

La continuité de l'application $(-\Delta)^{-1}$ découle directement de la formulation variationnelle et de l'inégalité de Poincaré en prenant $w = v$. □

Corollaire 2.1. *L'application $(-\Delta)^{-1}$ est continue de $L^2(\Omega)$ dans $H_0^1(\Omega)$.*

Preuve. En effet, $L^2(\Omega) \hookrightarrow H^{-1}(\Omega)$. □

Dans le problème modèle apparaît au second membre de l'équation un terme de la forme $f(u)$ dont nous n'avons pas encore précisé le sens. C'est l'objet du théorème de Carathéodory, introduit par un lemme. On note $\sim$ la relation d'équivalence de l'égalité presque partout des fonctions mesurables.

Lemme 2.3. *Soit Ω un ouvert de $\mathbb{R}^d$ et $f \in C^0(\mathbb{R})$. Pour tout couple de fonctions mesurables u_1 et u_2 sur Ω, si $u_1 \sim u_2$ alors $f \circ u_1 \sim f \circ u_2$.*

Preuve. Notons d'abord que si une fonction u est mesurable alors $f \circ u$ l'est aussi, puisque f est continue. Supposons que $u_1 \sim u_2$, *i.e.*, $u_1 = u_2$ presque partout dans Ω. Il existe donc un ensemble négligeable N tel que si $x \notin N$, $u_1(x) = u_2(x)$, d'où également $f(u_1(x)) = f(u_2(x))$, c'est-à-dire $f \circ u_1 \sim f \circ u_2$. □

En d'autres termes, on vient de voir que l'application $u \mapsto f \circ u$ passe au quotient par la relation d'égalité presque partout.

Théorème 2.14. *Soit Ω un ouvert borné de $\mathbb{R}^d$ et $f \in C^0(\mathbb{R})$ telle que $|f(t)| \le a + b|t|$. On définit pour toute classe d'équivalence de fonctions mesurables sur Ω la classe d'équivalence $f(u) = f \circ u$ comme au lemme précédent. Alors l'application $\tilde{f} : u \mapsto f \circ u$ envoie $L^2(\Omega)$ dans $L^2(\Omega)$ et est continue pour la topologie forte.*

Preuve. Si $u \in L^2(\Omega)$, alors

$$\int_\Omega |f(u)|^2 \, dx \le 2a^2 \text{mes}\, \Omega + 2b^2 \|u\|_{L^2(\Omega)}^2 < +\infty,$$

donc $\tilde{f}(u) \in L^2(\Omega)$.

Montrons que l'application ainsi définie est continue de $L^2(\Omega)$ fort dans $L^2(\Omega)$ fort. Soit u_n une suite convergente dans $L^2(\Omega)$ vers une limite u. Soit $u_{n'}$ une sous-suite de u_n. Extrayons grâce au Théorème 1.6 une nouvelle sous-suite $u_{n''}$ qui converge presque partout et telle qu'il existe une fonction $g \in L^2(\Omega)$ telle que $|u_{n''}(x)| \leq g(x)$ presque partout.

Nous avons donc $|f(u_{n''}(x)) - f(u(x))|^2 \to 0$ presque partout puisque f est continue et $|f(u_{n''}) - f(u)|^2 \leq 4a^2 + 4b^2g^2 + 2|f(u)|^2$. Le second membre de cette inégalité est une fonction de $L^1(\Omega)$ qui ne dépend pas de n''. Nous pouvons donc appliquer le théorème de convergence dominée de Lebesgue pour en déduire que $\int_\Omega |f(u_{n''}) - f(u)|^2\,dx \to 0$, c'est-à-dire que $\tilde{f}(u_{n''}) \to \tilde{f}(u)$ dans $L^2(\Omega)$ fort.

Nous avons montré que de toute sous-suite $\tilde{f}(u_{n'})$, nous pouvons extraire une sous-suite qui converge vers $\tilde{f}(u)$ dans $L^2(\Omega)$ fort. L'unicité de cette limite implique que c'est la suite entiàre $\tilde{f}(u_n)$ qui converge, *cf.* Lemme 1.1. □

Remarque 2.9. i) L'hypothèse Ω borné n'est pas nécessaire dans cette démonstration. Il suffit clairement que mes $\Omega < +\infty$. De même, les hypothèses que Ω est un ouvert de $\mathbb{R}^d$ et que l'on considère la mesure de Lebesgue peuvent visiblement être considérablement généralisées.

ii) Le théorème de Carathéodory est en fait plus général. Par exemple, soit A un borélien de $\mathbb{R}^d$ et $f: A \times \mathbb{R} \to \mathbb{R}$ une fonction telle que

$$\begin{cases} f(\cdot, s) & \text{est mesurable sur } A \text{ pour tout } s \in \mathbb{R}, \\ f(x, \cdot) & \text{est continue sur } \mathbb{R} \text{ pour presque tout } x \in A, \end{cases}$$

(une telle fonction est dite fonction de Carathéodory). On suppose qu'il existe des exposants $1 \leq p, q < +\infty$, une fonction $a \in L^q(A)$ et une constante $b \geq 0$ tels que

$$|f(x,s)| \leq a(x) + b|s|^{p/q} \quad \text{pour presque tout } x \text{ et tout } s.$$

Alors l'application $u \mapsto \tilde{f}(u)$ définie par $\tilde{f}(u)(x) = f(x, u(x))$ est continue de $L^p(A)$ fort dans $L^q(A)$ fort. La démonstration est très voisine de la précédente : on montre la mesurabilité de $\tilde{f}(u)$ en approchant u presque partout par une suite de fonctions étagées, puis on établit la continuité de L^p dans L^q en utilisant la réciproque partielle du théorème de convergence dominée, puis le théorème de convergence dominée lui-même. □

Nous pouvons maintenant attaquer le problème modèle.

Théorème 2.15. *Soit Ω un ouvert borné de $\mathbb{R}^d$ et $f \in C^0(\mathbb{R}) \cap L^\infty(\mathbb{R})$. Il existe au moins une solution $u \in H_0^1(\Omega)$ du problème $-\Delta u = f(u)$ au sens de $\mathscr{D}'(\Omega)$.*

Preuve. On donne deux démonstrations utilisant le théorème de point fixe de Schauder.

Première démonstration. On prend comme espace de Banach de base $E = L^2(\Omega)$. D'après le Théorème 2.14, si $v \in E$ alors $f(v) \in E$ (en fait, ici $f(v) \in L^\infty(\Omega)$). Posons $T(v) = (-\Delta)^{-1}(f(v))$. Alors $T: E \to E$ est continue. En effet, elle est composée d'applications continues :

$$\begin{array}{ccccccc} & \tilde{f} & & (-\Delta)^{-1} & & \text{injection} & \\ L^2(\Omega) & \to & L^2(\Omega) & \to & H_0^1(\Omega) & \to & L^2(\Omega) \\ v & \mapsto & f(v) & \mapsto & T(v) & \mapsto & T(v) \end{array}$$

Vérifions que tout point fixe de T est une solution de notre problème. Soit donc $u \in L^2(\Omega)$ tel que $T(u) = u$. Comme $T(u) = (-\Delta)^{-1}(f(u))$, on en déduit d'abord que $u \in H_0^1(\Omega)$. D'autre part, par définition de l'opérateur $(-\Delta)^{-1}$, $-\Delta T(u) = f(u)$ au sens de $\mathscr{D}'(\Omega)$ et donc u est solution du problème modèle (et réciproquement).

Pour appliquer le théorème de Schauder, il faut encore choisir un convexe. Nous prenons ici $C = \{v \in H_0^1(\Omega); \|v\|_{H_0^1(\Omega)} \leq M\}$ où M est une constante à choisir (on pose $\|v\|_{H_0^1(\Omega)} = \|\nabla v\|_{L^2(\Omega)}$ en utilisant l'inégalité de Poincaré). Par le théorème de Rellich, l'injection de $H_0^1(\Omega)$ dans $L^2(\Omega)$ est compacte, donc C qui est borné dans $H_0^1(\Omega)$, est relativement compact dans E. De plus, c'est un fermé de E. En effet, si $v_n \in C$ converge vers $v \in E$ dans E, alors v_n est bornée dans $H_0^1(\Omega)$ et contient donc une sous-suite $v_{n'}$ qui converge faiblement vers un élément de $H_0^1(\Omega)$, lequel ne peut être que v. De plus, la semi-continuité inférieure séquentielle faible de la norme implique que $\|v\|_{H_0^1(\Omega)} \leq \liminf_{n' \to +\infty} \|v_{n'}\|_{H_0^1(\Omega)} \leq M$, c'est-à-dire $v \in C$. Par conséquent, C est compact dans E.

Nous allons choisir la constante M pour que $T(C) \subset C$. Il s'agit d'un problème d'*estimation* de $T(v)$. D'après la Proposition 2.1, $T(v)$ est solution du problème variationnel :

$$\forall w \in H_0^1(\Omega), \quad \int_\Omega \nabla T(v) \cdot \nabla w \, dx = \int_\Omega f(v) w \, dx.$$

Prenant $w = T(v)$ dans l'équation précédente, il vient:

$$\|\nabla T(v)\|_{L^2(\Omega)}^2 = \int_\Omega f(v) T(v) \, dx \leq \|f\|_{L^\infty(\mathbb{R})} \int_\Omega |T(v)| \, dx,$$

puisque $|f(v)T(v)| \leq \|f\|_{L^\infty(\mathbb{R})} |T(v)|$. Utilisant l'inégalité de Cauchy-Schwarz, nous en déduisons que

$$\|\nabla T(v)\|_{L^2(\Omega)}^2 \leq \|f\|_{L^\infty(\mathbb{R})} (\text{mes } \Omega)^{1/2} \|T(v)\|_{L^2(\Omega)}.$$

D'après l'inégalité de Poincaré, il existe une constante C_Ω telle que pour tout z dans $H_0^1(\Omega)$, $\|z\|_{L^2(\Omega)} \leq C_\Omega \|\nabla z\|_{L^2(\Omega)}$. Comme $T(v) \in H_0^1(\Omega)$, nous obtenons donc, pour tout v dans E,

$$\|\nabla T(v)\|_{L^2(\Omega)} \leq C_\Omega \|f\|_{L^\infty(\mathbb{R})} (\text{mes } \Omega)^{1/2}.$$

Pour assurer que $T(C) \subset C$, il suffit donc de prendre $M = C_\Omega \|f\|_{L^\infty(\mathbb{R})}(\text{mes}\,\Omega)^{1/2}$, puisqu'alors, $T(E) \subset C$.

Les hypothèses du théorème de Schauder, première version, sont satisfaites, par conséquent, il existe au moins une solution du problème modèle appartenant à C.

Deuxième démonstration. On prend cette fois comme espace $E = H_0^1(\Omega)$ et l'on pose encore $T(v) = (-\Delta)^{-1}(f(v))$. Alors $T\colon E \to E$ est continue. En effet, elle est composée d'applications continues :

$$\begin{array}{ccccccc} & \text{injection} & & \tilde{f} & & (-\Delta)^{-1} & \\ H_0^1(\Omega) & \rightarrow & L^2(\Omega) & \rightarrow & L^2(\Omega) & \rightarrow & H_0^1(\Omega) \\ v & \mapsto & v & \mapsto & f(v) & \mapsto & T(v) \end{array}$$

Notons que par le théorème de Rellich, l'injection est compacte et que par conséquent, T transforme les bornés de E en ensembles relativement compacts de E, puisque l'image d'un compact par une application continue est un compact.

Nous prenons une nouvelle fois $C = \{v \in H_0^1(\Omega);\ \|v\|_{H_0^1(\Omega)} \leq M\}$ avec toujours $M = C_\Omega \|f\|_{L^\infty(\mathbb{R})}(\text{mes}\,\Omega)^{1/2}$. Par le même calcul d'estimation que précédemment, nous avons donc $T(C) \subset C$. L'ensemble C est un convexe fermé de E. Il est de plus borné, donc d'après la remarque faite plus haut, $T(C)$ est relativement compact. Les hypothèses du théorème de Schauder, dans sa deuxième version, sont donc satisfaites. □

Remarque 2.10. i) Notons que si les ingrédients utilisés dans les deux démonstrations sont essentiellement les mêmes, l'ordre dans lequel on les utilise change.

ii) On a supposé que f est bornée. Si f n'est pas bornée, il peut exister des solutions, mais pas toujours. Donnons en un exemple. Soit $\lambda_1 > 0$ la première valeur propre de l'opérateur $-\Delta$ sur Ω avec condition de Dirichlet homogène au bord. Par la Proposition 1.12, on peut choisir une fonction propre associée $\phi_1 \in H_0^1(\Omega)$ de telle sorte que $\phi_1 > 0$ dans Ω. Considérons la fonction $f(t) = 1 + \lambda_1 t$. Alors $-\Delta u = f(u)$ n'a pas de solution u dans $H_0^1(\Omega)$. En effet, une telle solution devrait satisfaire en particulier

$$\int_\Omega \nabla u \cdot \nabla \phi_1\, dx = \int_\Omega \phi_1\, dx + \lambda_1 \int_\Omega u\phi_1\, dx.$$

D'un autre côté, comme ϕ_1 est une fonction propre associée à la valeur propre λ_1, on a aussi

$$\int_\Omega \nabla \phi_1 \cdot \nabla u\, dx = \lambda_1 \int_\Omega \phi_1 u\, dx.$$

Par conséquent, nous obtenons $\int_\Omega \phi_1\, dx = 0$, ce qui est impossible. □

Terminons ce chapitre sur un exemple d'unicité pour le problème modèle.

Théorème 2.16. *On suppose qu'en outre des hypothèses précédentes, f est décroissante. Alors la solution u du problème modèle est unique.*

Preuve. Soient u_1 et u_2 deux solutions. D'après le Théorème 2.15, elles satisfont donc :

$$\forall v_1 \in H_0^1(\Omega), \quad \int_\Omega \nabla u_1 \cdot \nabla v_1 \, dx = \int_\Omega f(u_1) v_1 \, dx,$$
$$\forall v_2 \in H_0^1(\Omega), \quad \int_\Omega \nabla u_2 \cdot \nabla v_2 \, dx = \int_\Omega f(u_2) v_2 \, dx,$$

Prenons $v_1 = u_1 - u_2$ et $v_2 = u_2 - u_1$ et additionnons les deux équations. Nous obtenons :

$$\int_\Omega |\nabla(u_1 - u_2)|^2 \, dx = \int_\Omega (f(u_1) - f(u_2))(u_1 - u_2) \, dx \leq 0,$$

puisque l'intégrande du membre de droite est négative à cause de la décroissance de f. Par conséquent, $u_1 = u_2$ par l'inégalité de Poincaré. □

Rappelons qu'en général, il n'y a aucune raison pour que l'unicité ait lieu.

2.4 Exercices du chapitre 2

1. Montrer le Théorème 2.13.

2. Montrer que tout convexe ouvert borné d'un espace de Banach est homéomorphe à la boule unité ouverte de cet espace. En déduire un théorème de point fixe analogue au Théorème 2.13 utilisant un tel convexe.

3. Soit E un espace de Banach et $T \colon E \to E$ une application continue et compacte telle qu'il existe $R > 0$ avec

$$\|x - T(x)\|_E^2 \geq \|T(x)\|_E^2 - \|x\|_E^2$$

pour tout x tel que $\|x\|_E \geq R$. Montrer que T admet un point fixe (*Indication : on pourra montrer que si* $0 \leq t < 1$, *l'application* tT *n'a pas de point fixe hors de la boule de rayon* R). En déduire que si T continue compacte est telle que $\|T(x)\|_E \leq a\|x\|_E + b$ avec $0 \leq a < 1$, alors T admet un point fixe.

4. Soit $d \geq 3$, Ω un ouvert borné de $\mathbb{R}^d$ et $f \colon \mathbb{R} \times \mathbb{R}^d \to \mathbb{R}$ une application continue et telle que

$$|f(s, \xi)| \leq a + b|s|^{\frac{d}{d-2}} + c\|\xi\|$$

avec $a, b, c \geq 0$.

4.1. Montrer que l'application $u \mapsto f(u, \nabla u)$ est bien définie et continue de $H_0^1(\Omega)$ dans $L^2(\Omega)$ munis de leur topologies fortes respectives (*Indication : utiliser les injections de Sobolev*).

4.2. On suppose maintenant que $b = c = 0$. Montrer que le problème : $u \in H_0^1(\Omega)$, $-\Delta u = f(u, \nabla u)$ admet au moins une solution (*Indication : on pourra montrer que l'opérateur* $(-\Delta)^{-1}$ *est compact de* $L^2(\Omega)$ *dans* $H_0^1(\Omega)$ *en montrant à l'aide de la formulation variationnelle que si* $g_n \rightharpoonup g$ *dans* $L^2(\Omega)$, *alors* $u_n = (-\Delta)^{-1} g_n \rightharpoonup (-\Delta)^{-1} g = u$ *dans* $H_0^1(\Omega)$ *et que* $\|\nabla u_n\|_{L^2} \to \|\nabla u\|_{L^2}$).

5. Soient V et H deux espaces de Hilbert tels que $V \hookrightarrow H$ avec injection continue et compacte. On se donne a une forme bilinéaire sur V continue et V-elliptique et $F: H \to V'$ une application continue telle qu'il existe $R > 0$ tel que $F(H) \subset B_{V'}(0, R)$. Montrer que le problème variationnel : trouver $u \in V$ tel que

$$\forall v \in V, \quad a(u, v) = \langle F(u), v \rangle,$$

admet au moins une solution.

6. En application de l'exercice précédent, soit Ω un ouvert borné de $\mathbb{R}^d$ et A une fonction de Ω à valeurs dans les matrices $d \times d$, dont les coefficients a_{ij} sont dans $L^\infty(\Omega)$ et telle qu'il existe $\alpha > 0$ avec

$$\sum_{i,j=1}^{d} a_{ij}(x)\xi_i\xi_j \geq \alpha\|\xi\|^2$$

pour tout $\xi \in \mathbb{R}^d$ et presque tout $x \in \Omega$. On se donne également $d + 1$ fonctions de $\mathbb{R}$ dans $\mathbb{R}$ notées f et g_i, $i = 1, \ldots, d$, continues et bornées.

Montrer que le problème aux limites

$$\begin{cases} -\operatorname{div}(A\nabla u) = f(u) + \displaystyle\sum_{i=1}^{d} \partial_i(g_i(u)) \text{ dans } \Omega, \\ u = 0 \text{ sur } \partial\Omega, \end{cases}$$

admet au moins une solution.

Chapitre 3
Les opérateurs de superposition

Nous avons rencontré au chapitre précédent dans l'étude du problème modèle, $-\Delta u = f(u)$, des opérateurs du type $u \mapsto f(u)$ où f est une application de $\mathbb{R}$ dans $\mathbb{R}$ et u appartient à un espace fonctionnel sur un ouvert de $\mathbb{R}^d$. Ce type d'opérateur est appelé *opérateur de superposition* ou *opérateur de Nemytsky*. Nous allons maintenant les étudier plus en détail dans différents contextes fonctionnels.

3.1 Les opérateurs de superposition dans $L^p(\Omega)$

Nous avons vu que sous des hypothèses techniques raisonnables, ces opérateurs envoient continûment $L^p(\Omega)$ fort dans $L^p(\Omega)$ fort par le théorème de Carathéodory. Ce résultat ne subsiste pas dans $L^p(\Omega)$ faible. On rappelle la notation $\tilde{f}$ pour désigner l'application $u \mapsto f \circ u$, notation que l'on n'utilisera d'ailleurs plus systématiquement à partir d'un certain point.

Proposition 3.1. *Soient Ω et f comme au théorème de Carathéodory. L'application $\tilde{f}$ est séquentiellement continue de $L^p(\Omega)$ faible dans $L^p(\Omega)$ faible pour $p < +\infty$ et de $L^\infty(\Omega)$ faible-étoile dans $L^\infty(\Omega)$ faible-étoile si et seulement si f est affine.*

Preuve. Soit Q un cube inclus dans Ω. Par un changement de coordonnées, nous pouvons toujours supposer que $Q =]0, 1[^d$. Soient a et b deux réels quelconques et θ un nombre compris entre 0 et 1. On définit une suite de fonctions de $L^2(\Omega)$ par

$$u_n(x) = \begin{cases} 0 & \text{si } x \notin Q, \\ v_n(x_1) & \text{sinon,} \end{cases}$$

avec

$$v_n(t) = \begin{cases} a & \text{si } \frac{[nt]}{n} \leq t \leq \frac{[nt]+\theta}{n}, \\ b & \text{si } \frac{[nt]+\theta}{n} < t < \frac{[nt]+1}{n}, \end{cases}$$

H. Le Dret, *Équations aux dérivées partielles elliptiques non linéaires*,
Mathématiques et Applications 72, DOI: 10.1007/978-3-642-36175-3_3,

où $[s]$ désigne la partie entière de s. Les restrictions au cube Q des éléments de la suite u_n prennent des valeurs qui oscillent entre a et b d'autant plus rapidement que n est grand. En effet, la fonction v_n vaut a sur les intervalles de la forme $[\frac{k}{n}, \frac{k+\theta}{n}]$ et b sur les intervalles de la forme $]\frac{k+\theta}{n}, \frac{k+1}{n}[$, $k \in \mathbb{Z}$. La suite $f \circ u_n$ a des propriétés analogues, en effet

$$f \circ u_n(x) = \begin{cases} f(0) & \text{si } x \notin Q, \\ w_n(x_1) & \text{sinon,} \end{cases}$$

où

$$w_n(t) = \begin{cases} f(a) & \text{si } \frac{[nt]}{n} \leq t \leq \frac{[nt]+\theta}{n}, \\ f(b) & \text{si } \frac{[nt]+\theta}{n} < t < \frac{[nt]+1}{n}. \end{cases}$$

Les suites u_n et $f \circ u_n$ sont bornées dans $L^p(\Omega)$. On peut donc extraire une sous-suite n' telles que chacune d'entre elles soit faiblement convergente (ou faiblement-étoile convergente dans le cas $p = +\infty$). Nous avons donc $u_{n'} \rightharpoonup u$ et $f \circ u_{n'} \rightharpoonup g$ (l'étoile est sous-entendue dans le cas $p = +\infty$), et il s'agit d'identifier u et g. Tout d'abord, il est clair que

$$u(x) = \begin{cases} 0 & \text{si } x \notin Q, \\ v(x_1) & \text{sinon,} \end{cases}$$

où v est la limite faible ou faible-étoile dans $L^p(0,1)$ de la suite $v_{n'}$ restreinte à $[0,1]$. En effet, l'espace des fonctions de x_1, nulles en dehors de Q, est un fermé de $L^p(\Omega)$ isométrique à $L^p(0,1)$. On se ramène donc de cette façon à la dimension 1. Considérons un sous-intervalle $[t_1, t_2]$ quelconque de $[0,1]$. Nous déduisons de la convergence faible ou faible-étoile de la suite v_n que

$$\int_{t_1}^{t_2} v_{n'}(t)\,dt \longrightarrow \int_{t_1}^{t_2} v(t)\,dt \text{ quand } n' \to +\infty.$$

Calculons directement la limite du terme de gauche en découpant l'intervalle en parties qui coïncident avec les oscillations de $v_{n'}$:

$$\int_{t_1}^{t_2} v_{n'}(t)\,dt = \int_{t_1}^{\frac{[n't_1]+1}{n'}} v_{n'}(t)\,dt + \sum_{k=[n't_1]+1}^{[n't_2]-1} \int_{\frac{k}{n'}}^{\frac{k+1}{n'}} v_{n'}(t)\,dt + \int_{\frac{[n't_2]-1}{n'}}^{t_2} v_{n'}(t)\,dt.$$

Par construction de v_n, on voit que

$$\int_{\frac{k}{n'}}^{\frac{k+1}{n'}} v_{n'}(t)\,dt = \frac{\theta a + (1-\theta)b}{n'}.$$

Par ailleurs, on majore facilement les deux intégrales des extrémités

$$\max\left\{\left|\int_{t_1}^{\frac{[n't_1]+1}{n'}} v_{n'}(t)\,dt\right|, \left|\int_{\frac{[n't_2]-1}{n'}}^{t_2} v_{n'}(t)\,dt\right|\right\} \leq \frac{\max\{|a|,|b|\}}{n'}.$$

Nous obtenons donc

$$\begin{aligned}\int_{t_1}^{t_2} v_{n'}(t)\,dt &= \frac{[n't_2]-[n't_1]-1}{n'}(\theta a+(1-\theta)b)\\ &\quad + \int_{t_1}^{\frac{[n't_1]+1}{n'}} v_{n'}(t)\,dt + \int_{\frac{[n't_2]-1}{n'}}^{t_2} v_{n'}(t)\,dt\\ &= \frac{[n't_2]-[n't_1]}{n'}(\theta a+(1-\theta)b)+r_{n'},\end{aligned}$$

où $|r_{n'}| \leq 3\frac{\max\{|a|,|b|\}}{n'}$. Il est facile de voir que $\frac{[n't_2]-[n't_1]}{n'} \to t_2-t_1$, ce qui montre que

$$\int_{t_1}^{t_2} v_{n'}(t)\,dt \longrightarrow (t_2-t_1)(\theta a+(1-\theta)b).$$

Il vient donc

$$\frac{1}{t_2-t_1}\int_{t_1}^{t_2} v(t)\,dt = \theta a+(1-\theta)b.$$

Faisant tendre t_2 vers t_1, on en déduit par le théorème des points de Lebesgue que v est égale presque partout à la fonction constante $t \mapsto \theta a+(1-\theta)b$.

Le même raisonnement appliqué à la suite $w_{n'}$ montre que

$$g(x) = \begin{cases} f(0) & \text{si } x \notin Q,\\ \theta f(a)+(1-\theta)f(b) & \text{sinon,}\end{cases}$$

Par conséquent, une condition nécessaire pour que $\tilde{f}$ soit séquentiellement continue (donc *a fortiori* continue) de $L^p(\Omega)$ faible dans $L^p(\Omega)$ faible (ou faible-étoile dans le cas $p=+\infty$), est que $\tilde{f}(u)=g$, c'est-à-dire, pour tous a, b et θ,

$$f(\theta a+(1-\theta)b) = \theta f(a)+(1-\theta)f(b).$$

En d'autres termes, f doit être affine. La réciproque est claire. □

Remarque 3.1. i) La preuve précédente montre en fait que ce ne sont pas seulement des sous-suites, mais toutes les suites considérées qui convergent.

ii) Nous avons utilisé la limite faible d'une suite de fonctions oscillant de façon périodique entre deux valeurs. C'est une idée qui, convenablement généralisée, trouve nombre d'autres applications. Notons que si $f \in L^\infty(\mathbb{R})$ est périodique de période T, alors on montre de façon entièrement analogue que la suite $f_n(t) = f(nt)$ converge dans $L^\infty(\mathbb{R})$ faible-étoile vers la moyenne de f, $\frac{1}{T}\int_0^T f(t)\,dt$.

iii) On voit sur cet exemple que la convergence faible se marie mal en général avec les applications non linéaires. Ce phénomène est une des causes qui rendent délicats les problème non linéaires. □

3.2 Les mesures de Young

Le lien entre convergence faible dans les espaces de Lebesgue et applications non linéaires peut être décrit plus finement par des objets que l'on appelle les *mesures de Young*, voir [60]. En effet, si l'on sait qu'en général $f(u_n)$ ne converge pas faiblement vers $f(u)$ quand u_n tend faiblement vers u, comme on vient de le voir, il reste à déterminer vers quoi tend $f(u_n)$ quand f n'est pas affine.[1] C'est l'objet du théorème suivant.

Théorème 3.1. *Soit Ω un ouvert de $\mathbb{R}^d$ et u_n une suite bornée dans $L^\infty(\Omega)$. Alors il existe une sous-suite $u_{n'}$ et pour presque tout $x \in \Omega$ une mesure de probabilité borélienne ν_x sur $\mathbb{R}$ telles que, pour tout $f \in C^0(\mathbb{R})$, on a*

$$f(u_{n'}) \overset{*}{\rightharpoonup} \bar{f} \text{ dans } L^\infty(\Omega), \tag{3.1}$$

où

$$\bar{f}(x) = \int_{\mathbb{R}} f(y)\,d\nu_x(y) \text{ p.p. dans } \Omega. \tag{3.2}$$

Preuve. On commence par extraire la sous-suite. Par hypothèse, on a $\|u_n\|_{L^\infty(\Omega)} \le M$ pour un certain M. Soit $(p_k)_{k\in\mathbb{N}}$ une famille dénombrable dense dans $C^0([-M,M])$ (il en existe une par le théorème de Weierstrass, par exemple les polynômes à coefficients rationnels). Pour chaque entier k, on a trivialement $\|p_k(u_n)\|_{L^\infty(\Omega)} \le \|p_k\|_{C^0([-M,M])}$, donc appliquant le procédé diagonal, on en déduit qu'il existe une suite extraite $u_{n'}$ et pour tout $k \in \mathbb{N}$ un certain $\bar{p}_k \in L^\infty(\Omega)$ tels que

$$\forall k \in \mathbb{N}, \quad p_k(u_{n'}) \overset{*}{\rightharpoonup} \bar{p}_k.$$

Pour passer à l'espace tout entier, on remarque que si $f \in C^0([-M,M])$, alors par le même argument que plus haut, il existe une sous-suite n'' de la suite n' telle que $f(u_{n''}) \overset{*}{\rightharpoonup} \bar{f}$ dans $L^\infty(\Omega)$ pour un certain $\bar{f}$. Montrons qu'en fait la suite $f(u_{n'})$ entière converge. Prenons $g \in L^1(\Omega)$, $\varepsilon > 0$ et choisissons un entier k de telle sorte que $\|f - p_k\|_{C^0([-M,M])} \le \frac{\varepsilon}{4\|g\|_{L^1(\Omega)}}$. Il vient

[1] Pour alléger la notation, on confond ici la fonction f et l'opérateur de superposition $\tilde{f}$.

$$\left|\int_\Omega (f(u_{n'}) - f(u_{m'}))g\,dx\right| \le \left|\int_\Omega (p_k(u_{n'}) - p_k(u_{m'}))g\,dx\right| + \frac{\varepsilon}{2},$$

d'où il suit que la suite $\int_\Omega f(u_{n'})g\,dx$ est de Cauchy dans $\mathbb{R}$. Comme elle contient une sous-suite qui converge vers $\int_\Omega \bar{f} g\,dx$, elle est convergente et l'on obtient bien les convergences (3.1).

Remarquons de plus que l'application $f \mapsto \bar{f}$ ainsi définie est linéaire continue (de norme inférieure à 1) de $C^0([-M, M])$ dans $L^\infty(\Omega)$. En effet,

$$\|\bar{f}\|_{L^\infty(\Omega)} = \sup_{\|g\|_{L^1(\Omega)}\le 1} \int_\Omega \bar{f} g\,dx = \sup_{\|g\|_{L^1(\Omega)}\le 1} \lim_{n'\to\infty} \int_\Omega f(u_{n'})g\,dx.$$

Or pour de tels g, on a

$$\int_\Omega f(u_{n'})g\,dx \le \|f(u_{n'})\|_{L^\infty(\Omega)} \le \|f\|_{C^0([-M,M])}.$$

(Une autre façon de voir ceci consiste à dire que $\|f(u_{n'})\|_{L^\infty(\Omega)} \le \|f\|_{C^0([-M,M])}$ et que comme $f(u_{n'}) \overset{*}{\rightharpoonup} \bar{f}$, on a $\|\bar{f}\|_{L^\infty(\Omega)} \le \liminf \|f(u_{n'})\|_{L^\infty(\Omega)}$.)

Montrons maintenant la formule de représentation (3.2). D'après le théorème des points de Lebesgue (voir Chapitre 1), pour chaque $k \in \mathbb{N}$, il existe un ensemble négligeable $N_k \subset \Omega$ tel que si $x \notin N_k$, on a

$$\frac{1}{\text{mes}\, B(x,\rho)} \int_{B(x,\rho)} \bar{p}_k(y)\,dy \to \bar{p}_k(x) \text{ quand } \rho \to 0.$$

Soit $V = \text{vect}\{(p_k)_{k\in\mathbb{N}}\}$, c'est un sous-espace vectoriel dense de $C^0([-M, M])$. Posons $N = \cup_{k\in\mathbb{N}} N_k$, c'est encore un ensemble négligeable. Comme tout élément q de V est par définition combinaison linéaire des p_k, la limite faible $\bar{q}$ qui lui correspond est la même combinaison linéaire des $\bar{p}_k$. Par conséquent, on voit que pour tout $x \notin N$ et tout $q \in V$, on a

$$\frac{1}{\text{mes}\, B(x,\rho)} \int_{B(x,\rho)} \bar{q}(y)\,dy \to \bar{q}(x) \text{quand } \rho \to 0.$$

Pour tout $x \notin N$, on introduit donc une forme linéaire ℓ_x sur V par

$$\ell_x(q) = \lim_{\rho\to 0}\Big(\frac{1}{\text{mes}\, B(x,\rho)} \int_{B(x,\rho)} \bar{q}(y)\,dy\Big).$$

Cette forme linéaire est continue sur V, en effet

$$\frac{1}{\text{mes}\, B(x,\rho)}\left|\int_{B(x,\rho)} \bar{q}(y)\,dy\right| \le \|\bar{q}\|_{L^\infty(\Omega)} \le \|q\|_{C^0([-M,M])},$$

donc en passant à la limite quand $\rho \to 0$,

$$|\ell_x(q)| \leq \|q\|_{C^0([-M,M])}.$$

Elle se prolonge donc par continuité en une unique forme linéaire continue sur $C^0([-M, M])$. Pour tout $f \in C^0([-M, M])$, on a défini ainsi presque partout dans Ω une application $x \mapsto \ell_x(f)$. Comme pour tout $q \in V$, on a $\bar{q} = \ell_x(q)$ presque partout par construction, on en déduit que

$$\bar{f} - \ell_x(f) = \bar{f} - \bar{q} + \bar{q} - \ell_x(q) + \ell_x(q - f),$$

d'où

$$\|\bar{f} - \ell_x(f)\|_{L^\infty(\Omega)} \leq 2\|f - q\|_{C^0([-M,M])}.$$

Par conséquent, $\bar{f} = \ell_x(f)$ presque partout pour tout f dans $C^0([-M, M])$, par densité de V.

Montrons maintenant que, pour tout $x \notin N$, la forme linéaire ℓ_x est positive. En effet, si $f \geq 0$, alors pour tout $p \in \mathbb{N}^*$, $f + \frac{1}{p} \geq \frac{1}{p}$, et on peut trouver $q_p \in V$ telle que $|f + \frac{1}{p} - q_p| \leq \frac{1}{2p}$ si bien que $q_p \geq 0$ et $q_p \to f$ dans $C^0([-M, M])$ quand $p \to +\infty$. Or on a $\bar{q}_p \geq 0$ comme limite faible-étoile d'une suite de fonctions positives. En effet, pour tout $g \in L^1(\Omega)$, $g \geq 0$, on a $0 \leq \int_\Omega q_p(u_{n'})g\,dx \to \int_\Omega \bar{q}_p g\,dx$. Par conséquent, $\ell_x(q_p) \geq 0$ par construction. Donc finalement, $0 \leq \lim_{p\to+\infty} \ell_x(q_p) = \ell_x(f)$.[2]

Le théorème de représentation de Riesz (voir par exemple [53]) nous dit alors que ℓ_x est représentée par une mesure de Radon positive ν_x sur $[-M, M]$, au sens où

$$\forall f \in C^0([-M, M]), \quad \ell_x(f) = \int_{-M}^{M} f(y)\,d\nu_x(y),$$

(on rappelle qu'une mesure de Radon est une mesure de Borel finie sur les compacts). Étendant ν_x par 0 en dehors de $[-M, M]$, on obtient finalement

$$\forall f \in C^0(\mathbb{R}), \quad \bar{f}(x) = \int_{\mathbb{R}} f(y)\,d\nu_x(y) \text{ p.p. dans } \Omega.$$

Pour conclure la démonstration, il suffit d'appliquer la formule précédente à $f = 1$, pour laquelle on a $\bar{f} = 1$, d'où $1 = \int_{\mathbb{R}} d\nu_x(y)$ et ν_x est bien une mesure de probabilité. □

La famille de mesures de probabilité ν_x paramétrée par les points x de l'ouvert Ω s'appelle la *famille des mesures de Young* associée à la sous-suite $u_{n'}$. On parle

---

[2] Remarque : on ne peut pas utiliser ici le fait que $\bar{f} = \ell_x(f)$ presque partout et que $\bar{f} \geq 0$ si $f \geq 0$ pour conclure ici, car ce « presque partout » dépend de f parcourant un ensemble non dénombrable.

d'ailleurs aussi de *mesure paramétrée*. Elle décrit la distribution asymptotique des valeurs que prennent les fonctions $u_{n'}$ et dépend de cette sous-suite. Dans l'exemple des fonctions u_n de la Proposition 3.1, il est clair que les mesures de Young ne dépendent pas de la sous-suite, ni de x (puisque toutes les limites faibles sont constantes) et que l'on a $\nu_x = \theta\delta_a + (1-\theta)\delta_b$. Pour avoir une mesure de Young qui dépend de x, il suffit de prendre par exemple $u_n + \sin x$, d'où $\nu_x = \theta\delta_{a+\sin x} + (1-\theta)\delta_{b+\sin x}$. Attention, en général même si la limite faible d'une suite est une fonction constante, la mesure de Young associée dépend quand même de x, comme par exemple pour $u_n(x) = \sin x \sin nx$.

Remarque 3.2. Prenant $f(y) = y$, on obtient en particulier que

$$u_{n'} \overset{*}{\rightharpoonup} u = \int_{\mathbb{R}} y \, d\nu_x(y) \text{ dans } L^\infty(\Omega), \tag{3.3}$$

donc les mesures de Young redonnent la limite faible-étoile de la suite $u_{n'}$ elle-même. Elles contiennent néanmoins beaucoup plus d'information sur le comportement asymptotique de la suite que sa seule limite faible-étoile, laquelle lisse les oscillations, *cf.* l'exemple $u_n(x) = \sin x \sin nx$ ci-dessus. □

Remarque 3.3. On peut se demander pourquoi on a pris le chemin détourné du théorème des points de Lebesgue plutôt que de poser directement $\ell_x(q) = \bar{q}(x)$. La raison en est une question de choix des représentants de $\bar{q} \in V$ qui assure en même temps la continuité et la positivité de ℓ_x.

On aurait pu aussi bien se restreindre au sous-espace vectoriel des éléments formés des combinaisons linéaires à coefficients rationnels des p_k. On peut alors éliminer un ensemble de mesure nulle, lequel est différent du précédent, en dehors duquel la définition ci-dessus de ℓ_x fonctionne comme plus haut sur cet autre sous-espace dense. □

Donnons maintenant quelques-unes des propriétés intéressantes des mesures de Young et quelques résultats que l'on peut en déduire.

Corollaire 3.1. *Si f est convexe, on a $f(u(x)) \leq \bar{f}(x)$ presque partout.*

Preuve. C'est l'inégalité de Jensen. En effet, pour presque tout x dans Ω

$$f(u(x)) = f\Big(\int_{\mathbb{R}} y \, d\nu_x(y)\Big) \leq \int_{\mathbb{R}} f(y) \, d\nu_x(y) = \bar{f}(x),$$

(voir par exemple [53] pour l'inégalité de Jensen). □

Ainsi, par exemple, on a $u^2 \leq \lim(u_{n'})^2$ presque partout. Un résultat important dans les applications des mesures de Young est la caractérisation de la convergence forte qu'elles permettent.

Proposition 3.2. *Soit Ω un ouvert borné de $\mathbb{R}^d$ et ν_x la mesure de Young associée à une suite $u_{n'}$ de $L^\infty(\Omega)$. Si ν_x est une masse de Dirac pour presque tout x, alors $u_{n'}$*

converge fortement vers u dans tous les L^p, $p < +\infty$, et (modulo une sous-suite) presque partout. Réciproquement, si u_n tend vers u fortement dans $L^p(\Omega)$, alors la mesure de Young est une masse de Dirac pour presque tout x.

Preuve. On commence par remarquer que si ν_x est une masse de Dirac, alors nécessairement $\nu_x = \delta_{u(x)}$ presque partout d'après la formule (3.3). Faisant le choix $f(y) = |y|^p$, il vient donc

$$|u_{n'}|^p \overset{*}{\rightharpoonup} \int_{\mathbb{R}} |y|^p \, d\nu_x(y) = |u(x)|^p \text{dans } L^\infty(\Omega),$$

d'où en intégrant sur Ω (qui est borné, donc $1 \in L^1(\Omega)$)

$$\|u_{n'}\|^p_{L^p(\Omega)} = \int_\Omega |u_{n'}|^p \, dx \to \int_\Omega |u|^p \, dx = \|u\|^p_{L^p(\Omega)},$$

et la convergence faible ajoutée à la convergence des normes implique la convergence forte dans $L^p(\Omega)$ pour tout $p > 1$, voir Proposition 1.9. On en déduit la convergence forte dans $L^1(\Omega)$ par l'inégalité de Hölder.

Réciproquement, supposons que $u_n \to u$ dans $L^p(\Omega)$ fort. Comme u_n est bornée dans $L^\infty(\Omega)$, par le théorème de Carathéodory, on sait que pour toute f continue, on a $f(u_n) \to f(u)$ dans $L^p(\Omega)$, donc a fortiori dans $L^\infty(\Omega)$ faible-étoile. Ceci implique qu'il y a unicité de la mesure de Young et que

$$f\Big(\int_{\mathbb{R}} y \, d\nu_x(y)\Big) = \int_{\mathbb{R}} f(y) \, d\nu_x(y).$$

Appliquons cette égalité à $f(y) = y^2$. Il vient

$$\Big(\int_{\mathbb{R}} y \, d\nu_x(y)\Big)^2 = \int_{\mathbb{R}} y^2 \, d\nu_x(y).$$

Or par l'inégalité de Cauchy-Schwarz, on a

$$\Big(\int_{\mathbb{R}} y \times 1 \, d\nu_x(y)\Big)^2 \leq \int_{\mathbb{R}} y^2 \, d\nu_x(y) \int_{\mathbb{R}} d\nu_x(y) = \int_{\mathbb{R}} y^2 \, d\nu_x(y).$$

Nous sommes donc dans un cas d'égalité de l'inégalité de Cauchy-Schwarz, ce qui implique que y et 1 sont colinéaires au sens de $L^2(\mathbb{R}, d\nu_x)$, c'est-à-dire que $y = \lambda_x$ pour une certaine constante λ_x, ν_x-presque partout sur $\mathbb{R}$. En d'autres termes, $\nu_x(\{y \neq \lambda_x\}) = \nu_x(\mathbb{R} \setminus \{\lambda_x\}) = 0$. Comme ν_x est positive, ceci implique que le support de ν_x est réduit à un point, la valeur λ_x en question, et comme ν_x est une probabilité, c'est la masse de Dirac δ_{λ_x}. On a évidemment $\lambda_x = u(x)$ presque partout dans Ω. □

Remarque 3.4. Par contraposition, si l'on a affaire à une suite qui converge faible-étoile, mais dont aucune sous-suite ne converge fortement ou presque partout, alors il existe un ensemble de mesure strictement positive dans Ω où les mesures de Young ne sont pas des masses de Dirac, et réciproquement. Les mesures de Young fournissent donc une information quantitative sur les oscillations d'une suite faiblement convergente. La mesure ν_x représente la répartition asymptotique des valeurs que prend la suite u_n au point x. □

On peut obtenir des informations supplémentaires sur la structure des mesures de Young à l'aide de choix particuliers de f. Ainsi, si par exemple il existe un fermé C de $\mathbb{R}$ tel que pour tout n, $u_n(x) \in C$ pour presque tout x, alors le support de la mesure ν_x est inclus dans C pour presque tout x (il suffit de considérer des fonctions f qui s'annulent sur C). On peut également, et c'est ce qui fait une des utilités des mesures de Young dans le cadre des EDP, déduire des restrictions sur la forme de ν_x d'EDP éventuellement satisfaites par u_n (par exemple que ce sont des masses de Dirac), voir [18,58]. Enfin, il existe des versions L^p, $W^{1,p}$, etc. des mesures de Young, au delà de la version L^∞ simple présentée ici, consulter par exemple [6,34,35].

3.3 Les opérateurs de superposition dans $W^{1,p}(\Omega)$

Les propriétés des opérateurs de superposition dans les espaces de Sobolev sont notablement différentes de leurs propriétés dans les espaces de Lebesgue.

Dans ce qui suit, Ω est un ouvert quelconque de $\mathbb{R}^d$, sans propriété spéciale de régularité, sauf mention du contraire. On commence par définir les ensembles de niveau d'une fonction localement intégrable. Dans le cas d'une fonction continue u, l'ensemble de niveau c est simplement défini par $u^{-1}(\{c\})$. La difficulté dans le cas L^1_{loc} est que l'on a affaire non pas à une seule fonction, mais à une classe d'équivalence de fonctions modulo l'égalité presque partout. On ne peut donc pas utiliser une définition utilisant une image réciproque, puisque celle-ci dépend du choix du représentant de la classe u. Il faut procéder de façon détournée.

Définition 3.1. Soit $u \in L^1_{\text{loc}}(\Omega)$ et $c \in \mathbb{R}$. On pose

$$E_c(u) = \Big\{x \in \Omega;\ \frac{1}{\text{mes}\, B(x,\rho)} \int_{B(x,\rho)} |u(y) - c|\, dy \to 0 \text{ quand } \rho \to 0\Big\}. \quad (3.4)$$

L'ensemble $E_c(u)$ étant défini à partir de quantités intégrales, il ne dépend que de la classe d'équivalence de u et non pas de tel ou tel représentant de cette classe. Plus précisément, on a le résultat suivant.

Proposition 3.3. *Soit u_1 est une fonction mesurable représentant la classe d'équivalence $u \in L^1_{\text{loc}}(\Omega)$, alors $u_1(x) = c$ presque partout sur $E_c(u)$ et $u_1(x) \neq c$ presque partout sur $\Omega \setminus E_c(u)$.*

Preuve. D'après le théorème des points de Lebesgue, il existe un ensemble négligeable $N \subset \Omega$ tel que si $x \notin N$, on a

$$\frac{1}{\operatorname{mes} B(x,\rho)} \int_{B(x,\rho)} |u_1(y) - c|\, dy \to |u_1(x) - c| \text{ quand } \rho \to 0.$$

On en déduit que si $x \in E_c(u) \setminus N$, on a $|u_1(x) - c| = 0$, alors que si $x \in [\Omega \setminus E_c(u)] \setminus N$, on a $|u_1(x) - c| \neq 0$. □

Remarque 3.5. L'ensemble $E_c(u)$ est donc un ensemble de niveau défini de façon raisonnable pour une fonction localement intégrable. Dans le cas où u est continue, c'est-à-dire quand il existe un représentant continu et que l'on choisit ce dernier, alors on vérifie aisément que $E_c(u) = u^{-1}(\{c\})$. □

Nous allons montrer simultanément deux résultats importants concernant les opérateurs de superposition dans $W^{1,p}(\Omega)$. Le premier d'entre eux est une propriété des fonctions de $W^{1,p}(\Omega)$.

Théorème 3.2. *Soit $u \in W^{1,p}(\Omega)$. Alors, pour tout $c \in \mathbb{R}$, $\nabla u = 0$ presque partout sur $E_c(u)$.*

Remarque 3.6. i) Notons tout d'abord que ce résultat peut sembler contradictoire, puisqu'il a l'air d'impliquer que ∇u est nul presque partout. Naturellement il n'en est rien car même si l'on avait $\Omega = \cup_{c\in\mathbb{R}} E_c(u)$, l'ensemble $\mathbb{R}$ *n'est pas dénombrable* et une mesure n'est que dénombrablement additive. La réunion non dénombrable d'ensembles de mesure nulle où ∇u ne s'annule pas, n'a aucune raison d'être de mesure nulle et est évidemment bien de mesure strictement positive en général.

De plus, si mes $E_c(u) = 0$, alors l'énoncé est correct, mais vide. Or il s'agit de la situation générique par rapport à c. Donnons en un exemple : soit $\Omega =]-2, 2[$ et $u(x) = x + 1$ si $-2 \leq x < -1$, $u(x) = 0$ si $-1 \leq x < 1$ et $u(x) = x - 1$ si $1 \leq x \leq 2$ (on choisit évidemment le représentant continu dans ce cas). On vérifie aisément que $u \in H^1(\Omega)$ avec $u'(x) = 1$ si $-2 < x < -1$ ou $1 < x < 2$, et $u'(x) = 0$ si $-1 < x < 1$. Donc, si $c \neq 0$, $E_c(u)$ est soit vide, soit réduit à un point, donc de mesure nulle, et $E_0(u) = [-1, 1]$, ensemble sur lequel u' est presque partout nul. Ceci est illustré sur la Figure 3.1.

ii) Il faut faire attention au fait que même pour une fonction de $W^{1,p}(\Omega)$, la définition des ensembles de niveau $E_c(u)$ ne va pas de soi. Ainsi, si en dimension d'espace 1, les fonctions de $W^{1,p}(\Omega)$ sont continues, dès que la dimension d'espace est supérieure à 2, il existe des fonctions de $W^{1,p}(\Omega)$ qui ne sont localement bornées nulle part. Dans ce cas, il n'est pas évident de choisir un représentant adéquat vis-à-vis des ensembles de niveau. Une définition ne faisant intervenir que la classe d'équivalence modulo l'égalité presque partout s'impose alors. □

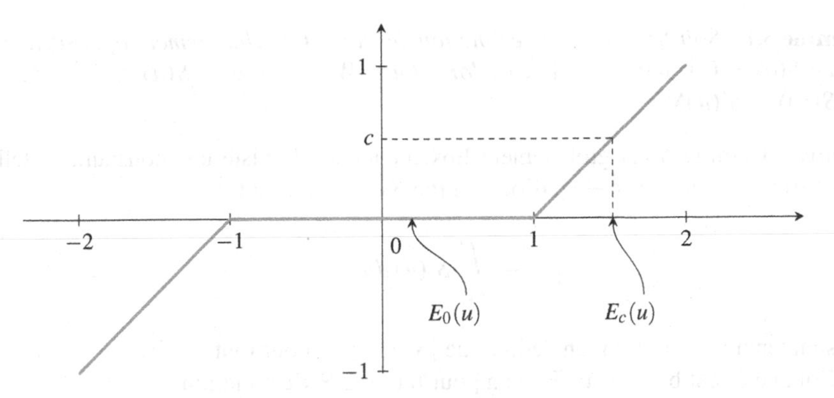

Fig. 3.1 Nullité presque partout du gradient sur les ensembles de niveau

Le deuxième résultat concerne les opérateurs de superposition proprement dits, mais n'est pas indépendant du premier. Il s'agit d'une version d'un théorème de Stampacchia, voir [56].

Théorème 3.3. *Soit T une fonction globalement lipschitzienne de $\mathbb{R}$ dans $\mathbb{R}$, de classe C^1 par morceaux et n'ayant qu'un nombre fini de points de non dérivabilité $c_1, c_2, \dots, c_k$. Si* mes $\Omega = +\infty$, *on suppose en outre que $T(0) = 0$. Alors pour tout $u \in W^{1,p}(\Omega)$,*

i) $T(u) \in W^{1,p}(\Omega)$,
ii) $\nabla(T(u)) = T'(u)\nabla u$ *sur* $\Omega \setminus \cup_{i=1}^k E_{c_i}(u)$ *et* $\nabla(T(u)) = 0$ *presque partout sur* $\cup_{i=1}^k E_{c_i}(u)$,

Remarque 3.7.
i) Dans la suite, à la place de la description du gradient fournie par le Théorème 3.3, nous écrirons plus rapidement $\nabla(T(u)) = T'(u)\nabla u$ presque partout, avec la convention que là où $T'(u)$ n'est pas défini, c'est-à-dire sur $\cup_{i=1}^k E_{c_i}(u)$, le produit vaut 0 puisque $\nabla u = 0$ presque partout cet ensemble.
ii) Si mes $\Omega = +\infty$ mais $T(0) \neq 0$, alors $T(u) \notin L^p(\Omega)$, mais on a néanmoins $T(u) \in L^p_{\text{loc}}(\Omega)$ et $\nabla(T(u)) \in L^p(\Omega; \mathbb{R}^d)$.
iii) Il n'est pas nécessaire de supposer que T soit de classe C^1 par morceaux avec un nombre fini de points de non dérivabilité. Le résultat subsiste encore pour T globalement lipschitzienne, *i.e.*, $T(u) \in W^{1,p}(\Omega)$, ce qui n'est pas très difficile à montrer en procédant par approximations comme dans la démonstration qui suit. Par contre, écrire une formule qui donne le gradient est plus délicat et nous ne le ferons pas ici. Il faut en particulier utiliser le fait que $\nabla u = 0$ presque partout sur l'image réciproque par u de tout ensemble de mesure nulle. □

Nous allons décomposer la démonstration de ces deux théorèmes en une série de lemmes procédant par approximations successives. On commence par traiter le cas où la fonction T est régulière.

Lemme 3.1. *Soit $S: \mathbb{R} \to \mathbb{R}$ une fonction de classe C^1, globalement lipschitzienne (avec $S(0) = 0$ si $\operatorname{mes}\Omega = +\infty$). Alors si $u \in W^{1,p}(\Omega)$, on a $S(u) \in W^{1,p}(\Omega)$ et $\nabla(S(u)) = S'(u)\nabla u$.*

Preuve. Comme S est globalement lipschitzienne, il existe une constante L telle que $|S(t) - S(s)| \leq L|t - s|$, d'où comme S est de classe C^1,

$$\left|\frac{1}{t-s}\int_s^t S'(u)\,du\right| \leq L.$$

Faisant tendre s vers t, on en déduit que $|S'(t)| \leq L$ pour tout $t \in \mathbb{R}$.

Comme S' est bornée sur $\mathbb{R}$, on a pour tout $t \in \mathbb{R}$ l'estimation

$$|S(t)| = \left|S(0) + \int_0^t S'(u)\,du\right| \leq |S(0)| + \|S'\|_{L^\infty(\mathbb{R})}|t|.$$

On commence par le cas $p < +\infty$. Considérons une fonction $\phi \in C^\infty(\Omega) \cap W^{1,p}(\Omega)$. Par le théorème de dérivation des fonctions composées, $S(\phi) \in C^1(\Omega)$ et $\nabla(S(\phi)) = S'(\phi)\nabla\phi$. De plus

$$\int_\Omega |S(\phi)|^p\,dx \leq 2^{p-1}\big(S(0)^p \operatorname{mes}\Omega + \|S'\|^p_{L^\infty(\mathbb{R})}\|\phi\|^p_{L^p(\Omega)}\big) < +\infty,$$

d'une part d'après l'estimation que nous venons de noter, et

$$\int_\Omega |\nabla(S(\phi))|^p\,dx \leq \|S'\|^p_{L^\infty(\mathbb{R})}\|\nabla\phi\|^p_{L^p(\Omega)} < +\infty,$$

d'autre part. Par conséquent, nous avons aussi $S(\phi) \in W^{1,p}(\Omega)$.

Soit maintenant $u \in W^{1,p}(\Omega)$. Par le théorème de Meyers-Serrin, *cf.* Chapitre 1, il existe une suite $\phi_n \in C^\infty(\Omega) \cap W^{1,p}(\Omega)$ telle que $\phi_n \to u$ dans $W^{1,p}(\Omega)$. En extrayant une sous-suite, nous pouvons aussi bien supposer que $\phi_n \to u$ presque partout dans Ω. Par conséquent, comme S est de classe C^1, $S'(\phi_n) \to S'(u)$ presque partout. De plus, il est clair que $S'(u)\nabla u \in L^p(\Omega)$ et que $S(u) \in L^p(\Omega)$.

Comme la fonction S est globalement lipschitzienne, nous voyons comme plus haut que $|S(\phi_n(x)) - S(u(x))| \leq \|S'\|_{L^\infty(\mathbb{R})}|\phi_n(x) - u(x)|$. Intégrant la puissance p-ème de cette inégalité sur Ω, il vient,

$$\|S(\phi_n) - S(u)\|_{L^p(\Omega)} \leq \|S'\|_{L^\infty(\mathbb{R})}\|\phi_n - u\|_{L^p(\Omega)} \longrightarrow 0 \text{ quand } n \to +\infty,$$

(on pouvait aussi faire appel ici au théorème de Carathéodory).

D'autre part, par l'inégalité triangulaire,

$$\begin{aligned}\|\nabla(S(\phi_n)) - S'(u)\nabla u\|_{L^p(\Omega)} \leq \|S'(\phi_n)(\nabla\phi_n - \nabla u)\|_{L^p(\Omega)} \\ + \|(S'(\phi_n) - S'(u))\nabla u\|_{L^p(\Omega)}.\end{aligned} \tag{3.5}$$

Pour le premier terme du membre de droite, nous avons clairement

$$\|S'(\phi_n)(\nabla\phi_n - \nabla u)\|_{L^p(\Omega)} \leq \|S'\|_{L^\infty(\mathbb{R})}\|\nabla\phi_n - \nabla u\|_{L^p(\Omega)} \longrightarrow 0 \text{ quand } n \to +\infty.$$

Pour le second terme du membre de droite de l'estimation (3.5), on note que

$$\begin{cases} |S'(\phi_n) - S'(u)|^p|\nabla u|^p \to 0 \text{ presque partout,} \\ |S'(\phi_n) - S'(u)|^p|\nabla u|^p \leq 2^p\|S'\|^p_{L^\infty(\mathbb{R})}|\nabla u|^p \in L^1(\Omega). \end{cases}$$

Par conséquent, le théorème de convergence dominée de Lebesgue implique que

$$\|(S'(\phi_n) - S'(u))\nabla u\|_{L^p(\Omega;\mathbb{R}^d)} \longrightarrow 0 \text{ quand } n \to +\infty.$$

Reportant cette convergence dans l'inégalité (3.5), nous obtenons que la suite $\nabla(S(\phi_n))$ converge dans $L^p(\Omega;\mathbb{R}^d)$ vers $S'(u)\nabla u$.

Comme nous avons déjà établi que $S(\phi_n) \to S(u)$ dans $L^p(\Omega)$, nous en déduisons que la suite $S(\phi_n)$ converge dans $W^{1,p}(\Omega)$. Par conséquent, sa limite dans $L^p(\Omega)$, $S(u)$, appartient à $W^{1,p}(\Omega)$ et $\nabla(S(u)) = S'(u)\nabla u$.

Considérons pour finir le cas $p = +\infty$. Soit donc $u \in W^{1,\infty}(\Omega)$. Clairement, $S(u) \in L^\infty(\Omega)$. Par ailleurs, $u \in H^1_{\text{loc}}(\Omega)$, donc d'après ce qui précède, le gradient de $S(u)$ au sens des distributions est donné par $\nabla(S(u)) = S'(u)\nabla u$. Or on a $S'(u)\nabla u \in L^\infty(\Omega;\mathbb{R}^d)$, donc finalement $S(u) \in W^{1,\infty}(\Omega)$. □

Nous considérons maintenant le cas où T est affine par morceaux avec un seul point c de non dérivabilité. Soit donc $T \in C^0(\mathbb{R})$ telle que

$$T'(t) = \begin{cases} a & \text{si } t < c, \\ b & \text{si } t > c. \end{cases}$$

avec $T(0) = 0$ si mes $\Omega = +\infty$. On introduit les fonctions auxiliaires

$$\gamma_-(t) = \begin{cases} a & \text{si } t \leq c, \\ b & \text{si } t > c, \end{cases} \quad \gamma_+(t) = \begin{cases} a & \text{si } t < c, \\ b & \text{si } t \geq c. \end{cases}$$

Lemme 3.2. *On a $T(u) \in W^{1,p}(\Omega)$ et $\nabla(T(u)) = \gamma_-(u)\nabla u$ presque partout.*

Remarque 3.8. Notons que la formule qui donne le gradient de $T(u)$ est définie sans ambiguïté, puisque γ_- est définie sur $\mathbb{R}$ tout entier. □

Preuve. L'idée est de régulariser T pour se ramener au Lemme 3.1. Pour cela, on pose pour tout $\varepsilon > 0$,

$$\gamma_-^\varepsilon(t) = \begin{cases} a & \text{si } t \le c, \\ a + \frac{b-a}{\varepsilon}(t-c) & \text{si } c \le t \le c+\varepsilon, \\ b & \text{si } t \ge c+\varepsilon. \end{cases}$$

La fonction γ_-^ε est continue et $\gamma_-^\varepsilon \to \gamma_-$ simplement quand $\varepsilon \to 0$, voir Figure 3.2.
On pose alors

$$S_-^\varepsilon(t) = \int_0^t \gamma_-^\varepsilon(s)\,ds + T(0).$$

Il est facile de voir que S_-^ε est de classe C^1 et globalement lipschitzienne, que $S(0) = 0$ si $T(0) = 0$ et que

$$\forall t \in \mathbb{R}, \quad |S_-^\varepsilon(t) - T(t)| \le \varepsilon \frac{|b-a|}{2},$$

c'est-à-dire que S_-^ε tend uniformément vers T quand $\varepsilon \to 0$. Par conséquent,

$$\begin{cases} S_-^\varepsilon(u) \to T(u) \text{ partout et} \\ |S_-^\varepsilon(u)| \le \max(|a|, |b|)|u| + |T(0)| \in L^p(\Omega), \end{cases}$$

donc le théorème de convergence dominée de Lebesgue implique que

$$\|S_-^\varepsilon(u) - T(u)\|_{L^p(\Omega)} \longrightarrow 0 \text{ quand } \varepsilon \to 0.$$

De même,

$$\begin{cases} (\gamma_-^\varepsilon(u) - \gamma_-(u))\nabla u \to 0 \text{ partout et} \\ |(\gamma_-^\varepsilon(u) - \gamma_-(u))\nabla u| \le 2\max(|a|, |b|)|\nabla u| \in L^p(\Omega), \end{cases}$$

et le théorème de convergence dominée de Lebesgue donne encore

$$\|\nabla(S_-^\varepsilon(u)) - \gamma_-(u)\nabla u\|_{L^p(\Omega)} \longrightarrow 0 \text{ quand } \varepsilon \to 0,$$

ce qui montre le lemme pour $p < +\infty$. On traite le cas $p = +\infty$ comme au lemme précédent. □

Nous pouvons maintenant établir le Théorème 3.2 ainsi que le point (ii) du Théorème 3.3 dans le cas du Lemme 3.2.

Lemme 3.3. *Soit $u \in W^{1,p}(\Omega)$. On a $\nabla u = \nabla T(u) = 0$ presque partout sur $E_c(u)$ et $\nabla(T(u)) = T'(u)\nabla u$ presque partout sur $\Omega \setminus E_c(u)$.*

Preuve. Reprenant la démonstration précédente avec γ_+, nous obtenons de même $\nabla(T(u)) = \gamma_+(u)\nabla u$. Par conséquent,

$$[\gamma_+(u) - \gamma_-(u)]\nabla u = 0 \text{ presque partout dans } \Omega.$$

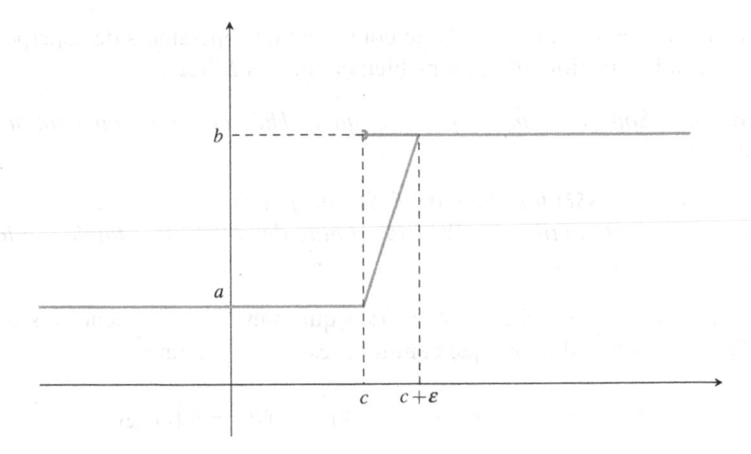

Fig. 3.2 Les fonctions γ_-^ε et γ_-

Comme $\gamma_+(u)-\gamma_-(u) = b-a \neq 0$ presque partout sur $E_c(u)$ par la Proposition 3.3, on obtient que $\nabla u = 0$ presque partout sur $E_c(u)$. Appliquant le même résultat à $T(u)$ en remarquant que $E_c(u) \subset E_{T(c)}(T(u))$, ce qui découle directement de la définition (3.1) des ensembles de niveau et du fait que T est lipschitzienne, on obtient également $\nabla T(u) = 0$ presque partout sur $E_c(u)$. Enfin, comme $\gamma_+(u) = \gamma_-(u) = T'(u)$ presque partout sur $\Omega \setminus E_c(u)$, on obtient le lemme. □

Pour conclure la démonstration du Théorème 3.3, on montre le lemme suivant.

Lemme 3.4. *Soit T une fonction globalement lipschitzienne de $\mathbb{R}$ dans $\mathbb{R}$, de classe C^1 par morceaux et n'ayant qu'un nombre fini de points de non dérivabilité $c_1 < c_2 < \cdots < c_k$. Alors, il existe S de classe C^1 et des fonctions T_i affines par morceaux, de classe C^1 sauf en c_i, telles que*

$$T = S + \sum_{i=1}^{k} T_i.$$

Preuve. Supposons $c_1 \geq 0$. Soit $\gamma_1 = \lim_{t\to c_1^-} T'(t) - \lim_{t\to c_1^+} T'(t)$ et posons $T_1(t) = \gamma_1(t-c_1)_+$. La fonction $T - T_1$ est alors de classe C^1 en c_1 et a donc un point de non dérivabilité de moins que T. Elle s'annule en 0 si $T(0) = 0$. On réitère la construction en chacun des c_i jusqu'à les avoir tous éliminés, ce qui définit S. Si $c_1 < 0$, on pose plutôt $T_1(t) = \gamma_1(t-c_1)_-$ et ainsi de suite. □

Fin de la preuve du Théorème 3.3. Soit u appartenant à $W^{1,p}(\Omega)$. On a donc $T(u) = S(u) + \sum_{i=1}^{k} T_i(u)$. D'après le Lemme 3.1, $S(u) \in W^{1,p}(\Omega)$ et d'après le Lemme 3.2, $T_i(u) \in W^{1,p}(\Omega)$ également. Par conséquent, $T(u) \in W^{1,p}(\Omega)$. Enfin, les Lemmes 3.1, 3.2 et 3.3 montrent que la formule (ii) donnant le gradient de $T(u)$ est correcte. □

En ce qui concerne les propriétés de continuité des opérateurs de superposition dans $W^{1,p}(\Omega)$, la situation diffère sensiblement du cas $L^p(\Omega)$.

Théorème 3.4. *Sous les mêmes hypothèses qu'au Théorème 3.3, l'application* $u \mapsto T(u)$ *est*

i) continue de $W^{1,p}(\Omega)$ *fort dans* $W^{1,p}(\Omega)$ *fort pour tout* $p < +\infty$,
ii) séquentiellement continue de $W^{1,p}(\Omega)$ *faible dans* $W^{1,p}(\Omega)$ *faible (ou faible-étoile quand* $p = +\infty$*).*

Preuve. (i) Soit u_n une suite de $W^{1,p}((\Omega)$ qui converge fortement vers u dans $W^{1,p}((\Omega)$. Notons tout d'abord que comme T est lipschitzienne,

$$\|T(u_n) - T(u)\|_{L^p(\Omega)} \le \|T'\|_{L^\infty(\mathbb{R})}\|u_n - u\|_{L^p(\Omega)}.$$

Donc $T(u_n) \to T(u)$ dans $L^p(\Omega)$ fort (ce qui découle aussi du théorème de Carathéodory).

Pour ce qui concerne les gradients, on commence par extraire une sous-suite arbitraire $u_{n'}$. De cette sous-suite, on extrait une autre sous-suite $u_{n''}$ qui converge presque partout. Soit $\gamma_{-,i}$ la fonction associée comme au Lemme 3.2 à T_i' du lemme précédent. On pose $\Gamma_- = S' + \sum_{i=1}^k \gamma_{-,i}$, d'où clairement, $\nabla(T(u)) = \Gamma_-(u)\nabla u$, formule qui est définie sans ambiguité, car $\Gamma_-(u)$ l'est aussi. Les produits de la forme $\Gamma_-(u)\nabla v$ sont également bien définis.

On a alors

$$\begin{aligned}\|\nabla(T(u_{n''})) - \nabla(T(u))\|_{L^p(\Omega)} \le \|&\Gamma_-(u_{n''})(\nabla u_{n''} - \nabla u)\|_{L^p(\Omega)} \\ &+ \|(\Gamma_-(u_{n''}) - \Gamma_-(u))\nabla u\|_{L^p(\Omega)}.\end{aligned}$$

Il est clair que

$$\|\Gamma_-(u_{n''})(\nabla u_{n''} - \nabla u)\|_{L^p(\Omega)} \le \|T'\|_{L^\infty(\mathbb{R})}\|\nabla u_{n''} - \nabla u\|_{L^p(\Omega)} \longrightarrow 0.$$

Pour l'autre terme, on remarque que

$$\|(\Gamma_-(u_{n''}) - \Gamma_-(u))\nabla u\|^p_{L^p(\Omega)} = \int_{\Omega\setminus\cup_{i=1}^k E_{c_i}(u)} |\Gamma_-(u_{n''}) - \Gamma_-(u)|^p|\nabla u|^p\,dx$$

puisque $\nabla u = 0$ presque partout sur $\cup_{i=1}^k E_{c_i}(u)$. Comme la fonction Γ_- est continue sur $\mathbb{R} \setminus \cup_{i=1}^k c_i$, on voit donc que

$$\begin{cases}(\Gamma_-(u_{n''}) - \Gamma_-(u))\nabla u \to 0 \text{ partout sur } \Omega \setminus \cup_{i=1}^k E_{c_i}(u) \text{ et} \\ |(\Gamma_-(u_{n''}) - \Gamma_-(u))\nabla u| \le 2\|T'\|_{L^\infty(\mathbb{R})}|\nabla u| \in L^p(\Omega \setminus \cup_{i=1}^k E_{c_i}(u)),\end{cases}$$

et le théorème de convergence dominée de Lebesgue implique que

$$\|(\Gamma_-(u_{n''}) - \Gamma_-(u))\nabla u\|_{L^p(\Omega)} \longrightarrow 0 \text{ quand } n'' \to +\infty.$$

Par conséquent, $T(u_{n''}) \to T(u)$ dans $W^{1,p}(\Omega)$ fort. L'unicité de la limite des suites extraites implique alors que c'est la suite entière qui converge.

(ii) Soit maintenant u_n une suite de $W^{1,p}(\Omega)$ qui converge faiblement vers u dans $W^{1,p}(\Omega)$ (les étoiles sont sous-entendues dans le cas $p = +\infty$). Par le théorème de Rellich, $u_n \to u$ dans $L^p_{\text{loc}}(\Omega)$ fort (on a besoin du « loc » ici, car on ne fait aucune hypothèse de régularité sur Ω). Donc, comme précédemment, $T(u_n) \to T(u)$ dans $L^p_{\text{loc}}(\Omega)$ fort, y compris pour $p = +\infty$. Par ailleurs, il découle du Théorème 3.3 que l'on a une estimation de la forme

$$\|T(u_n)\|_{W^{1,p}(\Omega)} \leq C(\|u_n\|_{W^{1,p}(\Omega)} + |T(0)|).$$

Par conséquent, de toute sous-suite $u_{n'}$ on peut extraire une sous-suite $u_{n''}$ telle que $T(u_{n''}) \rightharpoonup v$ dans $W^{1,p}(\Omega)$ faible pour un certain v, donc dans $L^p_{\text{loc}}(\Omega)$ fort. Par conséquent, $v = T(u)$ et l'on conclut une fois encore par unicité de la limite des sous-suites. □

Remarque 3.9. Le point (i) du théorème est faux pour $p = +\infty$. Pour construire un contre-exemple, il suffit de considérer la suite $u_n(x) = \left(x - \frac{1}{n}\right)$ et l'application $T(t) = t_+$ et constater la non-continuité dans $W^{1,\infty}(]-1, 1[)$. □

Corollaire 3.2. *Sous les hypothèses précédentes, si de plus $T(0) = 0$, alors $u \in W_0^{1,p}(\Omega)$ entraîne $T(u) \in W_0^{1,p}(\Omega)$.*

Preuve. Si $u \in W_0^{1,p}(\Omega)$ alors il existe une suite $\varphi_n \in \mathcal{D}(\Omega)$ telle que $\varphi_n \to u$ dans $W^{1,p}(\Omega)$ fort. Comme $T(0) = 0$ et φ_n est à support compact dans Ω, $T(\varphi_n)$ est dans $W^{1,p}(\Omega)$ et à support compact. On en déduit immédiatement, par convolution par un noyau régularisant, que $T(\varphi_n) \in W_0^{1,p}(\Omega)$, ce qui implique que $T(u) \in W_0^{1,p}(\Omega)$, puisque $T(\varphi_n) \to T(u)$ dans $W^{1,p}(\Omega)$ et que $W_0^{1,p}(\Omega)$ est fermé. Pour le cas $p = +\infty$, on peut utiliser la convergence faible-étoile, ou bien utiliser le résultat pour $p > d$ en conjonction avec les injections de Sobolev. □

Ainsi, par exemple, pour tout $u \in H_0^1(\Omega)$ et $k \geq 0$, $(u - k)_+ \in H_0^1(\Omega)$.

Nous terminons cette section par l'étude de quelques opérateurs de superposition particuliers. Mentionnons tout d'abord quelques relations simples mais fort utiles concernant les parties positives et négatives. En premier lieu, si $u \in L^p(\Omega)$, on a

$$u = u_+ - u_-,\ |u| = u_+ + u_-,\ u_+ = \mathbf{1}_{u>0}u = \mathbf{1}_{u\geq 0}u,\ u_- = -\mathbf{1}_{u<0}u = -\mathbf{1}_{u\leq 0}u,$$

où $\mathbf{1}_{u>0}$ est une notation rapide pour désigner la fonction caractéristique de l'ensemble des x tels que $u(x) > 0$, et ainsi de suite. Si $u \in W^{1,p}(\Omega)$, on a en outre

$$\nabla u = \nabla u_+ - \nabla u_-,\ \nabla|u| = \nabla u_+ + \nabla u_-,\ \nabla u_+ = \mathbf{1}_{u>0}\nabla u = \mathbf{1}_{u\geq 0}\nabla u,$$

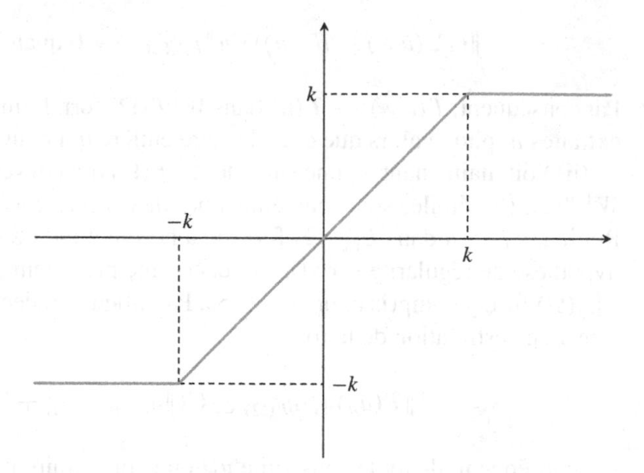

Fig. 3.3 La troncature à hauteur k

et l'analogue pour u_-. Notons enfin que $|\nabla u_+|.|\nabla u_-| = 0$ presque partout.

Un autre opérateur également fort utile est la *troncature à hauteur k*, Figure 3.3. Elle est définie pour $k > 0$ comme l'opérateur de superposition associé à la fonction

$$T_k(t) = \begin{cases} t & \text{si } |t| \le k, \\ k\frac{t}{|t|} & \text{si } |t| > k. \end{cases}$$

La troncature à hauteur k est une approximation de l'identité dans divers espaces.

Théorème 3.5. *Si $u \in L^p(\Omega)$, alors $T_k(u) \to u$ dans $L^p(\Omega)$ fort quand $k \to +\infty$. Si $u \in W^{1,p}(\Omega)$, alors $T_k(u) \to u$ dans $W^{1,p}(\Omega)$ fort.*

Preuve. Commençons par le cas L^p, $p < +\infty$. Nous avons

$$\begin{aligned} \|u - T_k(u)\|^p_{L^p(\Omega)} &= \int_{\{u<-k\}} |u+k|^p\,dx + \int_{\{u>k\}} |u-k|^p\,dx \\ &\le \int_{\{u<-k\}} |u|^p\,dx + \int_{\{u>k\}} |u|^p\,dx \\ &= \int_\Omega |u|^p \mathbf{1}_{|u|>k}\,dx \longrightarrow 0 \end{aligned}$$

quand $k \to +\infty$ par convergence monotone. Pour ce qui concerne les gradients, si u est dans $H^1(\Omega)$, on a de façon similaire

$$\|\nabla u - \nabla(T_k(u))\|^p_{L^p(\Omega)} = \int_\Omega |1 - T_k'(u)|^p |\nabla u|^p\,dx = \int_\Omega |\nabla u|^p \mathbf{1}_{|u|>k}\,dx \longrightarrow 0,$$

quand $k \to +\infty$.

Enfin, quand $p = +\infty$, $T_k(u) = u$ dès que $k \ge \|u\|_{L^\infty(\Omega)}$. □

Remarque 3.10. i) Dans tous les cas, on a $T_k(u) \in L^\infty(\Omega)$ et $\|T_k(u)\|_{L^\infty(\Omega)} \le k$.
ii) Si $u \in W_0^{1,p}(\Omega)$ alors $T_k(u) \in W_0^{1,p}(\Omega)$ puisque $T_k(0) = 0$. □

Concluons cette étude générale par quelques remarques.

Remarque 3.11. i) Les opérateurs de Nemytsky n'opèrent pas en général sur les espaces de Sobolev d'ordre supérieur à 1. Ainsi, par exemple, si $u \in H^2(\Omega)$, on n'a pas nécessairement $u_+ \in H^2(\Omega)$. Il est immédiat de le vérifier en dimension 1, puisqu'alors $H^2(\Omega) \subset C^1(\overline{\Omega})$. Toutefois, le problème n'est pas seulement lié à un défaut de régularité de la fonction T. Ainsi, même si T est de classe C^∞ avec T' et T'' bornées, et $u \in C^\infty(\Omega) \cap H^2(\Omega)$, on n'a pas nécessairement $T(u) \in H^2(\Omega)$.

En effet, dans ce cas, on a par dérivation des fonctions composées classique $\partial_i(T(u)) = T'(u)\partial_i u$ et $\partial_{ij}(T(u)) = T''(u)\partial_i u \partial_j u + T'(u)\partial_{ij} u$. Le second terme dans l'expression des dérivées secondes appartient bien à $L^2(\Omega)$. Par contre pour le premier terme, en général $\partial_i u \partial_j u \notin L^2(\Omega)$ (sauf si $d \leq 4$ par les injections de Sobolev). Mentionnons un résultat plus général dans cette direction, si T est C^∞, alors pour s réel, si $u \in W^{s,p}(\Omega)$ on a $T(u) \in W^{s,p}(\Omega)$ dès que $s - \frac{d}{p} > 0$, voir par exemple [43].

ii) Le cas vectoriel est comparable au cas scalaire. Si $T : \mathbb{R}^m \to \mathbb{R}$ est globalement lipschitzienne, alors pour tout $u \in W^{1,p}(\Omega; \mathbb{R}^m)$, $T(u) \in W^{1,p}(\Omega)$. Par contre, la formule qui donne le gradient de la fonction composée n'est plus valable telle quelle, car $DT(u)\nabla u$ n'a pas de sens en général. Par exemple, pour $m = 2$, considérons $T(u_1, u_2) = \max(u_1, u_2)$. Si $u \in H^1(\Omega; \mathbb{R}^2)$ est de la forme $u = (v, v)$ avec $v \in H^1(\Omega)$, alors $DT(u)$ n'est défini nulle part sur Ω alors que ∇u n'est pas nul presque partout sur Ω et l'on est bien en peine de définir raisonnablement un produit de la forme $DT(u)\nabla u$ dans ce cas. Il existe cependant des formules plus compliquées pour décrire ce gradient. □

3.4 Opérateurs de superposition et trace au bord

Dans le cas d'un ouvert régulier, comme les traces des fonctions de $W^{1,p}(\Omega)$ sont des fonctions de $L^p(\partial\Omega)$, on peut également leur appliquer des opérateurs de superposition. Une question naturelle est de savoir si ces opérateurs commutent avec l'application trace.

Théorème 3.6. *Soit Ω un ouvert lipschitzien et T comme au Théorème 3.3. Pour tout $u \in W^{1,p}(\Omega)$, $\gamma_0(T(u)) = T(\gamma_0(u))$.*

Preuve. Le cas $p = +\infty$ est évident, puisque l'on a affaire à des fonctions continues. On se place dans le cas $p < +\infty$. Notons d'abord que si $u \in W^{1,p}(\Omega)$, alors $T(u) \in W^{1,p}(\Omega)$ et donc $\gamma_0(T(u))$ a bien un sens. Soit une suite $u_n \in C^1(\overline{\Omega})$ telle que $u_n \to u$ dans $W^{1,p}(\Omega)$ fort. Par définition de la trace, $u_{n|\partial\Omega} = \gamma_0(u_n) \to \gamma_0(u)$ dans $L^p(\partial\Omega)$ fort. Comme les opérateurs de superposition sont continus sur $L^p(\partial\Omega)$ fort (même démonstration que le théorème de Carathéodory), on en déduit que

$$T(\gamma_0(u_n)) \longrightarrow T(\gamma_0(u)) \quad \text{dans } L^p(\partial\Omega) \text{ fort.}$$

D'un autre côté, comme les opérateurs de superposition sont continus sur $W^{1,p}(\Omega)$ fort, nous avons aussi $T(u_n) \to T(u)$ dans $W^{1,p}(\Omega)$ fort. La continuité de l'application trace implique donc que

$$\gamma_0(T(u_n)) \longrightarrow \gamma_0(T(u)) \text{ dans } L^p(\partial\Omega) \text{ fort.}$$

Nous ne pouvons pas conclure directement, car $T(u_n)$ n'est pas a priori C^1 sur $\overline{\Omega}$. Néanmoins, $T(u_n) \in C^0(\overline{\Omega})$. Or pour toute fonction $v \in W^{1,p}(\Omega) \cap C^0(\overline{\Omega})$, on a aussi $\gamma_0(v) = v_{|\partial\Omega}$. En effet, on peut construire une suite v_n de fonctions de $C^1(\overline{\Omega})$ par prolongement de v à un ouvert contenant $\overline{\Omega}$, puis convolution par une suite régularisante, laquelle converge vers v à la fois dans $W^{1,p}(\Omega)$ et dans $C^0(\overline{\Omega})$, à cause des propriétés standard de la convolution par des noyaux régularisants. Pour cette suite, $\gamma_0(v_n) \to \gamma_0(v)$ dans $L^p(\partial\Omega)$ et $v_{n|\partial\Omega} \to v_{|\partial\Omega}$ dans $C^0(\partial\Omega)$. Appliquant cette remarque à $T(u_n)$, nous en déduisons que $\gamma_0(T(u_n)) = T(u_n)_{|\partial\Omega} = T(\gamma_0(u_n))$, d'où le théorème. □

Remarque 3.12. Un cas particulier intéressant est le fait que $\gamma_0(u_+) = (\gamma_0(u))_+$. De même, on retrouve que si $k \geq 0$ et $u \in H_0^1(\Omega)$, alors $(u-k)_+ \in H_0^1(\Omega)$. En effet, dans ce cas $\gamma_0((u-k)_+) = (\gamma_0(u-k))_+ = (-k)_+ = 0$. □

3.5 Exercices du chapitre 3

1. Soit la suite u_n de la Proposition 3.1. Montrer que la mesure de Young associée à la suite $v_n = u_n + \sin x$ est $\nu_x = \theta\delta_{a+\sin x} + (1-\theta)\delta_{b+\sin x}$.
2. Soit $u \in L^\infty(\mathbb{R})$ une fonction T-périodique. Montrer que la suite $u_n(x) = u(nx)$ tend vers la moyenne de u, $\frac{1}{T}\int_0^T u(x)\,dx$, dans $L^\infty(\mathbb{R})$ faible-étoile. Supposant de plus u de classe C^1 et croissante sur $[0, T[$, en déduire que la mesure de Young associée à la suite u_n est

$$\nu_x = \frac{1}{T}\mathbf{1}_{[u(0),u(1)^-]}\frac{dy}{u'(u^{-1}(y))}.$$

3. Montrer que $\sin x \sin nx \overset{*}{\rightharpoonup} 0$ et que $\sin^2 x \sin^2 nx \overset{*}{\rightharpoonup} \frac{1}{2}\sin^2 x$. En déduire que la mesure de Young associée dépend de x.
4. Soit f une fonction de $\mathbb{R}$ dans $\mathbb{R}$ vérifiant les hypothèses du Théorème 2.14 de Carathéodory. Le but de l'exercice est de montrer que l'opérateur de superposition N associé de $L^2(\Omega)$ dans $L^2(\Omega)$, où Ω est un ouvert borné de $\mathbb{R}^d$, est différentiable au sens de Fréchet en $u = 0$ si et seulement si la fonction f est affine.

4.1. Soit $s \in \mathbb{R}^*$ fixé. Montrer que la suite

$$u_n^s(x) = \begin{cases} s & \text{pour } x \in B(0, 1/n), \\ 0 & \text{sinon,} \end{cases}$$

est telle que $\|u_n^s\|_{L^2(\Omega)} = C_d n^{-d/2}|s|$ où C_d est une constante que ne dépend que de la dimension d et en déduire qu'elle tend vers 0 dans $L^2(\Omega)$ quand $n \to +\infty$.

4.2. On suppose N différentiable en 0 et on note $DN(0)$ sa différentielle de Fréchet. On rappelle que ceci signifie que $DN(0)$ est un opérateur linéaire continu de $L^2(\Omega)$ dans $L^2(\Omega)$ tel que l'on a

$$N(u) = N(0) + DN(0)u + \|u\|_{L^2(\Omega)}\varepsilon(u),$$

où $\|\varepsilon(u)\|_{L^2(\Omega)} \to 0$ quand $\|u\|_{L^2(\Omega)} \to 0$. Montrer que f est dérivable en 0 et que si $A \subset \Omega$, alors

$$DN(0)\mathbf{1}_A = f'(0)\mathbf{1}_A.$$

4.3. Utilisant le point 4.1, en déduire que $f(s) - f(0) - sf'(0) = 0$ pour tout $s \in \mathbb{R}$.

5. Montrer que l'opérateur de superposition $u \mapsto u^2$ est différentiable — et même de classe C^∞ — de $L^2(\Omega)$ dans $L^1(\Omega)$. Comment généraliser ce résultat et comment le comparer à celui de l'exercice 4 ?

6. Soit $F : \Omega \times \mathbb{R}^d \to \mathbb{R}^d$ une fonction de Carathéodory telle qu'il existe $a \in L^p(\Omega)$ et $C > 0$ tels que pour presque tout $x \in \Omega$ et tout $\xi \in \mathbb{R}^d$, on a

$$|F(x,\xi)| \leq a(x) + C|\xi|.$$

6.1. Montrer que l'opérateur $\Psi : W_0^{1,p}(\Omega) \to W^{-1,p}(\Omega)$ défini par

$$\Phi(u) = -\text{div}\, F(x, \nabla u(x)),$$

est différentiable si et seulement si $F(x,\xi) = b_0(x) + b_1(x)\xi$ avec $b_0 \in L^p(\Omega; \mathbb{R}^d)$ et $b_1 \in L^\infty(\Omega)$.

6.2. On suppose que F ne dépend pas de x et est de classe C^1. Montrer que Ψ est différentiable entre $W^{2,p}(\Omega) \cap W_0^{1,p}(\Omega)$ et $L^p(\Omega)$ dès que $p > d$.

Chapitre 4
La méthode de Galerkin

La méthode de Galerkin est une méthode, ou plutôt une famille de méthodes, très générale et très robuste. Son idée est la suivante. Partant d'un problème variationnel posé dans un espace de dimension infinie, on procède d'abord à une approximation dans une suite de sous-espaces de dimension finie. On résout ensuite le problème approché en dimension finie, ce qui est en général plus facile que de résoudre directement en dimension infinie. Enfin, on passe d'une façon ou d'une autre à la limite quand on fait tendre la dimension des espaces d'approximation vers l'infini pour construire une solution du problème de départ. Il convient de noter que, outre son intérêt théorique, la méthode de Galerkin fournit également dans certains cas un procédé constructif d'approximation. On pourra consulter [40] pour de nombreux exemples d'utilisation de la méthode de Galerkin, principalement pour des problèmes d'évolution.

4.1 Résolution du problème modèle par la méthode de Galerkin

On se propose de reprendre le problème non linéaire modèle du Chapitre 2 comme exemple d'application de la méthode de Galerkin. Rappelons le problème. Soit Ω un ouvert borné de $\mathbb{R}^d$ et soit f fonction de $C^0(\mathbb{R}) \cap L^\infty(\mathbb{R})$, il s'agit de trouver une fonction $u \in H_0^1(\Omega)$ telle que $-\Delta u = f(u)$ au sens de $\mathscr{D}'(\Omega)$. De façon équivalente, il s'agit de résoudre le problème variationnel : trouver $u \in H_0^1(\Omega)$ tel que

$$\forall v \in H_0^1(\Omega), \quad \int_\Omega \nabla u \cdot \nabla v \, dx = \int_\Omega f(u) v \, dx. \tag{4.1}$$

On procède par étapes en suivant la philosophie esquissée plus haut.

Lemme 4.1. *Soit V un espace vectoriel normé séparable de dimension infinie. Il existe une famille libre dénombrable $\{v_i\}_{i\in\mathbb{N}}$, $v_i \in V$, telle que les combinaisons linéaires des v_i sont denses dans V. De plus, on peut les choisir de telle sorte à ce que la suite des sous-espaces vectoriels $V_m = \operatorname{vect}\{v_i, 0 \le i \le m\}$ soit croissante.*

H. Le Dret, *Équations aux dérivées partielles elliptiques non linéaires*,
Mathématiques et Applications 72, DOI: 10.1007/978-3-642-36175-3_4,

Preuve. Soit $(w_n)_{n\in\mathbb{N}}$ une partie dénombrable dense de V. Il existe au moins un w_n non nul. On note $v_0 = w_{n_0}$ le premier d'entre eux. On procède ensuite par récurrence. Supposons extraite de la suite $(w_n)_{n\in\mathbb{N}}$ une famille libre $(w_{n_i})_{0\leq i\leq m}$ — on pose $v_i = w_{n_i}$ — telle que $\text{vect}\{w_k, 0 \leq k \leq n_m\} = \text{vect}\{v_i, 0 \leq i \leq m\} = V_m$. Comme $\dim V_m = m+1$, c'est un sous-espace vectoriel strict de V et il est fermé. Comme la famille $(w_n)_{n\in\mathbb{N}}$ est dense dans V, l'ensemble des entiers $n > n_m$ tel que $w_n \notin V_m$ n'est pas vide. On prend pour n_{m+1} son plus petit élément ($\mathbb{N}$ est bien ordonné) et l'on pose $v_{m+1} = w_{n_{m+1}}$. Par construction, on a bien $\text{vect}\{w_k, 0 \leq k \leq n_{m+1}\} = V_{m+1}$. La famille $(v_i)_{i\in\mathbb{N}}$ répond donc à la question et la famille de sous-espaces vectoriels associée est bien croissante. □

Remarque 4.1. i) Réciproquement, s'il existe une telle famille v_i, alors l'espace V est séparable. En effet, les combinaisons linéaires à coefficients rationnels des v_i forment un ensemble également dense dans V et dénombrable.

ii) Le Lemme 4.1 s'exprime de façon équivalente en disant que le sous-espace vectoriel $\cup_{m=0}^{\infty} V_m$ est dense dans V. On dit aussi que la famille $\{v_i\}_{i\in\mathbb{N}}$ est une *famille totale* dans V ou encore une *base de Galerkin*, bien que ce ne soit naturellement pas du tout une base de V. □

Dans la suite, on appliquera le Lemme 4.1 à l'espace $V = H_0^1(\Omega)$, lequel est séparable. Pour construire l'approximation du problème en dimension finie, on restreint simplement la formulation variationnelle (4.1) à l'espace V_m, que l'on appelle espace de Galerkin. Montrons l'existence d'une solution pour ce problème en dimension finie.

Lemme 4.2. *Pour tout $m \in \mathbb{N}$, le problème variationnel : trouver $u_m \in V_m$ tel que*

$$\forall v \in V_m, \quad \int_\Omega \nabla u_m \cdot \nabla v \, dx = \int_\Omega f(u_m) v \, dx, \tag{4.2}$$

admet au moins une solution.

Preuve. On munit V_m du produit scalaire hérité de $L^2(\Omega)$, c'est-à-dire $(u|v)_m = \int_\Omega uv\,dx$, et l'on identifie V_m, espace euclidien de dimension finie, et son dual par l'intermédiaire de ce produit scalaire.

L'application $(u, v) \mapsto a(u, v) = \int_\Omega \nabla u \cdot \nabla v \, dx$ est une forme bilinéaire sur V_m. Il existe donc une application linéaire $A_m \in \mathscr{L}(V_m)$ telle que $a(u, v) = (A_m(u)|v)_m$. Comme V_m est de dimension finie, cette application est continue.

De même, il existe une application $F_m : V_m \to V_m$ telle que pour tout couple (u, v) de V_m, $\int_\Omega f(u)v\,dx = (F_m(u)|v)_m$. Il suffit de prendre $F_m = \Pi_m \circ \tilde{f}$, où Π_m est la projection orthogonale L^2 sur V_m. Cette application, non linéaire cette fois, est également continue, comme composée d'applications continues (on utilise ici le théorème de Carathéodory).

Le problème (4.2) se réécrit donc : trouver $u_m \in V_m$ tel que

$$\forall v \in V_m, \quad (A_m(u_m)|v)_m = (F_m(u_m)|v)_m, \tag{4.3}$$

soit, en introduisant la fonction continue $P_m : V_m \to V_m$, $P_m(u) = A_m(u) - F_m(u)$,

$$P_m(u_m) = 0. \tag{4.4}$$

Pour résoudre ce problème, on va appliquer le Théorème 2.7. Pour cela, il faut calculer $(P_m(u)|u)_m$ sur une sphère et montrer que l'on peut choisir celle-ci pour que le produit scalaire soit positif. Par définition du produit scalaire sur V_m, nous obtenons

$$\begin{aligned}(P_m(u)|u)_m &= \int_\Omega P_m(u)u\,dx = a(u,u) - \int_\Omega f(u)u\,dx \\ &\geq \|\nabla u\|^2_{L^2(\Omega)} - \|f\|_{L^\infty(\mathbb{R})}(\text{mes}\,\Omega)^{1/2}\|u\|_{L^2(\Omega)} \\ &\geq \|\nabla u\|^2_{L^2(\Omega)} - C_\Omega\|f\|_{L^\infty(\mathbb{R})}(\text{mes}\,\Omega)^{1/2}\|\nabla u\|_{L^2(\Omega)} \\ &= \|\nabla u\|_{L^2(\Omega)}(\|\nabla u\|_{L^2(\Omega)} - C_\Omega\|f\|_{L^\infty(\mathbb{R})}(\text{mes}\,\Omega)^{1/2}),\end{aligned}$$

où C_Ω est la constante de l'inégalité de Poincaré. Nous voyons donc que

$$\|\nabla u\|_{L^2(\Omega)} \geq C_\Omega\|f\|_{L^\infty(\mathbb{R})}(\text{mes}\,\Omega)^{1/2} \Longrightarrow (P_m(u)|u)_m \geq 0.$$

Or toutes les normes sont équivalentes sur V_m, qui est de dimension finie. Par conséquent, il existe $\rho_m > 0$ tel que $\sqrt{(u|u)_m} \geq \rho_m$ entraîne que l'on a $\|\nabla u\|_{L^2(\Omega)} \geq C_\Omega\|f\|_{L^\infty(\mathbb{R})}(\text{mes}\,\Omega)^{1/2}$. Par le Théorème 2.7, le problème (4.4) admet une solution u_m telle que $\sqrt{(u_m|u_m)_m} \leq \rho_m$. □

Nous avons construit une suite $(u_m)_{m\in\mathbb{N}}$ de solutions du problème approché. Notons que nous aurions également pu appliquer le théorème de Brouwer lui-même en suivant de plus près la démonstration d'existence par point fixe.

Il s'agit maintenant de passer à la limite quand la dimension $m + 1$ tend vers l'infini. On commence par une estimation uniforme par rapport à m.

Lemme 4.3. *La suite $(u_m)_{m\in\mathbb{N}}$ est bornée dans $H^1_0(\Omega)$.*

Preuve. On reprend le calcul précédent :

$$a(u_m, u_m) = \int_\Omega f(u_m)u_m\,dx \leq C_\Omega\|f\|_{L^\infty(\mathbb{R})}(\text{mes}\,\Omega)^{1/2}\|\nabla u_m\|_{L^2(\Omega)}.$$

Par conséquent,

$$\|\nabla u_m\|_{L^2(\Omega)} \leq C_\Omega\|f\|_{L^\infty(\mathbb{R})}(\text{mes}\,\Omega)^{1/2},$$

ce qui montre le lemme. □

On peut maintenant passer à la limite dans le problème variationnel.

Lemme 4.4. *Toute sous-suite faiblement convergente de la suite u_m converge vers une solution du problème* 4.1.

Preuve. Soit une sous-suite $u_{m'}$ telle que $u_{m'} \rightharpoonup u$ dans $H_0^1(\Omega)$ (il en existe d'après le lemme précédent). Par le théorème de Rellich, on a donc $u_{m'} \to u$ dans $L^2(\Omega)$ fort. Par conséquent, le théorème de Carathéodory implique que $f(u_{m'}) \to f(u)$ dans $L^2(\Omega)$ fort.

Fixons un entier i. Comme la suite V_m est croissante, pour tout $m \geq i$, $v_i \in V_m$. Par conséquent, on peut appliquer l'équation (4.2) avec la fonction test v_i :

$$\int_\Omega \nabla u_m \cdot \nabla v_i \, dx = \int_\Omega f(u_m) v_i \, dx.$$

Comme $\nabla u_{m'} \rightharpoonup \nabla u$ dans $L^2(\Omega)$ faible, on a d'une part

$$\int_\Omega \nabla u_{m'} \cdot \nabla v_i \, dx \to \int_\Omega \nabla u \cdot \nabla v_i \, dx.$$

Comme $f(u_{m'}) \to f(u)$ dans $L^2(\Omega)$ fort d'autre part, on a également

$$\int_\Omega f(u_{m'}) v_i \, dx \to \int_\Omega f(u) v_i \, dx.$$

Par conséquent, pour tout $i \in \mathbb{N}$,

$$\int_\Omega \nabla u \cdot \nabla v_i \, dx = \int_\Omega f(u) v_i \, dx.$$

Comme cette équation est linéaire par rapport à v_i, elle reste vraie pour les combinaisons linéaires des v_i, soit

$$\forall z \in \bigcup_{j=0}^{\infty} V_j, \quad \int_\Omega \nabla u \cdot \nabla z \, dx = \int_\Omega f(u) z \, dx. \tag{4.5}$$

Enfin, $\cup_{j=0}^{\infty} V_j$ est dense dans V. Pour tout $v \in V$, il existe une suite $z_j \in V_j$ telle que $z_j \to v$ dans V fort. On applique l'égalité précédente avec $z = z_j$ et l'on passe à la limite quand $j \to +\infty$ sans difficulté pour conclure que u est bien solution du problème (4.1). □

4.2 Un problème voisin de la mécanique des fluides

La résolution du problème modèle ne présente guère de difficultés, que ce soit pour l'existence en dimension finie, l'estimation des solutions approchées ou le passage à la limite sur la dimension. Nous donnons maintenant un exemple d'application de la méthode de Galerkin à un problème qui présente des similarités mathématiques avec les équations de Navier-Stokes de la mécanique des fluides.

Les équations de Navier-Stokes sont des équations extrêmement importantes qui décrivent l'écoulement d'un fluide visqueux incompressible ou compressible, stationnaire ou instationnaire. Dans le cas incompressible stationnaire, elles prennent la forme suivante. On cherche un couple (u, p), où u est la vitesse du fluide (laquelle a trois composantes en dimension trois, donc à valeurs vectorielles) et p la pression (une fonction scalaire), qui satisfait

$$\begin{cases} -\nu\Delta u + (u\cdot\nabla)u - \nabla p = f & \text{dans } \Omega, \\ \operatorname{div} u = 0 & \text{dans } \Omega, \end{cases} \tag{4.6}$$

avec des conditions aux limites appropriées, par exemple $u = 0$ sur $\partial\Omega$. La constante ν est la viscosité du fluide, l'opérateur $u \cdot \nabla$ est défini par $[(u\cdot\nabla)v]_i = u_j\partial_j v_i$ avec sommation de 1 à 3 par rapport à l'indice répété j, et f est une densité de forces appliquées, par exemple la gravité. La relation $\operatorname{div} u = 0$ exprime l'incompressibilité du fluide. Il s'agit de la version stationnaire du problème, puisqu'il n'y a pas de dépendance en temps.[1] L'étude du système (4.6) va au-delà du propos de ces notes. Néanmoins, nous allons considérer une équation plus simple, mais qui présente une non linéarité analogue à celle des équations de Navier-Stokes et qui partage donc certaines de ses propriétés. Ce type d'équation est introduit dans [40].

Nous allons donc chercher une fonction *scalaire* u telle que

$$\begin{cases} -\Delta u + u\partial_1 u = f & \text{dans } \Omega, \\ u = 0 & \text{sur } \partial\Omega. \end{cases} \tag{4.7}$$

Nous préciserons le sens fonctionnel de cette équation plus loin. Comme nous l'avons déjà souligné, il s'agit d'une équation scalaire, alors que les équations de Navier-Stokes sont vectorielles. Elle ne contient donc rien qui puisse être comparé à la condition d'incompressibilité et à la présence du gradient de pression. Par contre, le terme non linéaire $u\partial_1 u$ a des propriétés communes avec le terme non linéaire $(u\cdot\nabla)u$ des équations de Navier-Stokes.

Pour appliquer la méthode de Galerkin, nous allons avoir besoin d'une famille totale un peu particulière. On commence par un résultat de densité.

Lemme 4.5. *Soit Ω un ouvert borné de $\mathbb{R}^d$ et soit $p \in [1, +\infty[$. Alors $\mathscr{D}(\Omega)$ est dense dans $H_0^1(\Omega) \cap L^p(\Omega)$.*

Remarque 4.2. Nous savons déjà que $\mathscr{D}(\Omega)$ est dense dans $H_0^1(\Omega)$ par définition de $H_0^1(\Omega)$ d'une part et dans $L^p(\Omega)$ d'autre part par convolution par des noyaux régularisants. Le Lemme 4.5 affirme en plus que l'on peut approcher tout élément de

[1] Pour les équations de Navier-Stokes instationnaires, qui sont le véritable objet d'étude de la mécanique des fluides, on ajoute un terme d'accélération $\rho\frac{\partial u}{\partial t}$ à la première équation, où ρ est la masse volumique du fluide, et des conditions initiales pour u. Il ne s'agit alors plus d'un problème elliptique.

l'intersection de ces deux espaces par une suite de fonctions de $\mathscr{D}(\Omega)$ qui converge simultanément pour les deux topologies. Notons que le résultat reste vrai dans un ouvert absolument quelconque. □

Preuve. On procède par approximations successives. Soit $u \in H_0^1(\Omega) \cap L^p(\Omega)$. On tronque u à la hauteur k en posant $u_k = T_k(u)$. On a par conséquent $u_k \in H_0^1(\Omega) \cap L^\infty(\Omega)$ et $u_k \to u$ dans $H_0^1(\Omega) \cap L^p(\Omega)$ quand $k \to +\infty$ grâce au Théorème 3.5.

Considérons une suite $\varphi_{k,m} \in \mathscr{D}(\Omega)$ telle que $\varphi_{k,m} \to u_k$ dans $H_0^1(\Omega)$ et presque partout quand $m \to +\infty$. Soit $\widetilde{T}_{k+1}$ une fonction C^∞ sur $\mathbb{R}$ telle que pour $|t| \leq k$, $\widetilde{T}_{k+1}(t) = t$ et $|\widetilde{T}_{k+1}(s)| \leq k+1$ pour tout s (il en existe, manifestement). L'opérateur de superposition associé est continu sur $H_0^1(\Omega)$, donc $\widetilde{T}_{k+1}(\varphi_{k,m}) \to \widetilde{T}_{k+1}(u_k) = u_k$ dans $H_0^1(\Omega)$ et presque partout quand $m \to +\infty$, puisque u_k est déjà tronqué à la hauteur k. Comme $\|\widetilde{T}_{k+1}(\varphi_{k,m})\|_{L^\infty(\Omega)} \leq k+1$ et Ω est borné, on en déduit que $\widetilde{T}_{k+1}(\varphi_{k,m}) \to u_k$ dans $L^p(\Omega)$ par le théorème de convergence dominée de Lebesgue.

Par construction, $\widetilde{T}_{k+1}(\varphi_{k,m})$ est à support compact dans Ω et de classe C^∞. Pour conclure, il convient d'extraire une suite diagonale convergente des deux approximations successives $m \to +\infty$ et $k \to +\infty$. □

Remarque 4.3. Si $u \in L^\infty(\Omega)$ alors la construction précédente fournit une suite de fonctions de $\mathscr{D}(\Omega)$ qui converge vers u dans $H_0^1(\Omega)$ et dans $L^\infty(\Omega)$ faible-$*$. En effet, toutes les approximations successives sont alors bornées dans $L^\infty(\Omega)$ et donc faiblement-$*$ convergentes. On peut en extraire une suite diagonale faiblement-$*$ convergente car la topologie faible-$*$ est métrisable sur les bornés. □

Nous précisons maintenant le sens fonctionnel de l'équation à résoudre.

Lemme 4.6. *Si $u \in H_0^1(\Omega)$, alors $u\partial_1 u \in L^s(\Omega)$ avec*

$$\begin{cases} 1 \leq s \leq 2 & \text{pour } d = 1, \\ 1 \leq s < 2 & \text{pour } d = 2, \\ 1 \leq s \leq \frac{d}{d-1} & \text{pour } d \geq 3. \end{cases}$$

Preuve. D'après les injections de Sobolev,

$$\begin{cases} H_0^1(\Omega) \hookrightarrow L^\infty(\Omega), & \text{si } d = 1, \\ H_0^1(\Omega) \hookrightarrow L^q(\Omega) \text{ pour tout } q < +\infty, & \text{si } d = 2, \\ H_0^1(\Omega) \hookrightarrow L^{2^*}(\Omega) \text{ avec } 2^* = \frac{2d}{d-2}, & \text{si } d \geq 3. \end{cases}$$

Par l'inégalité de Hölder, pour tout couple de nombres positifs (θ, θ') tels que $1/\theta + 1/\theta' = 1$, on a

$$\int_\Omega |u\partial_1 u|^s\,dx \leq \Big(\int_\Omega |u|^{s\theta}\,dx\Big)^{\frac{1}{\theta}} \Big(\int_\Omega |\partial_1 u|^{s\theta'}\,dx\Big)^{\frac{1}{\theta'}}.$$

Pour $d \geq 3$, on saura conclure si $1 \leq s\theta \leq 2^*$ et $1 \leq s\theta' \leq 2$, *i.e.*, $s\left(\frac{1}{2^*} + \frac{1}{2}\right) \leq 1$ et $s \geq 1$. Comme $\frac{1}{2^*} + \frac{1}{2} = \frac{d-1}{d}$, on obtient le résultat dans ce cas.

Pour $d = 2$, le même calcul donne $s\left(\frac{1}{q} + \frac{1}{2}\right) \leq 1$ pour un certain $q < +\infty$, soit $s < 2$. Le cas $d = 1$ est trivial. □

Remarque 4.4. (i) Le Lemme 4.6 permet de préciser le sens à donner à l'équation aux dérivées partielles du problème (4.7). Étant donné $f \in H^{-1}(\Omega)$, on va donc chercher $u \in H_0^1(\Omega)$ tel que

$$-\Delta u + u\partial_1 u = f \quad \text{au sens de } \mathscr{D}'(\Omega). \tag{4.8}$$

Cette équation a un sens, puisque l'on a $\nabla u \in L^2(\Omega; \mathbb{R}^d)$ et $-\Delta u = -\text{div}\,(\nabla u) \in H^{-1}(\Omega)$. De plus, $u\partial_1 u \in L^s(\Omega)$ pour les valeurs de s données dans le lemme. Tous les termes de l'équation sont donc des distributions parfaitement bien définies.

(ii) Si $u \in H_0^1(\Omega)$ est solution de (4.8), alors nécessairement $u\partial_1 u \in H^{-1}(\Omega)$. L'information $u\partial_1 u \in H^{-1}(\Omega)$ est une information supplémentaire apportée par l'équation si on a $L^s(\Omega) \not\subset H^{-1}(\Omega)$. Comme, par dualité, $L^s(\Omega) \subset H^{-1}(\Omega)$ est équivalent à $H_0^1(\Omega) \subset L^{s'}(\Omega)$ avec $s' = 2$ pour $d = 1$, $s' > 2$ pour $d = 2$ et $s' = d$ pour $d \geq 3$, on voit grâce aux injections de Sobolev que si $d \geq 5$, $L^s(\Omega) \not\subset H^{-1}(\Omega)$. En particulier, dans les cas « physiques », $d = 1, 2, 3$, l'équation (4.8) a lieu *a priori* au sens de $H^{-1}(\Omega)$. □

Nous allons montrer le théorème d'existence suivant par la méthode de Galerkin.

Théorème 4.1. *Soit Ω un ouvert borné de $\mathbb{R}^d$. Pour tout $f \in H^{-1}(\Omega)$ il existe une solution $u \in H_0^1(\Omega)$ du problème 4.7.*

On commence par construire une base de Galerkin appropriée. Dans la suite s' prend les valeurs indiquées dans la remarque (ii) qui suit le Lemme 4.6.

Lemme 4.7. *Il existe une famille dénombrable $(w_m)_{m\in\mathbb{N}}$ d'éléments de $\mathscr{D}(\Omega)$ dont les combinaisons linéaires sont denses dans $H_0^1(\Omega) \cap L^{s'}(\Omega)$.*

Preuve. Comme $H_0^1(\Omega)$ et $L^{s'}(\Omega)$ sont tous deux séparables pour leur norme respective, il vient que $V = H_0^1(\Omega) \cap L^{s'}(\Omega)$ est séparable pour sa norme naturelle $\|v\|_{H_0^1(\Omega)} + \|v\|_{L^{s'}(\Omega)}$. En effet, V est isométrique au sous-ensemble $\Delta = \{(v, v) \in H_0^1(\Omega) \times L^{s'}(\Omega)\}$ du produit cartésien $H_0^1(\Omega) \times L^{s'}(\Omega)$ muni de la norme $\|(v, w)\| = \|v\|_{H_0^1(\Omega)} + \|w\|_{L^{s'}(\Omega)}$, lequel est clairement séparable.

On utilise maintenant le fait que $\mathscr{D}(\Omega)$ est dense dans V, *cf.* Lemme 4.5, pour construire une famille dénombrable dense formée d'éléments de $\mathscr{D}(\Omega)$ et on conclut en utilisant le Lemme 4.1. □

Considérons maintenant le problème variationnel approché en dimension finie.

Lemme 4.8. *Soit $V_m = \text{vect}\{w_0, w_1, w_2, \ldots, w_m\}$. Le problème : trouver $u_m \in V_m$ tel que*

$$\forall v \in V_m, \quad \int_\Omega \nabla u_m \cdot \nabla v \, dx + \int_\Omega u_m \partial_1 u_m v \, dx = \langle f, v \rangle, \tag{4.9}$$

admet au moins une solution. De plus cette solution satisfait

$$\|\nabla u_m\|_{L^2(\Omega)} \leq \|f\|_{H^{-1}(\Omega)}. \tag{4.10}$$

Preuve. On commence par remarquer que par construction des w_i, $V_m \subset \mathscr{D}(\Omega)$. On munit V_m du produit scalaire L^2 (sans notation spécifique cette fois). Comme précédemment, il existe deux applications continues A_m et B_m de V_m dans V_m telles que

$$\forall z, v \in V_m, \quad \begin{cases} \int_\Omega \nabla z \cdot \nabla v \, dx = \int_\Omega A_m(z) v \, dx, \\ \int_\Omega z \partial_1 z v \, dx = \int_\Omega B_m(z) v \, dx. \end{cases}$$

De même, il existe $F_m \in V_m$ tel que

$$\forall v \in V_m, \quad \langle f, v \rangle = \int_\Omega F_m v \, dx.$$

Posant $P_m(z) = A_m(z) + B_m(z) - F_m$, le problème variationnel se réécrit donc sous la forme : trouver $u_m \in V_m$ tel que

$$P_m(u_m) = 0.$$

Pour résoudre une telle équation en utilisant le Théorème 2.7, nous sommes donc amenés à calculer les produits scalaires :

$$\int_\Omega P_m(z) z \, dx = \int_\Omega \nabla z \cdot \nabla z \, dx + \int_\Omega z^2 \partial_1 z \, dx - \langle f, z \rangle, \tag{4.11}$$

pour $z \in V_m$. Or, comme $V_m \subset \mathscr{D}(\Omega)$, on a aussi $z^3 \in \mathscr{D}(\Omega)$ et $\partial_1(z^3) = 3z^2 \partial_1 z$. Par conséquent,

$$\int_\Omega z^2 \partial_1 z \, dx = \frac{1}{3} \int_\Omega \partial_1(z^3) \, dx = 0,$$

et le produit scalaire (4.11) se réduit donc à

$$\int_\Omega P_m(z) z \, dx = \int_\Omega \nabla z \cdot \nabla z \, dx - \langle f, z \rangle. \tag{4.12}$$

On constate que le terme non linéaire a disparu. Il est alors élémentaire de trouver une sphère sur laquelle $\int_\Omega P_m(z) z \, dx \geq 0$, ce qui permet de conclure à l'existence de u_m.

Reprenant alors (4.12) pour $z = u_m$, on obtient

$$\|\nabla u_m\|_{L^2(\Omega)}^2 = \int_\Omega \nabla u_m \cdot \nabla u_m \, dx = \langle f, u_m \rangle \leq \|\nabla u_m\|_{L^2(\Omega)} \|f\|_{H^{-1}(\Omega)},$$

d'où l'estimation (4.10). □

D'après l'estimation (4.10), nous pouvons extraire de la suite u_m une sous-suite, toujours notée u_m, qui converge faiblement dans $H_0^1(\Omega)$ vers une limite u. Nous sommes alors en mesure d'achever la démonstration du Théorème 4.1.

Lemme 4.9. *La limite faible $u \in H_0^1(\Omega)$ est solution du problème variationnel :*

$$\forall v \in V, \quad \int_\Omega \nabla u \cdot \nabla v \, dx + \int_\Omega u \partial_1 u v \, dx = \langle f, v \rangle. \tag{4.13}$$

En particulier, u est solution du problème 4.7.

Preuve. Fixons un indice i. Pour tout $m \geq i$, $w_i \in V_m$ et nous avons donc

$$\int_\Omega \nabla u_m \cdot \nabla w_i \, dx + \int_\Omega u_m \partial_1 u_m w_i \, dx = \langle f, w_i \rangle. \tag{4.14}$$

Comme $\nabla u_m \rightharpoonup \nabla u$ dans $L^2(\Omega)$, on a immédiatement

$$\int_\Omega \nabla u_m \cdot \nabla w_i \, dx \longrightarrow \int_\Omega \nabla u \cdot \nabla w_i \, dx.$$

Par ailleurs, par le théorème de Rellich, $u_m \to u$ dans $L^2(\Omega)$ fort. Comme $w_i \in \mathscr{D}(\Omega)$, on en déduit tout aussi immédiatement que $u_m w_i \to u w_i$ dans $L^2(\Omega)$ fort. En effet,

$$\int_\Omega (u_m w_i - u w_i)^2 \, dx \leq \max_{\bar{\Omega}} (w_i^2) \|u_m - u\|_{L^2(\Omega)}^2.$$

Combiné avec la convergence faible de $\partial_1 u_m$, ceci donne pour le terme non linéaire

$$\int_\Omega u_m w_i \partial_1 u_m \, dx \longrightarrow \int_\Omega u w_i \partial_1 u \, dx.$$

Par conséquent, passant à la limite quand $m \to +\infty$ dans (4.14), nous obtenons (le second membre ne dépend pas de m)

$$\int_\Omega \nabla u \cdot \nabla w_i \, dx + \int_\Omega u \partial_1 u w_i \, dx = \langle f, w_i \rangle.$$

Cette égalité est vraie pour tout $i \in \mathbb{N}$. Elle implique par combinaisons linéaires que

$$\forall v \in \bigcup_{j=0}^{\infty} V_j, \quad \int_\Omega \nabla u \cdot \nabla v\, dx + \int_\Omega u\partial_1 u v\, dx = \langle f, v\rangle.$$

Ici encore, $\cup_{j=0}^{\infty} V_j$ est dense dans $V = H_0^1(\Omega) \cap L^{s'}(\Omega)$. Pour tout $v \in V$, il existe donc une suite $v_j \in V_j$ telle que $v_j \to v$ dans $H_0^1(\Omega)$ fort et dans $L^{s'}(\Omega)$ fort. D'après la première convergence

$$\int_\Omega \nabla u \cdot \nabla v_j\, dx \longrightarrow \int_\Omega \nabla u \cdot \nabla v\, dx, \qquad \langle f, v_j\rangle \longrightarrow \langle f, v\rangle$$

d'une part, et d'autre part, par la deuxième convergence

$$\int_\Omega u\partial_1 u v_j\, dx \longrightarrow \int_\Omega u\partial_1 u v\, dx.$$

En effet, on a vu que $u\partial_1 u \in L^s(\Omega)$. On obtient donc bien le problème variationnel (4.13).

Pour conclure, on remarque que $\mathscr{D}(\Omega) \subset V$, ce qui implique que u est bien solution du problème (4.7) de départ. □

Remarque 4.5. Le problème variationnel est un peu inhabituel, puisque l'espace où se trouve la solution $H_0^1(\Omega)$ est en général, *i.e.*, pour $d \geq 5$, différent de l'espace des fonctions-test, même si ce dernier en est un sous-espace dense. En particulier, on ne peut pas prendre $v = u$ dans (4.13). En effet, il n'y a aucune raison pour que u appartienne à $L^{s'}(\Omega)$, puisque l'équation ne fournit aucun contrôle sur la norme $L^{s'}(\Omega)$ des solutions éventuelles. □

Pour pallier cet inconvénient, on fait la remarque suivante.

Proposition 4.1. *Toute solution du problème* (4.7) *satisfait*

$$\forall v \in H_0^1(\Omega), \quad \int_\Omega \nabla u \cdot \nabla v\, dx + \langle u\partial_1 u, v\rangle_{H^{-1}(\Omega), H_0^1(\Omega)} = \langle f, v\rangle_{H^{-1}(\Omega), H_0^1(\Omega)}. \tag{4.15}$$

Preuve. Si $u \in H_0^1(\Omega)$ est solution du problème (4.7), alors $u\partial_1 u = f + \Delta u$ appartient à $H^{-1}(\Omega)$ comme on l'a déjà noté, et l'on a pour tout $v \in H_0^1(\Omega)$

$$\begin{aligned}\langle u\partial_1 u, v\rangle_{H^{-1}(\Omega), H_0^1(\Omega)} &= \langle f + \Delta u, v\rangle_{H^{-1}(\Omega), H_0^1(\Omega)} \\ &= \langle f, v\rangle_{H^{-1}(\Omega), H_0^1(\Omega)} - \textstyle\int_\Omega \nabla u \cdot \nabla v\, dx\end{aligned}$$

qui n'est autre que l'équation variationnelle cherchée. □

Pour exploiter le problème (4.15), on a besoin d'un résultat technique.

Lemme 4.10. *Soit Ω un ouvert borné de $\mathbb{R}^d$ et soit $1 \leq p \leq +\infty$. On se donne une distribution T telle que $T \in H^{-1}(\Omega) \cap L^{p'}(\Omega)$. Alors, pour tout $v \in H_0^1(\Omega) \cap L^p(\Omega)$,*

$$\langle T, v\rangle_{H^{-1}(\Omega), H_0^1(\Omega)} = \int_\Omega T(x)v(x)\,dx.$$

Preuve. D'après le Lemme 4.5, il existe une suite $\varphi_n \in \mathscr{D}(\Omega)$ telle que $\varphi_n \to v$ dans $H_0^1(\Omega)$ fort et $\varphi_n \to v$ dans $L^p(\Omega)$ fort si $p < +\infty$ et faible-$*$ si $p = +\infty$. Comme $T \in L^{p'}(\Omega) \subset L^1_{\text{loc}}(\Omega)$, l'identification canonique des fonctions localement intégrables à des distributions nous dit que

$$\langle T, \varphi_n\rangle_{\mathscr{D}'(\Omega), \mathscr{D}(\Omega)} = \int_\Omega T(x)\varphi_n(x)\,dx.$$

Utilisant les convergences de la suite φ_n, on peut clairement passer à la limite dans les deux membres de cette égalité quand $n \to +\infty$ et obtenir ainsi le lemme. □

Corollaire 4.1. *Égalité d'énergie : toute solution du problème* (4.7) *satisfait*

$$\int_\Omega \nabla u \cdot \nabla u\,dx = \langle f, u\rangle_{H^{-1}(\Omega), H_0^1(\Omega)}. \tag{4.16}$$

Preuve. Il suffit de montrer que $\langle u\partial_1 u, u\rangle_{H^{-1}(\Omega), H_0^1(\Omega)} = 0$. On procède par une troncature un peu différente de celle utilisée jusqu'à présent. Soit S_n la fonction continue affine par morceaux

$$S_n(t) = \begin{cases} 0 & \text{si } |t| \geq 2n, \\ t & \text{si } |t| \leq n, \\ -t - 2n & \text{si } -2n \leq t \leq -n, \\ -t + 2n & \text{si } n \leq t \leq 2n. \end{cases}$$

Nous avons $S_n(u) \in H_0^1(\Omega) \cap L^{s'}(\Omega)$. Par conséquent, le Lemme 4.10 implique que

$$\langle u\partial_1 u, S_n(u)\rangle_{H^{-1}(\Omega), H_0^1(\Omega)} = \int_\Omega u\partial_1 u S_n(u)\,dx. \tag{4.17}$$

Introduisons alors la fonction

$$G_n(t) = \int_0^t sS_n(s)\,ds.$$

Comme $|sS_n(s)| \leq n^2$, il vient que G_n appartient à $C^1(\mathbb{R})$ et est globalement lipschitzienne. Par conséquent, $G_n(u) \in H_0^1(\Omega)$ avec $\nabla G_n(u) = uS_n(u)\nabla u$ et l'on déduit de (4.17) que

$$\langle u\partial_1 u, S_n(u)\rangle_{H^{-1}(\Omega),H_0^1(\Omega)} = \int_\Omega \partial_1 G_n(u)\,dx = 0. \tag{4.18}$$

Il est facile de voir en utilisant les mêmes arguments que dans l'étude de la troncature que $S_n(u) \to u$ dans $H_0^1(\Omega)$ fort quand $n \to +\infty$. Passant à la limite dans (4.18), on obtient le corollaire. □

Remarque 4.6. La fonction G_n est une approximation globalement lipschitzienne de la fonction $t \mapsto t^3/3$. La nullité du terme $\langle u\partial_1 u, u\rangle$ provient donc essentiellement de l'argument déjà utilisé dans l'approximation de Galerkin en dimension finie, quoique légèrement raffiné. On ne pouvait pas utiliser la troncature T_n ici, car les primitives de $s \mapsto sT_n(s)$ ne sont pas globalement lipschitziennes sur $\mathbb{R}$. □

Corollaire 4.2. *Toute solution du problème* 4.7 *satisfait l'estimation*

$$\|\nabla u\|_{L^2(\Omega)} \le \|f\|_{H^{-1}(\Omega)}.$$

Preuve. Immédiat d'après l'égalité d'énergie. □

Nous concluons ce chapitre par un résultat d'unicité qui montre qu'il n'y a pas d'autre solution que celle que nous avons déjà construite. Le résultat repose sur l'utilisation de fonctions-test non linéaires qui approchent le signe de la différence de deux solutions éventuelles. Plus précisément, pour tout $\delta > 0$, on introduit la fonction continue affine par morceaux

$$\Sigma_\delta(t) = \begin{cases} -1 & \text{si } t \le -\delta, \\ \frac{t}{\delta} & \text{si } |t| \le \delta, \\ +1 & \text{si } t \ge \delta, \end{cases}$$

d'où

$$\Sigma'_\delta(t) = \begin{cases} 0 & \text{si } |t| > \delta, \\ \frac{1}{\delta} & \text{si } |t| < \delta. \end{cases}$$

Nous utiliserons l'identité $\Sigma'_\delta(t)^2 = \frac{1}{\delta}\Sigma'_\delta(t)$. On commence par un lemme technique.

Lemme 4.11. *Pour tous* $u_1, u_2 \in H_0^1(\Omega)$, *posant* $w = u_1 - u_2$, *on a*

$$\int_\Omega (u_1\partial_1 u_1 - u_2\partial_1 u_2)\Sigma_\delta(w)\,dx = -\frac{1}{2}\int_\Omega (u_1 + u_2)w\Sigma'_\delta(w)\partial_1 w\,dx. \tag{4.19}$$

Remarque 4.7. Comme $|w\Sigma'_\delta(w)| \le 1$, l'intégrale du second membre a bien un sens. □

Preuve. On considère deux suites $\varphi_1^n, \varphi_2^n \in \mathscr{D}(\Omega)$ qui convergent respectivement vers u_1 et u_2 dans $H_0^1(\Omega)$ fort. À n fixé, $(\varphi_1^n)^2 - (\varphi_2^n)^2$ et $\Sigma_\delta(\varphi_1^n - \varphi_2^n)$ appartiennent tous deux à $H_0^1(\Omega)$. Posant $\psi^n = \varphi_1^n - \varphi_2^n$, une intégration par parties donne

$$\begin{aligned}\int_\Omega (\varphi_1^n \partial_1 \varphi_1^n - \varphi_2^n \partial_1 \varphi_2^n) \Sigma_\delta(\psi^n)\, dx &= \frac{1}{2} \int_\Omega \partial_1 \big((\varphi_1^n)^2 - (\varphi_2^n)^2\big) \Sigma_\delta(\psi^n)\, dx \\ &= -\frac{1}{2} \int_\Omega \big((\varphi_1^n)^2 - (\varphi_2^n)^2\big) \partial_1 \Sigma_\delta(\psi^n)\, dx \\ &= -\frac{1}{2} \int_\Omega (\varphi_1^n + \varphi_2^n) \psi^n \Sigma_\delta'(\psi^n) \partial_1 \psi^n\, dx. \end{aligned} \tag{4.20}$$

On introduit alors la fonction $\Gamma_\delta(t) = \int_0^t s \Sigma_\delta'(s)\, ds$. Elle est globalement lipschitzienne avec deux points de non dérivabilité. Par conséquent, $\Gamma_\delta(\psi^n) \in H_0^1(\Omega)$, $\partial_1 \Gamma_\delta(\psi^n) = \psi^n \Sigma_\delta'(\psi^n) \partial_1 \psi^n$ et (4.20) se réécrit sous la forme

$$\int_\Omega (\varphi_1^n \partial_1 \varphi_1^n - \varphi_2^n \partial_1 \varphi_2^n) \Sigma_\delta(\psi^n)\, dx = -\frac{1}{2} \int_\Omega (\varphi_1^n + \varphi_2^n) \partial_1 \Gamma_\delta(\psi^n)\, dx. \tag{4.21}$$

Faisons tendre n vers l'infini. On a $\varphi_1^n + \varphi_2^n \to u_1 + u_2$ dans $L^2(\Omega)$ fort, $\partial_1 \Gamma_\delta(\psi^n) \to \partial_1 \Gamma_\delta(w)$ dans $L^2(\Omega)$ fort, donc

$$\int_\Omega (\varphi_1^n + \varphi_2^n) \partial_1 \Gamma_\delta(\psi^n)\, dx \longrightarrow \int_\Omega (u_1 + u_2) \partial_1 \Gamma_\delta(w)\, dx = \int_\Omega (u_1 + u_2) w \Sigma_\delta'(w) \partial_1 w\, dx.$$

Pour le membre de gauche de (4.21), on note que $\Sigma_\delta(\psi^n) \to \Sigma_\delta(w)$ dans $H_0^1(\Omega)$ fort, avec une borne uniforme dans $L^\infty(\Omega)$. Par conséquent, $\Sigma_\delta(\psi^n) \rightharpoonup \Sigma_\delta(w)$ dans $L^\infty(\Omega)$ faible-$*$. De plus, $\varphi_1^n \partial_1 \varphi_1^n - \varphi_2^n \partial_1 \varphi_2^n \to u_1 \partial_1 u_1 - u_2 \partial_1 u_2$ dans $L^1(\Omega)$ fort par l'inégalité de Cauchy-Schwarz. Par conséquent

$$\int_\Omega (\varphi_1^n \partial_1 \varphi_1^n - \varphi_2^n \partial_1 \varphi_2^n) \Sigma_\delta(\psi^n)\, dx \longrightarrow \int_\Omega (u_1 \partial_1 u_1 - u_2 \partial_1 u_2) \Sigma_\delta(w)\, dx,$$

ce qui montre le lemme. □

Théorème 4.2. *La solution du problème* (4.15) *est unique.*

Preuve. Soient u_1 et u_2 deux solutions. Posant $w = u_1 - u_2$ et soustrayant les deux équations, on voit que pour tout $v \in H_0^1(\Omega)$,

$$\int_\Omega \nabla w \cdot \nabla v\, dx + \langle u_1 \partial_1 u_1 - u_2 \partial_1 u_2, v \rangle = 0.$$

En particulier, on peut prendre $v = \Sigma_\delta(w)$. Comme $\Sigma_\delta(w) \in H_0^1(\Omega) \cap L^\infty(\Omega)$, on obtient alors grâce au Lemme 4.10

$$\int_\Omega \nabla w \cdot \nabla \Sigma_\delta(w)\, dx + \int_\Omega (u_1 \partial_1 u_1 - u_2 \partial_1 u_2) \Sigma_\delta(w)\, dx = 0.$$

Utilisons le Lemme 4.11. Il vient

$$\int_\Omega \nabla w \cdot \nabla \Sigma_\delta(w)\,dx = \frac{1}{2}\int_\Omega (u_1+u_2)w\,\Sigma'_\delta(w)\partial_1 w\,dx. \tag{4.22}$$

Comme $\nabla\Sigma_\delta(w) = \Sigma'_\delta(w)\nabla w = \delta\Sigma'_\delta(w)^2\nabla w = \delta\Sigma'_\delta(w)\nabla\Sigma_\delta(w)$, on voit que $\nabla w\cdot\nabla\Sigma_\delta(w) = \delta\nabla\Sigma_\delta(w)\cdot\nabla\Sigma_\delta(w)$, et l'équation (4.22) devient

$$\int_\Omega \nabla\Sigma_\delta(w)\cdot\nabla\Sigma_\delta(w)\,dx = \frac{1}{2\delta}\int_\Omega (u_1+u_2)w\,\Sigma'_\delta(w)\partial_1 w\,dx. \tag{4.23}$$

Soit l'ensemble

$$E_{\delta,w} = \{x\in\Omega;\, w(x)\neq 0 \text{ et } |w(x)|<\delta\},$$

ensemble défini à un ensemble de mesure nulle près, comme toujours. Comme l'intégrande du membre de droite de (4.23) est nulle presque partout en dehors de $E_{\delta,w}$, on peut réécrire l'égalité sous la forme

$$\int_\Omega \nabla\Sigma_\delta(w)\cdot\nabla\Sigma_\delta(w)\,dx = \frac{1}{2}\int_\Omega \mathbf{1}_{E_{\delta,w}}(u_1+u_2)\Big(\frac{1}{\delta}w\mathbf{1}_{E_{\delta,w}}\Big)\partial_1\Sigma_\delta(w)\,dx. \tag{4.24}$$

On remarque alors que $|\frac{1}{\delta}w\mathbf{1}_{E_{\delta,w}}|\le 1$. Donc, par l'inégalité de Cauchy-Schwarz, on déduit de (4.24) que

$$\|\nabla\Sigma_\delta(w)\|^2_{L^2(\Omega)} \le \frac{1}{2}\Big(\int_\Omega \mathbf{1}_{E_{\delta,w}}(u_1+u_2)^2\,dx\Big)^{1/2}\|\nabla\Sigma_\delta(w)\|_{L^2(\Omega)},$$

soit

$$2\|\nabla\Sigma_\delta(w)\|_{L^2(\Omega)} \le \Big(\int_{E_{\delta,w}}(u_1+u_2)^2\,dx\Big)^{1/2}.$$

Notons maintenant que $\cap_{\delta>0}\{x\in\Omega;\,|w(x)|<\delta\} = \{x\in\Omega;\, w(x)=0\}$. Par conséquent, mes $(E_{\delta,w})\to 0$ quand $\delta\to 0$. Comme $(u_1+u_2)^2\in L^1(\Omega)$, on en déduit que $\|\nabla\Sigma_\delta(w)\|_{L^2(\Omega)}\to 0$ quand $\delta\to 0$. Par l'inégalité de Poincaré, ceci implique que $\|\Sigma_\delta(w)\|_{H^1(\Omega)}\to 0$, puis que $\|\Sigma_\delta(w)\|_{L^1(\Omega)}\to 0$. Comme $|\Sigma_\delta(w)| = 1$ sur l'ensemble $\{x\in\Omega;\,|w|\ge\delta\}$, il vient

$$\text{mes}\,(\{x\in\Omega;\,|w|\ge\delta\}) \longrightarrow 0 \quad\text{quand}\quad \delta\to 0,\, \delta>0. \tag{4.25}$$

Or, la fonction $\delta\mapsto$ mes $(\{x\in\Omega;\,|w|\ge\delta\})$ est positive, décroissante sur $\mathbb{R}^*_+$. Par (4.25), elle est donc identiquement nulle ce qui équivaut à $w=0$ presque partout, soit $u_1=u_2$. □

Remarque 4.8. Le raisonnement utilisé ici est très spécifique à l'équation et à la non linéarité considérées. On peut toutefois noter des arguments d'intérêt plus général, comme l'usage d'une fonction-test non linéaire et la façon dont, dans le passage de l'équation (4.22) à l'équation (4.23), on a fait apparaître la fonction-test non linéaire dans la forme bilinéaire. □

4.3 Exercices du chapitre 4

1. Soit Ω un ouvert borné de $\mathbb{R}^d$, A une matrice $d \times d$ symétrique à coefficients a_{ij} dans $L^\infty(\Omega)$ et telle qu'il existe $\alpha > 0$ avec $\sum_{ij} a_{ij}(x)\xi_i\xi_j \geq \alpha\|\xi\|^2$ pour tout $\xi \in \mathbb{R}^d$ et presque tout $x \in \Omega$, et $f : \Omega \times \mathbb{R} \times \mathbb{R}^d \to \mathbb{R}$ une application continue et bornée. Montrer que le problème : $u \in H_0^1(\Omega)$, $-\text{div}\,(A(x)\nabla u) = f(x, u, \nabla u)$ admet au moins une solution (*Indication : après avoir correctement défini une approximation de Galerkin* u_m *de la solution potentielle, on pourra montrer que* $f(x, u_m, \nabla u_m) \rightharpoonup \bar{f}$ *pour un certain* $\bar{f}$ *dans* $L^2(\Omega)$, *puis que la suite* u_m *converge en fait fortement dans* $H^1(\Omega)$).

2. À propos de la nécessité d'effectuer les circonvolutions de la preuve du Lemme 4.5, soit Ω la boule unité de $\mathbb{R}^d$. Trouver un réel p et une suite $\varphi_n \in \mathcal{D}(\Omega)$ telle que $\varphi_n \to 0$ dans $H_0^1(\Omega)$ mais $\varphi_n \not\rightharpoonup 0$ dans $L^p(\Omega)$ (*Indication : se placer à* $d \geq 3$ *et considérer une suite de la forme* $\varphi_n(x) = n^s\varphi(nx)$ *avec* s *bien choisi*). Ce raisonnement permet de retrouver l'exposant de Sobolev au cas, bien improbable, où l'on ne s'en rappellerait plus.

3. Soit B la boule unité ouverte de $\mathbb{R}^3$ et soit $u \in H_0^1(\Omega; \mathbb{R}^3)$ tel que $\text{div}\, u = 0$. On prolonge u par 0 en dehors de la boule et pour $0 < \varepsilon < 1$, on note

$$u_\varepsilon = \rho_\varepsilon \star (u((1-\varepsilon)^{-1}x)),$$

où ρ_ε désigne un noyau régularisant à support dans la boule de rayon ε. Montrer que la restriction de u_ε à B appartient à $\mathcal{D}(B; \mathbb{R}^3)$ et que $u_\varepsilon \to u$ dans H^1 quand $\varepsilon \to 0$. En déduire la densité de $\mathcal{V} = \{\varphi \in \mathcal{D}(B; \mathbb{R}^3); \text{div}\,\varphi = 0\}$ dans $V = \{u \in H_0^1(B; \mathbb{R}^3); \text{div}\, u = 0\}$.

4. Avec les notations précédentes, étant donné $f \in L^2(B; \mathbb{R}^3)$, montrer que le problème : trouver $u \in V$ tel que

$$\forall v \in V, \quad \int_B (\nabla u : \nabla v + [(\nabla u)u] \cdot v)\, dx = \int_B f \cdot v\, dx,$$

admet au moins une solution (si u est une application de B dans $\mathbb{R}^3$, son gradient ∇u est la matrice 3×3 de composantes $(\nabla u)_{ij} = \partial_j u_i$ et le produit scalaire de deux matrices A_1 et A_2 est défini par $A_1 : A_2 = \text{tr}\,(A_1^T A_2)$. Le vecteur $(\nabla u)u$ a donc pour composantes $u_j\partial_j u_i$, $i = 1, 2, 3$, avec la convention d'Einstein de sommation des indices répétés. On le note plutôt $(u\nabla)u$ dans la littérature Navier-Stokes, $u\nabla$ désignant l'opérateur différentiel $u_j\partial_j$, toujours avec sommation sur j). Remarque : on peut en déduire l'existence d'une solution au problème de Navier-Stokes stationnaire.

Chapitre 5
Principe du maximum, régularité elliptique et applications

On regroupe sous le nom générique de principe du maximum un ensemble de résultats de deux types. L'un concerne les points de maximum ou de minimum de solutions de certains problèmes aux limites, l'autre des propriétés de dépendance monotone de cette solution par rapport aux données. Les deux aspects sont naturellement liés. Il y a de plus deux grands cadres, le cadre dit « fort », où l'on s'intéresse aux solutions au sens classique, et le cadre dit « faible » où l'on considère des solutions variationnelles.

5.1 Le principe du maximum fort

Commençons par une première version du principe du maximum fort. On utilisera systématiquement la convention d'Einstein de sommation des indices répétés, ainsi $a_{ij}\xi_i\xi_j = \sum_{i=1}^d \sum_{j=1}^d a_{ij}\xi_i\xi_j$, et ainsi de suite.

Théorème 5.1. *Soit Ω un ouvert borné de $\mathbb{R}^d$. On se donne une matrice $d \times d$ symétrique A dont les composantes a_{ij} appartiennent à $C^0(\overline{\Omega})$ et telle qu'il existe $\lambda > 0$ avec $a_{ij}(x)\xi_i\xi_j \geq \lambda|\xi|^2$ pour tout $x \in \overline{\Omega}$ et tout $\xi \in \mathbb{R}^d$, un vecteur $b \in C^0(\overline{\Omega}; \mathbb{R}^d)$ et une fonction $c \in C^0(\overline{\Omega})$ telle que $c(x) \geq 0$ dans $\overline{\Omega}$. Toute fonction $u \in C^0(\overline{\Omega}) \cap C^2(\Omega)$ qui satisfait*

$$\begin{cases} -a_{ij}(x)\partial_{ij}u(x) + b_i(x)\partial_i u(x) + c(x)u(x) \geq 0 \quad \textit{dans } \Omega, \\ u(x) \geq 0 \quad \textit{sur } \partial\Omega, \end{cases}$$

est positive ou nulle dans $\overline{\Omega}$.

Remarque 5.1. En d'autre termes, si l'on introduit l'opérateur différentiel du second ordre $L = -a_{ij}\partial_{ij} + b_i\partial_i + c$, si une fonction u avec la régularité indiquée est solution du problème aux limites $Lu = f$ dans Ω, $u = g$ sur $\partial\Omega$, avec $f \geq 0$ et $g \geq 0$,

H. Le Dret, *Équations aux dérivées partielles elliptiques non linéaires*, Mathématiques et Applications 72, DOI: 10.1007/978-3-642-36175-3_5,

alors $u \geq 0$. C'est un résultat de monotonie : si f représente une « force », alors la solution u va dans le sens où tire la force, si celui-ci est défini.

La condition $A\xi \cdot \xi \geq \lambda|\xi|^2$ est appelée *coercivité uniforme* de la matrice A. □

Le Théorème 5.1 repose sur la remarque suivante.

Lemme 5.1. *Soit $L' = -a_{ij}\partial_{ij}$. Si $u \in C^2(\Omega)$ atteint un minimum local en un point x_0 de Ω, alors $L'u(x_0) \leq 0$.*

Preuve. La matrice $D^2u(x_0)$ est symétrique. Elle est donc orthogonalement diagonalisable. Soient $\xi_k \in \mathbb{R}^d$, $|\xi_k| = 1, k = 1, \ldots, d$, une base de vecteurs propres et λ_k les valeurs propres associées. On peut donc écrire $D^2u(x_0) = \sum_{k=1}^d \lambda_k \xi_k \otimes \xi_k$.[1] Introduisons les fonctions d'une variable réelle $u_k(t) = u(x_0 + t\xi_k)$. Comme $x_0 \in \Omega$, ces fonctions sont bien définies et de classe C^2 dans un voisinage de 0. De plus, elles ont un minimum local en $t = 0$ par hypothèse. Par conséquent, par la formule de Taylor, $\frac{d^2u_k}{dt^2}(0) \geq 0$. Or $\frac{d^2u_k}{dt^2}(0) = D^2u(x_0)(\xi_k, \xi_k) = \lambda_k$, donc toutes les valeurs propres de $D^2u(x_0)$ sont positives.

On note maintenant que, comme A est symétrique,

$$\begin{aligned} L'u(x_0) = -a_{ij}(x_0)\partial_{ij}u(x_0) &= -\mathrm{tr}\,(A(x_0)D^2u(x_0)) \\ &= -\sum_{k=1}^d \lambda_k \mathrm{tr}\,(A(x_0)\xi_k \otimes \xi_k) \\ &= -\sum_{k=1}^d \lambda_k a_{ij}(x_0)\xi_{k,i}\xi_{k,j} \\ &\leq -\lambda \sum_{k=1}^d \lambda_k \leq 0, \end{aligned}$$

à cause de la coercivité de la matrice A. □

On note que le résultat persiste si $\lambda = 0$. Utilisons ce lemme pour caractériser le minimum de u.

Lemme 5.2. *Soit $u \in C^0(\overline{\Omega}) \cap C^2(\Omega)$ telle que $Lu \geq 0$ dans Ω. Alors*

i) *si $c = 0$ on a $\min_{\overline{\Omega}} u = \min_{\partial\Omega} u$,*
ii) *si $c \geq 0$, on a $\min_{\overline{\Omega}} u \geq \min_{\partial\Omega}(-u_-)$.*

Remarquons que le point (ii) n'a d'intérêt spécifique par rapport au point (i) que si $c \not\equiv 0$.

---

[1] On rappelle que le produit tensoriel de deux vecteurs a et b de $\mathbb{R}^d$ peut être identifié à la matrice $d \times d$ de composantes $(a \otimes b)_{ij} = a_i b_j$. L'action de cette matrice de rang un sur un vecteur c est donnée par $(a \otimes b)c = (c_j b_j)a = (c \cdot b)a$.

Preuve. Comme Ω est borné, $\overline{\Omega}$ est compact et u y atteint son minimum.

Démontrons (i). On suppose dans un premier temps que $Lu \geq \eta > 0$ dans Ω. Si u atteint son minimum sur $\partial\Omega$, il n'y a rien à démontrer. Supposons donc que u atteigne son minimum en un point x_0 de Ω. En ce point intérieur, $Du(x_0) = 0$, donc $Lu(x_0) = L'u(x_0) \leq 0$ d'après le Lemme 5.1, contradiction.

Supposons maintenant que $Lu \geq 0$ dans Ω. On va se ramener au cas précédent. Posons $u_\varepsilon(x) = u(x) - \varepsilon e^{\gamma x_1}$, les constantes ε et γ étant à choisir astucieusement. Par un calcul élémentaire, on a

$$L(e^{\gamma x_1}) = (-a_{11}(x)\gamma^2 + b_1(x)\gamma)e^{\gamma x_1}.$$

Choisissons γ assez grand pour que $\lambda\gamma^2 - \|b_1\|_{C^0(\overline{\Omega})}\gamma > 0$. C'est possible puisque $\lambda > 0$. Comme $a_{11}(x) \geq \lambda$ (prendre $\xi = e_1$ dans l'inégalité de coercivité) et $|b_1(x)| \leq \|b_1\|_{C^0(\overline{\Omega})}$, on voit que

$$-a_{11}(x)\gamma^2 + b_1(x)\gamma \leq -\lambda\gamma^2 + \|b_1\|_{C^0(\overline{\Omega})}\gamma < 0.$$

Par conséquent

$$-L(e^{\gamma x_1}) \geq (\lambda\gamma^2 - \|b_1\|_{C^0(\overline{\Omega})}\gamma)e^{\gamma x_1}.$$

Si l'on pose $\eta = \varepsilon(\lambda\gamma^2 - \|b_1\|_{C^0(\overline{\Omega})}\gamma)\min_{\overline{\Omega}}(e^{\gamma x_1})$, alors $\eta > 0$, puisque Ω est borné et

$$Lu_\varepsilon = Lu - \varepsilon L(e^{\gamma x_1}) \geq \eta > 0 \text{ dans } \Omega.$$

Donc, on est dans le cas précédent, u_ε atteint son minimum sur $\partial\Omega$, *i.e.*,

$$\min_{x\in\overline{\Omega}}(u(x) - \varepsilon e^{\gamma x_1}) = \min_{x\in\partial\Omega}(u(x) - \varepsilon e^{\gamma x_1}).$$

Faisons alors tendre ε vers 0. Comme $\varepsilon e^{\gamma x_1}$ tend uniformément vers 0 sur $\overline{\Omega}$, les minima convergent et on en déduit le résultat pour le cas (i).

Traitons le cas (ii). Si $u \geq 0$ dans Ω, alors, $u \geq 0$ sur $\overline{\Omega}$ par continuité, donc $\min_{\overline{\Omega}} u \geq 0$ d'une part et $u_- = 0$ d'autre part, donc il n'y a rien à démontrer.

Supposons donc que u prenne des valeurs strictement négatives dans Ω et posons $\Omega_- = \{x \in \Omega; u(x) < 0\}$. C'est un ouvert non vide. De plus, $\bar{L}u = Lu - cu \geq 0$ dans Ω_- et $\bar{L}$ n'a pas de terme d'ordre 0. D'après le cas (i), on a donc

$$\min_{x\in\overline{\Omega_-}}(u(x)) = \min_{x\in\partial\Omega_-}(u(x)).$$

Or il est clair que

$$\min_{x\in\overline{\Omega_-}}(u(x)) = \min_{x\in\overline{\Omega}}(u(x))$$

par définition de Ω_- puisqu'en dehors de Ω_- où u est strictement négative, u est positive. Par ailleurs, $u \leq 0$ sur $\partial\Omega_-$, donc $u = -u_-$ sur $\partial\Omega_-$. De plus, $\partial\Omega_- = (\partial\Omega_- \cap \Omega) \cup (\partial\Omega_- \cap \partial\Omega)$. Or si $x \in \partial\Omega_- \cap \Omega$ alors $u(x) = 0$ (sinon, $u(x) < 0$ implique $x \in \Omega_-$), donc, comme $\min_{\overline{\Omega}} u < 0$, on voit que

$$\min_{x\in\partial\Omega_-}(u(x)) = \min_{x\in\partial\Omega_-}(-u_-(x)) = \min_{x\in\partial\Omega_-\cap\partial\Omega}(-u_-(x)) = \min_{x\in\partial\Omega}(-u_-(x)),$$

ce qui termine la démonstration. □

Preuve du Théorème 5.1. On applique le lemme 5.2 (ii). Si $u \geq 0$ sur $\partial\Omega$, alors $u_- = 0$ sur $\partial\Omega$. Par conséquent, $\min_{\overline{\Omega}} u \geq 0$. □

Remarque 5.2.
i) On voit donc que si $c = 0$ ou si u prend des valeurs négatives, alors u atteint son minimum au bord de l'ouvert. Par contre, si u ne prend pas de valeurs négatives sur le bord et c n'est pas nul, on ne peut rien dire du point où le minimum est atteint. On a bien sûr un résultat analogue avec les maximums en inversant tous les signes.
ii) Le principe du maximum est encore vrai, mais nettement plus délicat à montrer sous des hypothèses de régularité plus faibles, $u \in W^{2,p}(\Omega)$, $p > d$, et $a_{ij}, b_i, c \in L^\infty(\Omega)$, voir [29].
iii) Mentionnons que le principe du maximum est spécifique aux équations elliptiques du second ordre. En d'autres termes, il n'a pas d'analogue, sauf exception, ni pour les systèmes d'équations, ni pour les équations elliptiques d'ordre plus élevé.
iv) Le principe du maximum fort entraîne l'unicité de la solution du problème de Dirichlet dans la classe $C^0(\overline{\Omega}) \cap C^2(\Omega)$. En effet, $Lu = 0$ et $u = 0$ sur $\partial\Omega$ entraîne $u \geq 0$ et $u \leq 0$ dans Ω. □

On va raffiner l'étude des points de minimum de u par un résultat dû à Hopf. Pour cela, on doit supposer une certaine régularité de la frontière de Ω. Par exemple, la condition de sphère intérieure qui suppose qu'en tout point x de $\partial\Omega$, il existe une boule ouverte $B(y, R)$ incluse dans Ω telle que $x \in \bar{B}(y, R)$ (intuitivement, cette boule intérieure est « tangente » à $\partial\Omega$, du moins quand $\partial\Omega$ est régulier). On définit alors un vecteur normal extérieur à $\partial\Omega$ en x, noté n, comme étant le vecteur $(x-y)/R$. La terminologie « extérieur » est un peu trompeuse ici, car rien n'empêche Ω d'être situé des deux côtés de $\partial\Omega$ ou d'être comme sur le dessin de la Figure 5.1.

Théorème 5.2. *Soit Ω satisfaisant une condition de sphère intérieure et soient L et $u \in C^1(\overline{\Omega}) \cap C^2(\Omega)$ satisfaisant les mêmes hypothèses que précédemment. Si u atteint un minimum local strict en un point x_0 de $\partial\Omega$ dans le cas où $c = 0$, ou bien un minimum local strict négatif dans le cas où $c \geq 0$, alors*

$$\frac{\partial u}{\partial n}(x_0) = n_i(x_0)\partial_i u(x_0) < 0. \tag{5.1}$$

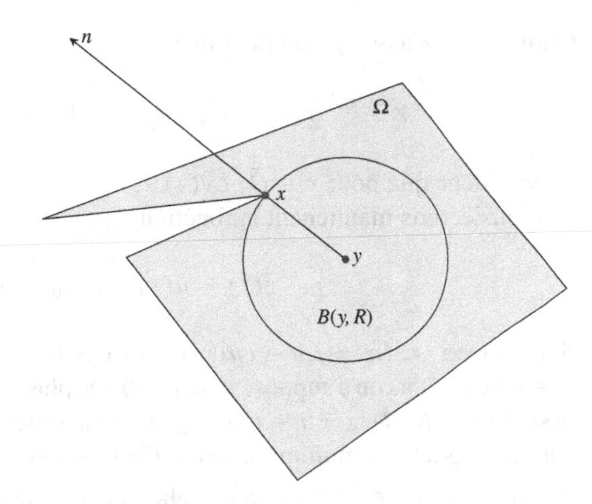

Fig. 5.1 La condition de sphère intérieure

Remarque 5.3. En un tel point, la dérivée directionnelle pointant vers l'extérieur est nécessairement négative (considérer la fonction $t \mapsto u(x_0 - tn(x_0))$ pour $t > 0$). Le théorème de Hopf assure qu'elle est en fait strictement négative. Heuristiquement, si cette dérivée était nulle, alors $t \mapsto u(x_0 - tn(x_0))$ aurait tendance à être convexe au voisinage de 0, ce qui est essentiellement interdit par $Lu \geq 0$. Bien entendu, ceci ne constitue pas une démonstration. □

Preuve. Soit $B(y_0, R)$ la boule associée au point x_0 par la condition de sphère intérieure. On peut toujours choisir R suffisamment petit pour que $u(x_0) < u(x)$ pour tout $x \in B(y_0, R)$, puisque x_0 est un point de minimum local strict. On pose

$$v(x) = e^{-\gamma|x-y_0|^2} - e^{-\gamma R^2},$$

où γ est une constante à choisir. Par construction, $v(x) = 0$ sur la sphère $S(y_0, R)$ de centre y_0 et de rayon R, en particulier en x_0, et $v > 0$ dans la boule $B(y_0, R)$.

Par un calcul élémentaire, on trouve

$$\begin{aligned} Lv(x) = \big[&-4\gamma^2 a_{ij}(x)(x_i - y_{0i})(x_j - y_{0j}) \\ &+ 2\gamma\big(a_{ii}(x) - b_i(x)(x_i - y_{0i})\big)\big]e^{-\gamma|x-y_0|^2} + c(x)v(x). \end{aligned}$$

Par conséquent, en raison de la coercivité de A et du fait que $c(x)e^{-\gamma R^2} \geq 0$, on voit que

$$Lv(x) \leq \big[-4\gamma^2\lambda|x-y_0|^2 + 2\gamma\big(a_{ii}(x) + |b_i(x)||x_i - y_{0i}|\big) + c(x)\big]e^{-\gamma|x-y_0|^2}.$$

En particulier, si $x \in O = B(y_0, R) \setminus \bar{B}(y_0, R/2)$,

$$Lv(x) \leq \big[-\gamma^2\lambda R^2 + 2\gamma\big(\|a\|_{C^0(\bar{\Omega})} + \|b\|_{C^0(\bar{\Omega})}R\big) + \|c\|_{C^0(\bar{\Omega})}\big]e^{-\gamma|x-y_0|^2}.$$

Choisissant γ assez grand pour que

$$-\gamma^2\lambda R^2 + 2\gamma\big(\|a\|_{C^0(\overline{\Omega})} + \|b\|_{C^0(\overline{\Omega})}R\big) + \|c\|_{C^0(\overline{\Omega})} < 0,$$

on voit donc que pour $x \in \overline{O}$, $Lv(x) < 0$.

Considérons maintenant la fonction

$$z(x) = u(x) - u(x_0) - \varepsilon v(x).$$

Sur l'ouvert O, $Lz = Lu - cu(x_0) - \varepsilon Lv > 0$. En effet, soit $c = 0$, soit $c \geq 0$ avec $c \not\equiv 0$ auquel cas on a supposé $u(x_0) \leq 0$. De plus, $\partial O = S(y_0, R) \cup S(y_0, R/2)$. Sur la sphère $S(y_0, R)$, $z = u - u(x_0) \geq 0$. Sur la sphère $S(y_0, R/2)$, $u - u(x_0) \geq \eta > 0$ par la propriété de minimum strict. Choisissons $\varepsilon \leq \frac{\eta}{e^{-\gamma R^2/4} - e^{-\gamma R^2}}$. Il vient alors $z = u - u(x_0) - \varepsilon v \geq 0$ sur cette sphère. On applique alors le principe du maximum du Théorème 5.1 à la fonction z sur l'ouvert O, ce qui montre que

$$\forall x \in O, \quad u(x) \geq u(x_0) + \varepsilon v(x).$$

Par conséquent, quand on restreint cette inégalité au segment $x_0 - tn(x_0)$, $R/2 \geq t > 0$, il vient

$$\frac{u(x_0 - tn(x_0)) - u(x_0)}{t} \geq \varepsilon \frac{v(x_0 - tn(x_0))}{t} \longrightarrow 2\varepsilon\gamma R, \quad \text{quand} \quad t \to 0^+.$$

On en déduit donc

$$\frac{\partial u}{\partial n}(x_0) \leq -2\varepsilon\gamma R,$$

et le théorème est démontré. □

Le théorème de Hopf implique une version encore plus forte du principe du maximum : si le minimum est atteint en un point intérieur, alors la fonction u est constante et égale à ce minimum sur la composante connexe de ce point. L'idée est très simple : si u atteint son minimum à l'intérieur en un point isolé par exemple, alors son gradient y est nul, ce qui contredit le théorème de Hopf dans une boule assez petite dont le bord contient le point en question. Sa mise en œuvre l'est un peu moins. La difficulté est qu'on n'a aucune information sur l'ensemble où u atteint son minimum et qu'il faut construire une boule incluse dans l'ouvert et le rencontrant en un seul point pour pouvoir appliquer le théorème de Hopf.

Théorème 5.3. *Soit Ω un ouvert borné, connexe de $\mathbb{R}^d$ et $u \in C^0(\overline{\Omega}) \cap C^2(\Omega)$ tel que $Lu \geq 0$ sur Ω. On note $m = \min_{\overline{\Omega}} u$. Alors, si $c = 0$ ou bien si $c \geq 0$ et $m \leq 0$, on a l'alternative : soit $u \equiv m$ sur $\overline{\Omega}$, soit $u > m$ dans Ω.*

Preuve. Soit $M = \{x \in \overline{\Omega}; u(x) = m\}$, c'est un fermé de $\overline{\Omega}$, donc un compact. Donc, pour tout $y \in \mathbb{R}^d$, la distance de y à M est atteinte, c'est-à-dire qu'il existe

$p(y) \in M$ tel que $\delta(y) = |y - p(y)| = \inf_{z \in M} |y - z|$. On en déduit que $B(y, \delta(y)) \subset \mathbb{R}^d \setminus M$ et $p(y) \in \bar{B}(y, \delta(y))$ (attention, p n'est pas une application, la distance peut être atteinte en plusieurs points de M).

Posons alors $N = \Omega \setminus M = \{x \in \Omega; u(x) > m\}$. C'est un ouvert. On va montrer qu'il est aussi fermé dans Ω pour la topologie induite. Pour cela, on prend une suite $y_k \in N$ telle que $y_k \to y_0$ dans Ω. On raisonne par l'absurde en supposant que $y_0 \notin N$, c'est-à-dire $y_0 \in M \cap \Omega$. Dans ce cas, $\delta(y_k) \to 0$ et $p(y_k) \to y_0$ (extraire une sous-suite et raisonner par unicité). En particulier, pour k assez grand, on aura $B(y_k, \delta(y_k)) \subset \Omega$ et $p(y_k) \in \Omega$. Choisissons un tel k. Il est clair qu'il existe une boule de la forme $B = B(p(y_k) + t(y_k - p(y_k)), t\delta(y_k))$ avec $0 < t < 1$ telle que $B \subset B(y_k, \delta(y_k)) \cap \Omega$.

Par construction, pour tout x dans B, on a $u(x) > m$. De plus, $p(y_k) \in \bar{B}$ et $u(p(y_k)) = m$, donc $p(y_k)$ est un minimum strict sur l'adhérence de l'ouvert B, lequel vérifie manifestement la condition de sphère intérieure, puisque c'est une boule. Naturellement, u est C^1 sur $\bar{B}$ comme restriction d'une fonction C^2 sur Ω. Enfin, on a fait l'hypothèse que $m \leq 0$ si $c \geq 0$. Par le théorème de Hopf, on en déduit que $Du(p(y_k)) \cdot n(p(y_k)) < 0$. Or ceci est impossible puisque $p(y_k)$ est un point de minimum intérieur, donc $Du(p(y_k)) = 0$. Contradiction et on voit donc que $y_0 \in N$, c'est-à-dire que N est fermé.

L'ensemble N est un sous-ensemble ouvert et fermé d'un connexe Ω, donc il est soit vide, soit égal à Ω. □

Donnons une première application du principe du maximum fort à un résultat d'estimation.

Théorème 5.4. *Soit $\eta > 0$ et $u \in C^2(\overline{\Omega})$ telle que $Lu + \eta u = f$ sur Ω et $u = g$ sur $\partial\Omega$. Alors*

$$\|u\|_{C^0(\overline{\Omega})} \leq \max\left\{ \|g\|_{C^0(\partial\Omega)}, \frac{\|f\|_{C^0(\overline{\Omega})}}{\eta} \right\}.$$

Preuve. D'abord, comme u satisfait l'équation non seulement dans Ω, mais aussi dans $\overline{\Omega}$, on a nécessairement $f \in C^0(\overline{\Omega})$. Posons

$$v = u - \max\left\{ \|g\|_{C^0(\partial\Omega)}, \frac{\|f\|_{C^0(\overline{\Omega})}}{\eta} \right\}.$$

On a

$$v \leq u - \|g\|_{C^0(\partial\Omega)} \leq 0 \text{ sur } \partial\Omega,$$

et

$$\begin{aligned} Lv + \eta v &= f - (c + \eta) \max\left\{ \|g\|_{C^0(\partial\Omega)}, \frac{\|f\|_{C^0(\overline{\Omega})}}{\eta} \right\} \\ &\leq f - c\frac{\|f\|_{C^0(\overline{\Omega})}}{\eta} - \|f\|_{C^0(\overline{\Omega})} \leq -c\frac{\|f\|_{C^0(\overline{\Omega})}}{\eta} \leq 0. \end{aligned}$$

Donc, par le principe du maximum fort, $v \leq 0$ dans $\overline{\Omega}$, c'est-à-dire

$$u \leq \max\left\{ \|g\|_{C^0(\partial\Omega)}, \frac{\|f\|_{C^0(\overline{\Omega})}}{\eta} \right\} \text{ dans } \overline{\Omega}.$$

On refait le même raisonnement avec $v = u + \max\left\{ \|g\|_{C^0(\partial\Omega)}, \frac{\|f\|_{C^0(\overline{\Omega})}}{\eta} \right\}$. □

Remarque 5.4. On pouvait aussi supposer $u \in C^0(\overline{\Omega}) \cap C^2(\Omega)$. Le résultat est toujours vrai si l'on suppose alors f bornée sur Ω (si f n'est pas bornée, le majorant du membre de droite vaut $+\infty$, ce qui n'est pas une information pertinente). □

Signalons un résultat d'estimation assez semblable au précédent.

Théorème 5.5. *Soit $u \in C^0(\overline{\Omega}) \cap C^2(\Omega)$ telle que $Lu = f$ sur Ω, avec f bornée sur Ω, et $u = g$ sur $\partial\Omega$. Alors il existe une constante C qui ne dépend que du diamètre de Ω, de $\|b\|_{C^0(\overline{\Omega})}$ et de λ telle que*

$$\|u\|_{C^0(\overline{\Omega})} \leq \|g\|_{C^0(\partial\Omega)} + C \sup_{\Omega} |f|.$$

Preuve. Comme Ω est borné, il existe un nombre δ tel que Ω soit inclus dans la bande $\{x \in \mathbb{R}^d; -\delta/2 < x_1 < \delta/2\}$. Soit $L' = -a_{ij}\partial_{ij} + b_i\partial_i$ et $\beta = \|b\|_{C^0(\overline{\Omega})}/\lambda$. Pour $\alpha = \beta + 1 \geq 1$, on a

$$\begin{aligned} L'(e^{\alpha(x_1+\delta/2)}) &= (-\alpha^2 a_{11} + \alpha b_1)e^{\alpha(x_1+\delta/2)} \\ &\leq \lambda(-\alpha^2 + \alpha\beta)e^{\alpha(x_1+\delta/2)} = -\lambda\alpha e^{\alpha(x_1+\delta/2)} \leq -\lambda. \end{aligned}$$

Soit alors

$$v(x) = \|g\|_{C^0(\partial\Omega)} + (e^{\alpha\delta} - e^{\alpha(x_1+\delta/2)})\frac{\sup_\Omega |f|}{\lambda}.$$

Il est clair que $Lv = L'v + cv \geq L'v \geq \sup_\Omega |f|$. Par conséquent,

$$L(v-u) = Lv - Lu \geq \sup_{\Omega} |f| - f \geq 0 \text{ dans } \Omega \text{ et } v - u \geq 0 \text{ sur } \partial\Omega.$$

Par le principe du maximum fort, il vient donc $v - u \geq 0$ dans $\overline{\Omega}$, d'où

$$u(x) \leq \|g\|_{C^0(\partial\Omega)} + (e^{\alpha\delta} - 1)\frac{\sup_\Omega |f|}{\lambda}$$

pour tout $x \in \overline{\Omega}$. On conclut en changeant u en $-u$. □

Remarque 5.5. Par translation et rotation, on peut prendre δ égal au diamètre de Ω d'où la dépendance de la constante C indiquée dans l'énoncé.

Il n'est pas nécessaire ici de supposer que c est bornée inférieurement par une constante strictement positive (ce que l'on avait essentiellement fait en introduisant la constante η au Théorème 5.4. □

5.2 Le principe du maximum faible

Dans cette section, nous considérons le même type de questions que précédemment, mais pour des solutions faibles et sous des hypothèses de régularité moins restrictives. Naturellement, les résultats sont moins fins. Donnons d'abord l'analogue du Théorème 5.1.

Théorème 5.6. *Soit Ω un ouvert borné de $\mathbb{R}^d$. On se donne une matrice $d \times d$ symétrique A telle que $a_{ij} \in L^\infty(\Omega)$ et qu'il existe $\lambda > 0$ avec $a_{ij}(x)\xi_i\xi_j \geq \lambda|\xi|^2$ pour presque tout $x \in \Omega$ et tout $\xi \in \mathbb{R}^d$, et une fonction $c \in L^\infty(\Omega)$ telle que $c \geq 0$ presque partout. Toute fonction $u \in H^1(\Omega)$ qui satisfait*

$$\begin{cases} -\mathrm{div}\,(A\nabla u) + cu \geq 0, \\ u_- \in H_0^1(\Omega), \end{cases}$$

est positive ou nulle presque partout dans Ω.

Remarque 5.6. On rappelle qu'une distribution $T \in \mathscr{D}'(\Omega)$ est dite positive si et seulement si, pour tout $\varphi \in \mathscr{D}(\Omega)$ telle que $\varphi(x) \geq 0$ dans Ω, on a $\langle T, \varphi\rangle \geq 0$. On sait que dans ce cas, T est en fait une mesure de Radon positive. C'est en ce sens qu'il faut comprendre la première inégalité. La deuxième condition est une façon faible d'exprimer que u est positive au bord, même si ce dernier n'est pas assez régulier pour qu'il existe une trace. En effet, si Ω est régulier, on a $\gamma_0(u_-) = (\gamma_0(u))_-$ et bien sûr $H_0^1(\Omega) = \ker \gamma_0$. □

Commençons par un lemme sur les éléments de $H^{-1}(\Omega)$ positifs.

Lemme 5.3. *Soit $f \in H^{-1}(\Omega)$ telle que $f \geq 0$ au sens de $\mathscr{D}'(\Omega)$. Alors, pour tout v dans $H_0^1(\Omega)$, $\langle f, v_+\rangle_{H^{-1}(\Omega),H_0^1(\Omega)} \geq 0$.*

Preuve. Soit $v \in H_0^1(\Omega)$. Il existe une suite $\varphi_n \in \mathscr{D}(\Omega)$ telle que $\varphi_n \to v$ dans $H_0^1(\Omega)$ fort. Par conséquent, $(\varphi_n)_+ \to v_+$ dans $H_0^1(\Omega)$ fort. À n fixé, $(\varphi_n)_+$ est à support compact. On peut donc l'approcher dans $H_0^1(\Omega)$ fort par une convolution par un noyau régularisant, $\rho_\varepsilon \star (\varphi_n)_+$, qui est bien définie et appartient à $\mathscr{D}(\Omega)$ dès que ε est inférieur à la distance du support de $(\varphi_n)_+$ au bord. De plus, par définition de la convolution, $\rho_\varepsilon \star (\varphi_n)_+ \geq 0$. Donc, comme $f \geq 0$, on en déduit $\langle f, \rho_\varepsilon \star (\varphi_n)_+\rangle \geq 0$. On extrait une suite diagonale telle que $\rho_{\varepsilon_n} \star (\varphi_n)_+ \to v_+$ dans $H_0^1(\Omega)$ fort, et l'on conclut en passant à la limite dans l'inégalité, puisque $f \in H^{-1}(\Omega)$. □

Preuve du Théorème 5.6. Il suffit de montrer que $u_- = 0$. Comme on a $u_- \in H_0^1(\Omega)$, il suffit de montrer que $\nabla u_- = 0$ puis d'appliquer l'inégalité de Poincaré. Soit donc $f = -\mathrm{div}\,(A\nabla u) + cu$ qui appartient à $H^{-1}(\Omega)$. Nous avons par conséquent

$$0 \leq \langle f, u_- \rangle_{H^{-1}(\Omega), H_0^1(\Omega)} = \int_\Omega A\nabla u \nabla(u_-)\, dx + \int_\Omega c u u_-\, dx.$$

Or $\nabla(u_-) = -\mathbf{1}_{u \leq 0} \nabla u = -(\mathbf{1}_{u \leq 0})^2 \nabla u$ d'où

$$\begin{aligned} A\nabla(u)\nabla(u_-) &= -A\nabla(u)[(\mathbf{1}_{u\leq 0})^2 \nabla(u)] \\ &= -[A(\mathbf{1}_{u\leq 0})\nabla(u)][(\mathbf{1}_{u\leq 0})\nabla(u)] = -A\nabla(u_-)\nabla(u_-). \end{aligned}$$

De même $u_- = -\mathbf{1}_{u\leq 0} u = -(\mathbf{1}_{u\leq 0})^2 u$, d'où $cuu_- = -c(u_-)^2$. Par conséquent,

$$\int_\Omega A\nabla(u_-)\nabla(u_-)\, dx + \int_\Omega c(u_-)^2\, dx \leq 0.$$

Il vient donc par la coercivité de A que

$$\lambda \|\nabla(u_-)\|^2_{L^2(\Omega)} \leq 0,$$

et l'on en déduit immédiatement le résultat. □

Notons que si $c > 0$ presque partout dans Ω, le résultat subsiste avec $\lambda = 0$. On a également un analogue faible du Théorème 5.4.

Théorème 5.7. *Soit Ω un ouvert borné de $\mathbb{R}^d$. On se donne une matrice $d \times d$ symétrique A telle que $a_{ij} \in L^\infty(\Omega)$ avec $a_{ij}(x)\xi_i\xi_j \geq 0$ pour presque tout $x \in \Omega$ et tout $\xi \in \mathbb{R}^d$, et une fonction $c \in L^\infty(\Omega)$ telle que $c(x) \geq \eta > 0$ presque partout. Toute fonction $u \in H_0^1(\Omega)$ solution de*

$$-\operatorname{div}(A\nabla u) + cu = f \text{ au sens de } \mathscr{D}'(\Omega) \tag{5.2}$$

satisfait

$$\|u\|_{L^\infty(\Omega)} \leq \frac{1}{\eta}\|f\|_{L^\infty(\Omega)}. \tag{5.3}$$

Preuve. Tout d'abord, si $f \notin L^\infty(\Omega)$, il n'y a rien à démontrer. Supposons donc que $f \in L^\infty(\Omega)$. Soit $k \in \mathbb{R}^+$. Nous savons que $(u-k)_+ \in H_0^1(\Omega)$. Nous déduisons de (5.2) que

$$\int_\Omega A\nabla u \cdot \nabla(u-k)_+\, dx + \int_\Omega cu(u-k)_+\, dx = \int_\Omega f(u-k)_+\, dx.$$

Or

$$\begin{aligned} \int_\Omega A\nabla u \cdot \nabla(u-k)_+\, dx &= \int_\Omega A\nabla(u-k) \cdot \nabla(u-k)_+\, dx \\ &= \int_\Omega A\nabla(u-k)_+ \cdot \nabla(u-k)_+\, dx \geq 0, \end{aligned}$$

en effet, $\nabla(u-k)_+ = \mathbf{1}_{u>k}\nabla(u-k)$ et $\mathbf{1}_{u>k} = \mathbf{1}^2_{u>k}$. Remplaçant cette inégalité dans l'égalité qui la précède, il vient

$$\int_\Omega cu(u-k)_+\,dx \le \int_\Omega f(u-k)_+\,dx.$$

Comme Ω est borné, on peut soustraire $\int_\Omega kc(u-k)_+\,dx$ aux deux membres de cette inégalité, ce qui donne

$$\int_\Omega c(u-k)(u-k)_+\,dx \le \int_\Omega (f-ck)(u-k)_+\,dx.$$

Or

$$\int_\Omega c(u-k)(u-k)_+\,dx = \int_\Omega c[(u-k)_+]^2\,dx \ge \eta\|(u-k)_+\|^2_{L^2(\Omega)}.$$

Mais, si $k = \|f\|_{L^\infty(\Omega)}/\eta$, alors $f - ck \le 0$ presque partout. Comme $(u-k)_+ \ge 0$ presque partout, on en déduit que $\int_\Omega (f-ck)(u-k)_+\,dx \le 0$. Par la dernière égalité, il vient $(u-k)_+ = 0$, c'est-à-dire $u \le k$ presque partout.

On reprend ensuite le même raisonnement avec $v = (u+k)_-$, toujours avec $k = \|f\|_{L^\infty(\Omega)}/\eta$. □

Remarque 5.7. On a un résultat analogue si Ω est un ouvert régulier et $\gamma(u) = g$ pour $g \in H^{1/2}(\partial\Omega)$. Il suffit de prendre $|k| \ge \|g\|_{L^\infty(\partial\Omega)}$. □

5.3 Résultats de régularité elliptique

Les équations elliptiques linéaires du second ordre possèdent une propriété très importante : la solution gagne grosso modo deux dérivées par rapport au second membre de l'équation. C'est ce que l'on appelle la régularité elliptique. Il s'agit d'une théorie très technique, et nous renvoyons par exemple à [29, 30] pour les démonstrations, mais les résultats sont essentiels pour les applications.

On peut néanmoins comprendre d'où vient la régularité elliptique à l'aide de deux exemples simples où l'on met en œuvre deux techniques différentes.

Le premier exemple utilise la transformation de Fourier. Soit $u \in H^1(\mathbb{R}^d)$ telle que $\Delta u \in L^2(\mathbb{R}^d)$. Alors on va montrer qu'alors $u \in H^2(\mathbb{R}^d)$. En effet, si $u \in H^1(\mathbb{R}^d)$ alors $u \in \mathscr{S}'(\mathbb{R}^d)$, l'espace des distributions tempérées sur lequel la transformation de Fourier est un isomorphisme et où l'on a la formule $\mathscr{F}(\partial_k u) = i\xi_k\hat{u}$ (ici $i^2 = -1$), voir [13]. Par conséquent, $\mathscr{F}(\Delta u)(\xi) = -\xi_k\xi_k\hat{u} = -|\xi|^2\hat{u} \in L^2(\mathbb{R}^d)$ puisque la transformation de Fourier est aussi un isomorphisme sur $L^2(\mathbb{R}^d)$. De même, $\mathscr{F}(\partial_{kl}u)(\xi) = -\xi_k\xi_l\hat{u}(\xi)$, donc

$$|\mathscr{F}(\partial_{kl}u)(\xi)|^2 = \xi_k^2\xi_l^2|\hat{u}(\xi)|^2 \leq \Big(\sum_{m=1}^d \xi_m^2\Big)\Big(\sum_{n=1}^d \xi_n^2\Big)|\hat{u}(\xi)|^2 = |\xi|^4|\hat{u}(\xi)|^2 \in L^1(\mathbb{R}^d).$$

On en déduit que $\mathscr{F}(\partial_{kl}u) \in L^2(\mathbb{R}^d)$ et donc la régularité elliptique $\partial_{kl}u \in L^2(\mathbb{R}^d)$.

Comme la transformation de Fourier est en outre une isométrie sur $L^2(\mathbb{R}^d)$ (modulo éventuellement un facteur $(2\pi)^{-d/2}$ suivant la définition adoptée), on voit que

$$\|\partial_{kl}u\|_{L^2(\mathbb{R}^d)} \leq \|\Delta u\|_{L^2(\mathbb{R}^d)},$$

d'où l'estimation (il y a d^2 dérivées secondes)

$$\|u\|_{H^2(\mathbb{R}^d)} \leq \big(\|u\|^2_{H^1(\mathbb{R}^d)} + d^2\|\Delta u\|^2_{L^2(\mathbb{R}^d)}\big)^{1/2}.$$

Le deuxième exemple utilise ce que l'on appelle la méthode des translations de Nirenberg. Considérons le problème : trouver $u \in H^1(\mathbb{R}^d)$ tel que $-\Delta u + u = f$ avec $f \in H^{-1}(\mathbb{R}^d)$. C'est un problème trivialement variationnel :

$$\forall v \in H^1(\mathbb{R}^d), \int_{\mathbb{R}^d} (\nabla u \cdot \nabla v + uv)\,dx = \langle f, v\rangle,$$

avec l'estimation

$$\|u\|_{H^1(\mathbb{R}^d)} \leq \|f\|_{H^{-1}(\mathbb{R}^d)}.$$

Supposons maintenant que $f \in L^2(\mathbb{R}^d)$. On va montrer qu'alors $u \in H^2(\mathbb{R}^d)$. Choisissons un indice i et pour tout $h \neq 0$, définissons les translatés $u_{i,h}(x) = u(x + he_i)$ et $f_{i,h}(x) = f(x + he_i)$. Manifestement, on a $-\Delta u_{i,h} + u_{i,h} = f_{i,h}$ et $u_{i,h} \in H^1(\mathbb{R}^d)$, d'où

$$\forall v \in H^1(\mathbb{R}^d), \int_{\mathbb{R}^d} \Big(\nabla\Big(\frac{u_{i,h} - u}{h}\Big) \cdot \nabla v + \frac{u_{i,h} - u}{h} v\Big)\,dx = \Big\langle \frac{f_{i,h} - f}{h}, v\Big\rangle,$$

et comme $\frac{u_{i,h}-u}{h} \in H^1(\mathbb{R}^d)$, on peut appliquer l'estimation variationnelle

$$\Big\|\frac{u_{i,h} - u}{h}\Big\|_{H^1(\mathbb{R}^d)} \leq \Big\|\frac{f_{i,h} - f}{h}\Big\|_{H^{-1}(\mathbb{R}^d)}. \tag{5.4}$$

Par hypothèse, $f \in L^2(\mathbb{R}^d)$. Montrons que cela implique que $\frac{f_{i,h}-f}{h}$ est borné dans $H^{-1}(\mathbb{R}^d)$. En effet, pour toute fonction-test $v \in H^1_0(\mathbb{R}^d)$, on a

$$\Big\langle \frac{f_{i,h} - f}{h}, v\Big\rangle = \int_{\mathbb{R}^d} \frac{f_{i,h}(x) - f(x)}{h} v(x)\,dx = \Big\langle f, \frac{v_{i,-h} - v}{h}\Big\rangle. \tag{5.5}$$

Montrons alors que
$$\left\|\frac{v_{i,-h}-v}{h}\right\|_{L^2(\mathbb{R}^d)} \le \|\partial_i v\|_{L^2(\mathbb{R}^d)}. \tag{5.6}$$

En effet, dans le cas où $v = \varphi \in \mathscr{D}(\mathbb{R}^d)$, posant $g(t) = \varphi(x - the_i)$, nous pouvons écrire

$$\begin{aligned}\varphi_{i,-h}(x) - \varphi(x) &= g(1) - g(0)\\ &= \int_0^1 g'(t)\,dt\\ &= -h\int_0^1 \partial_i\varphi(x - the_i)\,dt.\end{aligned}$$

Il s'ensuit que

$$\begin{aligned}\left\|\frac{\varphi_{i,-h}-\varphi}{h}\right\|^2_{L^2(\mathbb{R}^d)} &= \int_{\mathbb{R}^d}\Big(\int_0^1 \partial_i\varphi(x - the_i)\,dt\Big)^2 dx\\ &\le \int_{\mathbb{R}^d}\int_0^1 \big(\partial_i\varphi(x - the_i)\big)^2\,dtdx\\ &= \int_0^1\int_{\mathbb{R}^d} \big(\partial_i\varphi(x - the_i)\big)^2\,dxdt\\ &= \|\partial_i\varphi\|^2_{L^2(\mathbb{R}^d)},\end{aligned}$$

par l'inégalité de Cauchy-Schwarz puis le théorème de Fubini. L'estimation (5.6) provient alors du fait que $\mathscr{D}(\mathbb{R}^d)$ est dense dans $H^1(\mathbb{R}^d)$, voir aussi [11].

Reportant maintenant (5.6) dans l'égalité (5.5), on obtient bien

$$\left\|\frac{f_{i,h}-f}{h}\right\|_{H^{-1}(\mathbb{R}^d)} \le \|f\|_{L^2(\mathbb{R}^d)},$$

encore une fois par l'inégalité de Cauchy-Schwarz et la définition de la norme duale.

Par l'estimation variationnelle (5.4), on en déduit que $\frac{u_{i,h}-u}{h}$ est borné dans $H^1(\mathbb{R}^d)$. En particulier, pour tout j, il vient que $\frac{\partial_j u_{i,h}-\partial_j u}{h}$ est borné dans $L^2(\mathbb{R}^d)$.

Or, $\frac{\partial_j u_{i,h}-\partial_j u}{h} \to \partial_{ij}u$ au sens de $\mathscr{D}'(\mathbb{R}^d)$ quand $h \to 0$. En effet, pour tout $\varphi \in \mathscr{D}(\mathbb{R}^d)$, on a comme pour l'égalité (5.5),

$$\Big\langle\frac{\partial_j u_{i,h}-\partial_j u}{h}, \varphi\Big\rangle = \Big\langle\partial_j u, \frac{\varphi_{i,-h}-\varphi}{h}\Big\rangle,$$

et il facile de voir à l'aide du théorème des accroissements finis appliqué à φ que $\frac{\varphi_{i,-h}-\varphi}{h} \to -\partial_i\varphi$ uniformément quand $h \to 0$ avec des supports inclus dans un compact fixe. Comme $\partial_j u \in L^2(\mathbb{R}^d) \subset L^1_{\mathrm{loc}}(\mathbb{R}^d)$, il s'ensuit que $\langle \partial_j u, \frac{\varphi_{i,-h}-\varphi}{h} \rangle \to -\langle \partial_j u, \partial_i \varphi \rangle = \langle \partial_{ij} u, \varphi \rangle$.

Une suite de distributions T_n qui est bornée dans $L^2(\mathbb{R}^d)$ et qui converge vers une distribution T au sens de $\mathscr{D}'(\mathbb{R}^d)$ est telle que la limite T est dans $L^2(\mathbb{R}^d)$. En effet, on peut par exemple en extraire une sous-suite qui converge faiblement dans $L^2(\mathbb{R}^d)$, donc aussi au sens de $\mathscr{D}'(\mathbb{R}^d)$, et l'on conclut par unicité de la limite au sens des distributions. On déduit donc finalement de ce qui précède que $\partial_{ij} u \in L^2(\mathbb{R}^d)$ et l'estimation

$$\|u\|_{H^2(\mathbb{R}^d)} \leq \sqrt{1+d}\|f\|_{L^2(\mathbb{R}^d)},$$

grâce au fait que $\|f\|_{H^{-1}(\mathbb{R}^d)} \leq \|f\|_{L^2(\mathbb{R}^d)}$ et $\|\partial_i f\|_{H^{-1}(\mathbb{R}^d)} \leq \|f\|_{L^2(\mathbb{R}^d)}$. On en déduit aussi que $\partial_i u$ est *in fine* l'unique solution dans $H^1(\mathbb{R}^d)$ de $-\Delta \partial_i u + \partial_i u = \partial_i f$. □

Remarque 5.8. On ne pouvait pas utiliser directement le fait que $-\Delta \partial_i u + \partial_i u = \partial_i f$, ce qui est trivialement vrai au sens des distributions, car on ne dispose pas au départ de l'information $\partial_i u \in H^1(\mathbb{R}^d)$ (ce qui est en fait la conclusion !). Donc on ne peut pas utiliser la formulation variationnelle pour ce problème. Par contre, les quotients différentiels sont eux directement utilisables dans ce contexte. □

L'ouvert $\mathbb{R}^d$ manque singulièrement de frontière, or une bonne partie de la technicité des résultats de régularité elliptique provient justement du traitement de la frontière et des conditions aux limites. Donnons-en un bref aperçu avec les translations de Nirenberg dans le cas d'un demi-espace avec une condition de Dirichlet homogène. Soit donc $\mathbb{R}^d_+ = \{x \in \mathbb{R}^d; x_d > 0\}$ et considérons le problème : trouver $u \in H^1_0(\mathbb{R}^d_+)$ tel que $-\Delta u + u = f$ avec $f \in H^{-1}(\mathbb{R}^d_+)$. Ce problème est tout aussi variationnel que le précédent avec la même estimation.

On se convainc alors aisément que la méthode des translations de Nirenberg fonctionne sans accroc avec toutes les translations qui laissent $\mathbb{R}^d_+$ invariant, c'est-à-dire pour tout $i < d$. En effet, dans ce cas on a $\frac{u_{i,h}-u}{h} \in H^1_0(\mathbb{R}^d_+)$. On en déduit que $\partial_i u \in H^1_0(\mathbb{R}^d_+)$, donc $\partial_{ij} u \in L^2(\mathbb{R}^d_+)$ pour tout $i < d$ et tout j. Il nous manque une dérivée seconde $\partial_{dd} u$, que l'on récupère grâce à l'équation

$$\partial_{dd} u = -\sum_{i<d} \partial_{ii} u + u - f \in L^2(\mathbb{R}^d_+),$$

puisque l'on vient juste de voir que les dérivées secondes du membre de droite appartiennent à $L^2(\mathbb{R}^d_+)$. Finalement, on a bien $u \in H^2(\mathbb{R}^d_+)$ avec une estimation de sa norme $H^2(\mathbb{R}^d_+)$ par celle de f dans $L^2(\mathbb{R}^d_+)$. On pourra consulter [11] pour plus de détails sur la méthode des translations de Nirenberg.

Revenons maintenant au catalogue des résultats de régularité elliptique dans des cas plus généraux. Dans la suite, on se donne un opérateur différentiel $L = -a_{ij}\partial_{ij} + b_i \partial_i + c$ avec $c \geq 0$, strictement elliptique, c'est-à-dire tel qu'il existe $\lambda > 0$ avec $a_{ij}(x)\xi_i\xi_j \geq \lambda|\xi|^2$ pour tout $x \in \overline{\Omega}$ et tout $\xi \in \mathbb{R}^d$.

Commençons par la régularité höldérienne, qui découle des estimations dites de Schauder.

Théorème 5.8. *Soit $0 < \alpha < 1$ et Ω un ouvert borné de classe $C^{2,\alpha}$. Supposons que les coefficients de L, a_{ij}, b_i et c appartiennent à $C^{0,\alpha}(\overline{\Omega})$ et soit Λ un majorant de leurs normes dans cet espace. Soit $f \in C^{0,\alpha}(\overline{\Omega})$ et $g \in C^{2,\alpha}(\overline{\Omega})$. Soit $u \in C^0(\overline{\Omega}) \cap C^2(\Omega)$ une fonction telle que*

$$Lu = f \text{ dans } \Omega, \quad u = g \text{ sur } \partial\Omega.$$

Alors u appartient à $C^{2,\alpha}(\overline{\Omega})$ avec l'estimation

$$\|u\|_{C^{2,\alpha}(\overline{\Omega})} \leq C(\|f\|_{C^{0,\alpha}(\overline{\Omega})} + \|g\|_{C^{2,\alpha}(\overline{\Omega})}), \tag{5.7}$$

où C ne dépend que de d, α, λ, Λ et Ω.

Remarque 5.9. i) Dans les estimations de Schauder, on ne suppose pas en général que $c \geq 0$ et il faut ajouter au second membre de (5.7) un terme $\|u\|_{C^0(\overline{\Omega})}$. Quand $c \geq 0$, ce terme devient inutile grâce au Théorème 5.5.

ii) Il convient de souligner le caractère *a priori* surprenant de la régularité elliptique. Prenons le cas de $L = -\Delta$ avec $g = 0$. La seule information que Δu appartient à un certain $C^{0,\alpha}(\overline{\Omega})$, c'est-à-dire qu'une certaine combinaison linéaire de dérivées secondes de u est dans cet espace, suffit à assurer que toutes les dérivées secondes, y compris les dérivées croisées qui n'apparaissent pas dans l'opérateur, sont individuellement dans le même espace (sous réserve que u et l'ouvert possèdent déjà une certaine régularité minimale). Il s'agit donc d'une propriété extrêmement forte et profonde des opérateurs elliptiques.

iii) Il faut noter que la régularité elliptique *n'a pas lieu* pour $\alpha = 0$ et $\alpha = 1$. Ainsi par exemple, il existe une fonction u telle que $\Delta u \in C^0(\overline{\Omega})$ mais $u \notin C^2(\overline{\Omega})$, voir les exercices de ce chapitre.

iv) De façon générale, les résultats de régularité elliptique sont de nature locale. Ainsi, si ω est un ouvert compactement inclus dans Ω, et si la restriction de f à ω est de classe $C^{0,\alpha}$, alors la restriction de u à ω est de classe $C^{2,\alpha}$. □

En parallèle avec le résultat d'estimation, on a aussi un résultat d'existence et d'unicité.

Théorème 5.9. *Sous les mêmes hypothèses que précédemment sur l'ouvert et l'opérateur L, pour tous $f \in C^{0,\alpha}(\overline{\Omega})$ et $g \in C^{2,\alpha}(\overline{\Omega})$, il existe une unique fonction $u \in C^0(\overline{\Omega}) \cap C^2(\Omega)$ telle que*

$$Lu = f \text{ dans } \Omega, \quad u = g \text{ sur } \partial\Omega.$$

Remarque 5.10. Le Théorème 5.9 montre que l'opérateur L^{-1} réalise un isomorphisme entre $C^{0,\alpha}(\overline{\Omega}) \times (C^{2,\alpha}(\overline{\Omega})/C_0^{2,\alpha}(\overline{\Omega}))$ et $C^{2,\alpha}(\overline{\Omega})$. □

On a également des résultats de régularité d'ordre plus élevé.

Théorème 5.10. *Soit $0 < \alpha < 1$, k un entier positif et Ω un ouvert borné de classe $C^{k+2,\alpha}$. Supposons que les coefficients de L, a_{ij}, b_i et c appartiennent à $C^{k,\alpha}(\overline{\Omega})$ et soit Λ un majorant de leurs normes dans cet espace. Soit $f \in C^{k,\alpha}(\overline{\Omega})$ et $g \in C^{k+2,\alpha}(\overline{\Omega})$. Soit $u \in C^0(\overline{\Omega}) \cap C^2(\Omega)$ une fonction telle que*

$$Lu = f \text{ dans } \Omega, \quad u = g \text{ sur } \partial\Omega.$$

Alors $u \in C^{k+2,\alpha}(\overline{\Omega})$ avec l'estimation

$$\|u\|_{C^{k+2,\alpha}(\overline{\Omega})} \leq C(\|f\|_{C^{k,\alpha}(\overline{\Omega})} + \|g\|_{C^{k+2,\alpha}(\overline{\Omega})}), \tag{5.8}$$

où C ne dépend que de d, α, λ, Λ, k et Ω.

En d'autres termes, la solution d'une équation elliptique du second ordre a deux dérivées de plus que la donnée f. Ceci implique que si l'ouvert, les coefficients de l'opérateur différentiel et les données sont de classe C^∞, alors la solution est aussi de classe C^∞.

Il existe une théorie analogue dans les espaces de Sobolev. Il convient de distinguer entre solutions faibles ou au sens des distributions, et solutions fortes, c'est-à-dire presque partout. Les hypothèses minimales de régularité sur les coefficients de l'opérateur ne sont pas les mêmes dans ces deux cas.

Pour les solutions faibles, on considère l'opérateur différentiel sous forme divergence, $Lu = -\operatorname{div}(A\nabla u) + cu = -\partial_i(a_{ij}\partial_j u) + cu$, avec $a_{ij}, c \in L^\infty(\Omega)$, A coercive et $c \geq 0$ (on peut également rajouter des termes d'ordre un). Si les coefficients de A sont réguliers, alors la forme divergence est semblable à celle que nous avons utilisé pour les estimations de Schauder.

Théorème 5.11. *Soit Ω un ouvert borné de classe C^2 et supposons que les coefficients de A appartiennent à $C^{0,1}(\overline{\Omega})$. Soit $f \in L^2(\Omega)$ et $g \in H^2(\Omega)$. Soit $u \in H^1(\Omega)$ une fonction telle que*

$$Lu = f \text{ au sens de } \mathscr{D}'(\Omega), \quad u - g \in H^1_0(\Omega).$$

Alors $u \in H^2(\Omega)$ avec l'estimation

$$\|u\|_{H^2(\Omega)} \leq C(\|f\|_{L^2(\Omega)} + \|g\|_{H^2(\Omega)}), \tag{5.9}$$

où C ne dépend pas de f et g. De plus, l'équation est vérifiée presque partout sous la forme

$$-a_{ij}\partial_{ij}u - \partial_i a_{ij}\partial_j u + cu = f.$$

Remarque 5.11. (i) L'existence et l'unicité de u découle ici directement du théorème de Lax-Milgram (on ne suppose pas la matrice A symétrique).

(ii) Si $a_{ij} \in C^{0,1}(\overline{\Omega})$, alors $a_{ij} \in W^{1,\infty}(\Omega)$ et donc $\partial_i a_{ij} \partial_j u \in L^2(\Omega)$. Ce terme a bien un sens et l'on peut appliquer la formule de Leibniz pour dériver le produit $a_{ij}\partial_j u$.

(iii) La régularité de l'ouvert n'est pas une condition nécessaire pour que le résultat ait lieu. Ainsi, en dimension 2, si Ω est un polygone convexe, alors $f \in L^2(\Omega)$ et $g = 0$ impliquent $u = (-\Delta)^{-1} f \in H^2(\Omega)$. Par contre, si Ω est un polygone qui possède un angle rentrant, alors il existe des données f dans $L^2(\Omega)$ telles que $u \notin H^2(\Omega)$, voir [30]. □

Plus généralement, la régularité se propage comme précédemment aux ordres plus élevés, à condition de faire des hypothèses appropriées sur l'ouvert et les coefficients de l'opérateur.

Théorème 5.12. *Soit $k \geq 1$, Ω un ouvert borné de classe C^{k+2}, $a_{ij} \in C^{k,1}(\overline{\Omega})$ et $c \in C^{k-1,1}(\overline{\Omega})$. Soit $f \in H^k(\Omega)$ et $g \in H^{k+2}(\Omega)$. Soit $u \in H^1(\Omega)$ une fonction telle que*

$$Lu = f \text{ au sens de } \mathscr{D}'(\Omega), \quad u - g \in H_0^1(\Omega).$$

Alors $u \in H^{k+2}(\Omega)$ avec l'estimation

$$\|u\|_{H^{k+2}(\Omega)} \leq C_k(\|f\|_{H^k(\Omega)} + \|g\|_{H^{k+2}(\Omega)}), \tag{5.10}$$

où C_k ne dépend pas de f et g.

On retrouve le fait que si l'ouvert, les coefficients et les données sont de classe C^∞, la solution est de classe C^∞.

Pour les solutions fortes, c'est-à-dire les fonctions $u \in W^{2,p}(\Omega)$ telles que $Lu = -a_{ij}\partial_{ij}u + b_i\partial_i u + cu = f$ presque partout, on a également une théorie d'existence et de régularité.

Théorème 5.13. *Soit Ω un ouvert borné de classe $C^{1,1}$, $a_{ij} \in C^0(\overline{\Omega})$ et $b_i, c \in L^\infty(\Omega)$. Pour tous $f \in L^p(\Omega)$ et $g \in W^{2,p}(\Omega)$ avec $1 < p < +\infty$, il existe un unique $u \in W^{2,p}(\Omega)$ une fonction telle que*

$$Lu = f \text{ presque partout dans } \Omega, \quad u - g \in W_0^{1,p}(\Omega),$$

avec l'estimation

$$\|u\|_{W^{2,p}(\Omega)} \leq C_p(\|f\|_{L^p(\Omega)} + \|g\|_{W^{2,p}(\Omega)}), \tag{5.11}$$

où C_p ne dépend pas de f et g.

Remarque 5.12. Le résultat est faux pour $p = 1$ et $p = +\infty$. □

Pour les dérivées d'ordre plus élevé, la situation est analogue.

Théorème 5.14. *Soit $k \geq 1$ Ω un ouvert borné de classe $C^{k+1,1}$ et $a_{ij}, b_i, c \in C^{k-1,1}(\overline{\Omega})$. Pour tous $f \in W^{k,p}(\Omega)$ et $g \in W^{k+2,p}(\Omega)$ avec $1 < p < +\infty$, il existe un unique $u \in W^{k+2,p}(\Omega)$ une fonction telle que*

$$Lu = f \text{ presque partout dans } \Omega, \quad u - g \in W_0^{1,p}(\Omega),$$

avec l'estimation

$$\|u\|_{W^{k+2,p}(\Omega)} \leq C_{k,p}(\|f\|_{W^{k,p}(\Omega)} + \|g\|_{W^{k+2,p}(\Omega)}), \tag{5.12}$$

où $C_{k,p}$ ne dépend pas de f et g.

Ce type de résultats de régularité elliptique se généralise considérablement à des systèmes, voir [3, 4, 28, 41]. Notons qu'ils ne se cantonnent pas aux conditions aux limites de Dirichlet, mais que des opérateurs frontière plus compliqués sont possibles. Il doit néanmoins y avoir une certaine compatibilité entre l'opérateur différentiel à l'intérieur de l'ouvert et l'opérateur différentiel sur la frontière.

Notons aussi que la régularité elliptique (globale) n'a pas lieu si l'on a des conditions mixtes, même pour un ouvert régulier. C'est le cas par exemple d'une condition de Dirichlet sur une partie de la frontière et d'une condition de Neumann sur son complémentaire, sauf si ces deux parties sont d'adhérences disjointes, voir [30].

Pour terminer ce bref catalogue de résultats de régularité, mentionnons deux théorèmes utiles dans un contexte légèrement différent. Le premier est dû à De Giorgi.

Théorème 5.15. *Soit Ω un ouvert borné régulier, A une matrice à coefficients $L^\infty(\Omega)$ coercive, $f_0 \in L^{d/2+\varepsilon}(\Omega)$, $f \in L^{d+\varepsilon}(\Omega; \mathbb{R}^d)$, $\varepsilon > 0$ et soit $u \in H_0^1(\Omega)$ tel que $-\operatorname{div}(A\nabla u) = f_0 + \operatorname{div} f$. Alors il existe $0 < \alpha < 1$ et $C > 0$ tels que $u \in C^{0,\alpha}(\overline{\Omega})$ et*

$$\|u\|_{C^{0,\alpha}(\overline{\Omega})} \leq C(\|f_0\|_{L^{d/2+\varepsilon}(\Omega)} + \|f\|_{L^{d+\varepsilon}(\Omega;\mathbb{R}^d)}).$$

Remarque 5.13. i) Le théorème de De Giorgi se démontre facilement si les coefficients sont réguliers à partir des résultats de régularité L^p et des injections de Sobolev. La difficulté vient de ce que les coefficients ne sont pas supposés continus.

ii) Le théorème n'est pas vrai pour les systèmes en général. Dans ce cas, on montre typiquement que $u \in C^{0,\alpha}(\overline{\Omega} \setminus H)$, où H est un ensemble « petit » au sens de sa dimension de Hausdorff, voir [23, 31, 32]. □

Le second résultat est le théorème de Meyers, voir [44].

Théorème 5.16. *Soit Ω un ouvert borné régulier et A une matrice à coefficients $L^\infty(\Omega)$ coercive. Il existe $2 < p_0 < +\infty$ tel que l'opérateur $u \mapsto -\operatorname{div}(A\nabla u)$ est un isomorphisme entre $W_0^{1,p}(\Omega)$ et $W^{-1,p}(\Omega)$ pour tout $p_0' \leq p \leq p_0$.*

Remarque 5.14. On sait, par le théorème de Lax-Milgram, que cet opérateur est un isomorphisme entre $H_0^1(\Omega)$ et $H^{-1}(\Omega)$. Le théorème de Meyers permet donc de gagner un peu d'intégrabilité, même avec des coefficients discontinus. Il reste valable pour les systèmes. □

5.4 La méthode des sur- et sous-solutions

Le principe du maximum et la régularité elliptique peuvent être utilisés pour résoudre certaines équations non linéaires. Nous développons ici la méthode des sur- et sous-solutions. Le problème est le suivant. Soit $L = -a_{ij}\partial_{ij} + b_i\partial_i + c$ un opérateur elliptique à coefficients $C^{0,\alpha}(\overline{\Omega})$, où Ω est un ouvert borné de $\mathbb{R}^d$ de classe $C^{2,\alpha}$. On se donne une fonction $f : \overline{\Omega} \times \mathbb{R} \to \mathbb{R}$ localement lipschitzienne et l'on cherche à résoudre le problème aux limites, $u \in C^0(\overline{\Omega}) \cap C^2(\Omega)$,

$$\begin{cases} Lu(x) = f(x, u(x)) \text{ dans } \Omega, \\ u(x) = 0 \text{ sur } \partial\Omega. \end{cases} \tag{5.13}$$

Définition 5.1. On dit que $\bar{u}$ (resp. $\underline{u}$) est une sur-solution (resp. sous-solution) si $\bar{u}$ (resp. $\underline{u}$) appartient à $C^0(\overline{\Omega}) \cap C^2(\Omega)$ et vérifie $L\bar{u} \geq f(x, \bar{u})$ (resp. $L\underline{u} \leq f(x, \underline{u})$) dans Ω et $\bar{u} \geq 0$ (resp. $\underline{u} \leq 0$) sur $\partial\Omega$.

Nous allons montrer le résultat suivant.

Théorème 5.17. *Supposons qu'il existe une sur-solution $\bar{u}$ et une sous-solution $\underline{u}$ telles que $\bar{u} \geq \underline{u}$. Le problème (5.13) admet alors une solution maximale $\bar{u}^*$ et une solution minimale $\underline{u}_*$ telles que $\bar{u} \geq \bar{u}^* \geq \underline{u}_* \geq \underline{u}$ et qu'il n'existe pas de solution u comprise entre $\bar{u}$ et $\underline{u}$ telle que $u(x) > \bar{u}^*(x)$ ou $u(x) < \underline{u}_*(x)$ en un point x de Ω.*

La démonstration se fait sur le même schéma qu'une démonstration par point fixe, en itérant l'opérateur. On utilise le principe du maximum et les estimations de régularité elliptique pour obtenir la convergence. Plus précisément,

Lemme 5.4. *Il existe une constante $\mu > 0$ telle que les deux suites $\bar{u}^n$ et $\underline{u}^n$ satisfaisant*

$$\begin{cases} \bar{u}^0 = \bar{u}, \\ L\bar{u}^{n+1}(x) + \mu\bar{u}^{n+1}(x) = f(x, \bar{u}^n(x)) + \mu\bar{u}^n(x) \text{ dans } \Omega, \\ \bar{u}^{n+1}(x) = 0 \text{ sur } \partial\Omega, \end{cases}$$

et

$$\begin{cases} \underline{u}^0 = \underline{u}, \\ L\underline{u}^{n+1}(x) + \mu\underline{u}^{n+1}(x) = f(x, \underline{u}^n(x)) + \mu\underline{u}^n(x) \text{ dans } \Omega, \\ \underline{u}^{n+1}(x) = 0 \text{ sur } \partial\Omega, \end{cases}$$

sont bien définies et convergent simplement dans $\overline{\Omega}$.

Preuve. Remarquons d'abord que si f est une application localement lipschitzienne d'un espace métrique (X, d) dans un espace métrique (Y, δ), alors elle est globalement lipschitzienne sur tout compact K de X. En effet, les ensembles $U_t = \{(y, y') \in K \times K, \delta(f(y), f(y')) < td(y, y')\}, t \in \mathbb{R}_+^*$, sont ouverts et recouvrent le compact $K \times K$. On en extrait un sous-recouvrement fini et l'on prend pour constante de Lipschitz sur K le plus grand des nombres t retenus.

Soit $M = \max\{\|\bar{u}\|_{C^0(\overline{\Omega})}, \|\underline{u}\|_{C^0(\overline{\Omega})}\}$. On applique la remarque précédente au compact $K = \overline{\Omega} \times [-M, M]$. Il existe donc une constante λ telle que

$$|f(x, s) - f(x', s')| \leq \lambda(|x - x'| + |s - s'|)$$

pour tous (x, s) et (x', s') dans K. Posons $\mu = \lambda + 1$.

Montrons alors que la fonction $\tilde{f}(x, s) = f(x, s) + \mu s$ est croissante par rapport à s pour (x, s) dans K.[2] Soient $s, s' \in [-M, M]$ avec $s \geq s'$. Comme $|f(x, s) - f(x, s')| \leq \lambda |s - s'|$, il vient

$$\tilde{f}(x, s) - \tilde{f}(x, s') \geq (\mu - \lambda)(s - s') = s - s' \geq 0.$$

Notons à ce stade que si $v \in C^{0,\alpha}(\overline{\Omega}; [-M, M])$ (c'est-à-dire que v est à valeurs dans $[-M, M]$), alors la fonction $x \mapsto \tilde{f}(x, v(x))$ appartient aussi à $C^{0,\alpha}(\overline{\Omega})$. En effet, nous pouvons écrire

$$\begin{aligned} |\tilde{f}(x, v(x)) - \tilde{f}(y, v(y))| &\leq \lambda \big| |x - y| + |v(x) - v(y)| \big| + \mu |v(x) - v(y)| \\ &\leq C(|x - y| + |x - y|^\alpha), \end{aligned}$$

où C dépend de λ, μ et $\|v\|_{C^{0,\alpha}(\overline{\Omega})}$. Par conséquent, pour $x \neq y$, on voit que

$$\frac{|\tilde{f}(x, v(x)) - \tilde{f}(y, v(y))|}{|x - y|^\alpha} \leq C(|x - y|^{1-\alpha} + 1),$$

et le membre de droite est borné sur $\overline{\Omega}$.

Posant $\tilde{L}u = Lu + \mu u$, on voit que le problème aux limites

$$\begin{cases} \tilde{L}(T(v)) = \tilde{f}(x, v) & \text{dans } \Omega, \\ T(v) = 0 \quad \text{sur } \partial\Omega. \end{cases}$$

définit une application $T : C^{0,\alpha}(\overline{\Omega}; [-M, M]) \to C^{0,\alpha}(\overline{\Omega})$ pour tout $0 < \alpha < 1$, par la remarque précédente et la théorie d'existence et d'unicité dans les espaces de Hölder.

[2] Le symbole $\tilde{f}$ n'a pas la même signification ici qu'au Chapitre 3.

Par ailleurs, si $\underline{u} \leq v \leq \bar{u}$, alors $\underline{u} \leq u = T(v) \leq \bar{u}$. En effet

$$\begin{cases} \tilde{L}(u - \bar{u}) = \tilde{f}(x, v) - \tilde{L}\bar{u} \leq \tilde{f}(x, v) - \tilde{f}(x, \bar{u}) \leq 0 \quad \text{dans } \Omega, \\ u - \bar{u} = -\bar{u} \leq 0 \quad \text{sur } \partial\Omega, \end{cases}$$

puisque $\tilde{f}$ est croissante par rapport à son deuxième argument sur le compact K. Par le principe du maximum fort, il vient $u \leq \bar{u}$. De même, on montre que $\underline{u} \leq u$. Il s'ensuit que l'ensemble $\{v \in C^{0,\alpha}(\overline{\Omega}; [-M, M]); \underline{u} \leq v \leq \bar{u}\}$ est stable par T. Dans la suite, on se fixe une valeur de $\alpha \in]0, 1[$.

Par conséquent, la suite $\bar{u}^n$ satisfaisant

$$\begin{cases} \bar{u}^0 = \bar{u}, \\ \bar{u}^{n+1} = T(\bar{u}^n), \end{cases}$$

est bien définie par récurrence. En effet, bien que l'on ne suppose pas que $\bar{u}$ appartienne à $C^{0,\alpha}(\overline{\Omega})$ mais seulement à $C^0(\overline{\Omega})$, on a $f(x, \bar{u}) \in C^0(\overline{\Omega}) \subset L^p(\Omega)$. Choisissant $d < p < +\infty$, on en déduit que $\bar{u}^1 \in W^{2,p}(\Omega) \subset C^1(\overline{\Omega}) \subset C^{0,\alpha}(\overline{\Omega})$. De plus, $\underline{u} \leq \bar{u}^n \leq \bar{u}$ pour tout n.

Montrons par récurrence que la suite $\bar{u}^n$ est décroissante. On a bien $\bar{u}^1 \leq \bar{u}^0$ d'après ce qui précède. Supposons que $\bar{u}^n \leq \bar{u}^{n-1}$. Reprenant le raisonnement précédent, il vient

$$\begin{cases} \tilde{L}(\bar{u}^{n+1} - \bar{u}^n) = \tilde{f}(x, \bar{u}^n) - \tilde{f}(x, \bar{u}^{n-1}) \leq 0 \quad \text{dans } \Omega, \\ \bar{u}^{n+1} - \bar{u}^n = 0 \quad \text{sur } \partial\Omega, \end{cases}$$

d'où, principe du maximum fort, $\bar{u}^{n+1} \leq \bar{u}^n$. Pour chaque $x \in \Omega$, la suite $\bar{u}^n(x)$ est donc décroissante et minorée. Elle est par conséquent convergente.

On montre de même que la suite $\underline{u}^n(x)$ est bien définie, croissante et majorée donc convergente pour tout x. □

On note $\bar{u}^*$ et $\underline{u}_*$ les limites ponctuelles des suites $\bar{u}^n$ et $\underline{u}^n$. Notons que nous n'avons à ce stade aucune information sur la régularité de ces fonctions. En particulier, on ne peut aucunement à ce stade passer à la limite dans l'opérateur différentiel.

Lemme 5.5. *On a $\underline{u}_* \leq \bar{u}^*$.*

Preuve. On montre comme précédemment par récurrence sur l et par le principe du maximum que pour tout couple d'entiers (l, n), $\underline{u}^l \leq \bar{u}^n$. □

Lemme 5.6. *Les suites $\underline{u}_n$ et $\bar{u}^n$ convergent dans $C^2(\overline{\Omega})$. Les limites $\underline{u}_*$ et $\bar{u}^*$ appartiennent à $C^2(\overline{\Omega})$.*

Preuve. On procède par estimations. Comme $\underline{u} \leq \bar{u}^n \leq \bar{u}$ et que $\tilde{f}$ est croissante par rapport à sa deuxième variable, on voit que $\tilde{f}(x, \underline{u}) \leq \tilde{f}(x, \bar{u}^n) \leq \tilde{f}(x, \bar{u})$. Par conséquent, $\|\tilde{f}(x, \bar{u}^n)\|_{C^0(\overline{\Omega})} \leq C = \max\{\|\tilde{f}(x, \underline{u})\|_{C^0(\overline{\Omega})}, \|\tilde{f}(x, \bar{u})\|_{C^0(\overline{\Omega})}\}$. Ici comme dans la suite, la valeur de la constante générique C peut changer d'apparition en apparition, mais ne dépend pas de n.

Comme Ω est borné, on en déduit que le second membre est borné dans $L^p(\Omega)$ pour tout p. D'après le Théorème 5.13 d'estimation L^p, il vient $\|\bar{u}^n\|_{W^{2,p}(\Omega)} \leq C_p$ pour tout $p \in]1, +\infty[$. Choisissons $p > d$. Par les injections de Sobolev, on a alors $W^{2,p}(\Omega) \hookrightarrow C^1(\overline{\Omega})$, et par conséquent, $\|\bar{u}^n\|_{C^1(\overline{\Omega})} \leq C$. Par le même calcul que dans la démonstration du Lemme 5.4, mais en utilisant cette fois l'inégalité des accroissements finis, on en déduit que $\|\tilde{f}(\cdot, \bar{u}^n)\|_{C^{0,\beta}(\overline{\Omega})} \leq C$ pour tout $\beta \in [0, 1]$. Fixons une valeur de $0 < \beta < 1$. En utilisant les estimations de Schauder (5.7), on obtient finalement

$$\|\bar{u}^n\|_{C^{2,\beta}(\overline{\Omega})} \leq C.$$

Comme $\beta > 0$, l'injection $C^{2,\beta}(\overline{\Omega}) \hookrightarrow C^2(\overline{\Omega})$ est compacte par le théorème d'Ascoli. La famille $\{\bar{u}^n\}_{n\in\mathbb{N}}$ est donc relativement compacte dans $C^2(\overline{\Omega})$. Or, elle converge simplement vers $\bar{u}^*$. On en déduit donc que $\bar{u}^* \in C^2(\overline{\Omega})$ et que $\bar{u}^n \to \bar{u}^*$ fortement dans $C^2(\overline{\Omega})$.

On procède de même pour $\underline{u}_*$. □

Lemme 5.7. *Les limites $\underline{u}_*$ et $\bar{u}^*$ sont solution du problème* (5.13).

Preuve. D'après ce qu'on vient de voir, $\tilde{L}\bar{u}^{n+1} \to \tilde{L}\bar{u}^*$ et $\tilde{f}(\cdot, \bar{u}^n) \to \tilde{f}(\cdot, \bar{u}^*)$ uniformément dans Ω. On voit donc que $\tilde{L}\bar{u}^* = \tilde{f}(\cdot, \bar{u}^*)$, ce qui équivaut évidemment à $L\bar{u}^* = f(\cdot, \bar{u}^*)$. De plus, comme $\bar{u}^n = 0$ sur $\partial\Omega$ et que la suite converge sur $\overline{\Omega}$, on a aussi $\bar{u}^* = 0$ sur $\partial\Omega$. On procède de même pour $\underline{u}_*$. □

Pour conclure, nous devons montrer que les deux solutions ainsi exhibées sont respectivement minimale et maximale.

Lemme 5.8. *Soit u une solution du problème* (5.13) *telle que $\underline{u} \leq u \leq \bar{u}$. Alors $\underline{u}_* \leq u \leq \bar{u}^*$.*

Preuve. On montre comme précédemment par récurrence sur n et par le principe du maximum que $\underline{u}^n \leq u \leq \bar{u}^n$. □

Remarque 5.15. D'après les estimations de Schauder, on voit en fait que $\underline{u}_*$ et $\bar{u}^*$ appartiennent à $C^{2,\alpha}(\overline{\Omega})$ pour tout $0 < \alpha < 1$. On peut bien sûr gagner en régularité si les coefficients de l'opérateur, l'ouvert et la fonction f sont eux-mêmes plus réguliers. Le type d'argument utilisé au Lemme 5.6 afin de grignoter petit à petit la régularité nécessaire pour conclure en passant du membre de droite au membre de gauche de l'équation et vice-versa, est un exemple d'argument de *bootstrap* (tirant de botte en anglais). Il n'est pas sans rappeler en effet la méthode prônée par Cyrano de Bergerac pour aller sur la Lune. □

Exemples (i) Supposons qu'il existe deux constantes $m_- < 0$ et $m_+ > 0$ telles que pour tout x, $f(x, m_-) \geq 0$ et $f(x, m_+) \leq 0$. Alors il existe une solution u telle que $m_- \leq u(x) \leq m_+$. En fait, les inégalités sont strictes, comme on le voit en utilisant le Théorème 5.3.

(ii) Soit $f \in C^1(\mathbb{R})$ telle que $f'(0) > 0$ et qu'il existe $\beta > 0$ avec $f(0) = f(\beta) = 0$. Soit $\lambda_1 > 0$ la première valeur propre de $-\Delta$ dans Ω et $\phi_1 > 0$ une première fonction propre, normalisée dans $C^0(\overline{\Omega})$. Alors pour tout $\lambda > \lambda_1/f'(0)$, le problème

$$\begin{cases} -\Delta u = \lambda f(u) \quad \text{dans } \Omega, \\ u = 0 \quad \text{sur } \partial\Omega, \end{cases}$$

admet une solution non triviale $u > 0$ dans Ω. En effet, $\bar{u} = \beta$ est sur-solution et $\underline{u} = \varepsilon\phi_1$ est sous-solution pour $\varepsilon > 0$ assez petit.

5.5 Exercices du chapitre 5

1. Soit $\Omega =]-1, 1[$ et $c(x) = 2/(1+x^2)$. Trouver une fonction u telle que $-u'' + cu \geq 0$ dans Ω, $u(\pm 1) \geq 0$ et u atteint son minimum dans Ω.
2. Soit $\Omega = B(0, 1)$ la boule unité de $\mathbb{R}^2$. On se donne une fonction ζ de classe C^∞ sur $\mathbb{R}_+$ et telle que $\zeta(t) = 1$ pour $0 \leq t \leq 1/2$ et $\zeta(t) = 0$ pour $t \geq 3/4$. On pose alors $\varphi(x) = x_1 x_2 \zeta(|x|)$.

2.1. Montrer que $\varphi \in \mathscr{D}(\Omega)$.

2.2. Soit

$$u(x) = \sum_{k=1}^{\infty} \frac{2^{-2k}}{k} \varphi(2^k x).$$

Montrer que $u \in C^1(\overline{\Omega})$ et que u est C^∞ en dehors de 0.

2.3. Montrer que u admet des dérivées partielles secondes au sens classique $\frac{\partial^2 u}{\partial x_1^2}$ et $\frac{\partial^2 u}{\partial x_2^2}$ qui sont continues sur $\overline{\Omega}$ (la seule difficulté est la continuité en 0).

2.4. Montrer que si $|x| = 2^{-n}$, alors $u(x) = \sum_{k=0}^{n-1} \frac{2^{-2k}}{k} \varphi(2^k x)$. En déduire que dans ce cas, $\frac{\partial^2 u}{\partial x_1 \partial x_2}(x) = \sum_{k=1}^{n-1} \frac{1}{k}$.

2.5. En déduire que bien que $\Delta u \in C^0(\overline{\Omega})$, $u \notin C^2(\overline{\Omega})$.

3. Soit $\Omega = B(0, 1)$ la boule unité de $\mathbb{R}^d$ avec $d \geq 2$. On note $r = |x|$. Soit $F \in L^1(\Omega)$ radiale, c'est-à-dire qu'il existe f définie sur $[0, 1]$ telle que $F(x) = f(r)$ presque partout pour les deux membres et $\int_0^1 r^{d-1} |f(r)|\, dr < +\infty$. On définit alors la fonction radiale $U(x) = u(r)$ avec

$$u(r) = \int_1^r s^{1-d} \Big(\int_0^s t^{d-1} f(t)\, dt \Big) ds.$$

3.1. Montrer avec le plus grand soin que $U \in W_0^{1,1}(\Omega)$.

3.2. Montrer de même que $\Delta U = F$ au sens de $\mathscr{D}'(\Omega)$.

3.3. Montrer que $U \in W^{2,1}(\Omega)$ si et seulement si

$$\int_0^1 r^{-1}\Big(\int_0^r s^{d-1}|f(s)|\,ds\Big)dr < +\infty.$$

3.4. En déduire un exemple de fonction U de $W_0^{1,1}(\Omega)$ telle que $\Delta U \in L^1(\Omega)$ mais $U \notin W^{2,1}(\Omega)$.

3.5. Reprendre les mêmes calculs avec $F \in L^p(\Omega)$, $p \in]1, +\infty]$. Qu'en déduit-on, en particulier dans le cas $p = +\infty$ au vu de l'exercice 2 ? (On rappelle l'inégalité de Hardy : soit $p \in]1, +\infty[$, $g \in L^p(\mathbb{R}_+)$ et $G(x) = \frac{1}{x}\int_0^x g(t)\,dt$, on a $\|G\|_{L^p(\mathbb{R}_+)} \leq \frac{p}{p-1}\|g\|_{L^p(\mathbb{R}_+)}$)

4. Soit Ω un ouvert borné de $\mathbb{R}^d$, a_0 une fonction de $L^\infty(\Omega)$ telle qu'il existe $\alpha_0 > 0$ avec $a_0(x) \geq \alpha_0$ presque partout dans Ω, A une matrice $d \times d$ à coefficients $L^\infty(\Omega)$ telle qu'il existe $\alpha > 0$ avec $A(x)\xi \cdot \xi \geq \alpha|\xi|^2$ presque partout dans Ω, pour tout $\xi \in \mathbb{R}^d$, $f : \Omega \times \mathbb{R} \times \mathbb{R}^d \to \mathbb{R}$ une fonction de Carathéodory telle qu'il existe $C_0 \geq 0$ et $C_1 \geq 0$ avec $|f(x, s, \xi)| \leq C_0 + C_1|\xi|^2$ presque partout dans Ω, pour tout $s \in \mathbb{R}$ et tout $\xi \in \mathbb{R}^d$.

On s'intéresse au problème suivant :

$$\begin{cases} u \in L^\infty(\Omega) \cap H_0^1(\Omega), \\ -\mathrm{div}\,(A\nabla u) + a_0 u + f(x, u, \nabla u) = 0 \text{ dans } \mathscr{D}'(\Omega). \end{cases} \tag{5.14}$$

4.1. Montrer que l'équation (5.14) a bien un sens.

4.2. Pour tout $\varepsilon > 0$, on pose

$$f^\varepsilon(x, s, \xi) = \frac{f(x, s, \xi)}{1 + \varepsilon|f(x, s, \xi)|}.$$

Montrer qu'il existe u^ε solution du problème :

$$\begin{cases} u^\varepsilon \in H_0^1(\Omega), \\ -\mathrm{div}\,(A\nabla u^\varepsilon) + a_0 u^\varepsilon + f^\varepsilon(x, u^\varepsilon, \nabla u^\varepsilon) = 0 \text{ dans } \mathscr{D}'(\Omega). \end{cases} \tag{5.15}$$

(On pourra admettre que si $g : \Omega \times \mathbb{R} \times \mathbb{R}^d \to \mathbb{R}$ est une fonction de Carathéodory bornée, l'application $v \mapsto g(x, v, \nabla v)$ est continue de $H_0^1(\Omega)$ fort dans $L^2(\Omega)$ fort.)

4.3. Démontrer que toute solution de (5.15) est dans $L^\infty(\Omega)$ et satisfait

$$\|u^\varepsilon\|_{L^\infty(\Omega)} \leq \frac{1}{\alpha_0 \varepsilon}.$$

4.4. On suppose pour cette question que Ω, A, a_0 et f sont réguliers (par exemple de classe C^∞). Démontrer qu'alors

$$\|u^\varepsilon\|_{L^\infty(\Omega)} \leq \frac{C_0}{\alpha_0}. \tag{5.16}$$

Dans la suite on supposera que l'estimation (3) a lieu, même si les hypothèses de régularité ne sont pas satisfaites.

4.5. On considère la fonction $\phi\colon \mathbb{R} \to \mathbb{R}$, $\phi(t) = te^{\lambda t^2}$ où λ est un paramètre. Montrer que si $\lambda \geq \frac{C_1^2}{4\alpha^2}$ alors $\alpha\phi'(t) - C_1|\phi(t)| \geq \frac{\alpha}{2}$ pour tout $t \in \mathbb{R}$.

4.6. Soit $v^\varepsilon = \phi(u^\varepsilon)$. Montrer que $v^\varepsilon \in L^\infty(\Omega) \cap H_0^1(\Omega)$. En utilisant cette fonction test avec λ bien choisi, montrer que u^ε est borné dans $H_0^1(\Omega)$ indépendamment de ε.

4.7. On extrait une sous-suite (encore notée u^ε) telle que $u^\varepsilon \rightharpoonup u$ dans $H_0^1(\Omega)$ faible quand $\varepsilon \to 0$. En utilisant la fonction test $w^\varepsilon = \phi(u^\varepsilon - u)$ avec λ bien choisi, montrer que u^ε tend vers u dans $H_0^1(\Omega)$ fort.

4.8. En déduire l'existence d'une solution au problème (5.14).

5. Soit Ω est un ouvert borné de $\mathbb{R}^d$ de classe C^3. On cherche à démontrer l'existence d'une solution non triviale, i.e., $u \not\equiv 0$, du problème

$$\begin{cases} -\Delta u = \sqrt{u} \quad \text{dans } \Omega, \\ u = 0 \quad \text{sur } \partial\Omega. \end{cases} \tag{5.17}$$

5.1. Pour tout $\varepsilon > 0$, on pose

$$f_\varepsilon(t) = \begin{cases} 0 \quad \text{si } t \leq 0, \\ \frac{t}{\sqrt{\varepsilon}} \text{ si } 0 \leq t \leq \varepsilon, \\ \sqrt{t} \text{ si } \varepsilon \leq t. \end{cases}$$

Fixant $\alpha > 0$, montrer que le problème

$$\begin{cases} -\Delta u_{\alpha,\varepsilon} = f_\varepsilon(u_{\alpha,\varepsilon}) - \alpha u_{\alpha,\varepsilon} \quad \text{dans } \Omega, \\ u_{\alpha,\varepsilon} = 0 \quad \text{sur } \partial\Omega. \end{cases} \tag{5.18}$$

admet une solution non triviale $u_{\alpha,\varepsilon} \in C^{2,\beta}(\overline{\Omega})$ (pour tout $\beta \in]0,1[$) dès que ε est assez petit. Si ϕ_1 est la première fonction propre positive de $(-\Delta)$ dans Ω normalisée dans $C^0(\bar{\Omega})$, montrer qu'il existe $\eta > 0$ indépendant de ε et de α tel que

$$\forall x \in \Omega, \quad \eta\phi_1(x) \leq u_{\alpha,\varepsilon}(x) \leq \frac{1}{\alpha^2}.$$

5.2. Montrer que pour tout $p \in]1, +\infty[$, $\|u_{\alpha,\varepsilon}\|_{W^{2,p}(\Omega)} \leq C_{\alpha,p}$, où la constante $C_{\alpha,p}$ ne dépend pas de ε. En déduire qu'il existe une solution $u_\alpha \in W^{2,p}(\Omega) \cap W_0^{1,p}(\Omega)$ du problème

$$-\Delta u_\alpha = \sqrt{u_\alpha} - \alpha u_\alpha \quad \text{dans } \Omega \tag{5.19}$$

qui satisfait aussi

$$\forall x \in \Omega, \quad \eta\phi_1(x) \leq u_\alpha(x) \leq \frac{1}{\alpha^2}.$$

5.3. Montrer que $u_\alpha \in C^{2,1/2}(\bar{\Omega})$.

5.4. Montrer que

$$\|\nabla u_\alpha\|_{L^2(\Omega)} \leq C_\Omega^3 (\text{mes}\, \Omega)^{1/2},$$

où C_Ω est la constante de l'inégalité de Poincaré. En déduire qu'il existe $u \in H_0^1(\Omega)$ tel que

$$\forall v \in H_0^1(\Omega), \quad \int_\Omega \nabla u \cdot \nabla v \, dx = \int_\Omega v\sqrt{u}\, dx,$$

avec

$$\eta\phi_1 \leq u \quad \text{p.p. dans } \Omega$$

(on pourra montrer qu'il existe une suite $\alpha_n \to 0$ telle que $\sqrt{u_{\alpha_n}}$ converge fortement vers une limite dans $L^4(\Omega)$).

5.5. Montrer que $u \in W^{2,p}(\Omega)$ pour tout $1 < p < +\infty$, puis que $u \in C^{2,1/2}(\bar{\Omega})$ et que u est solution de (5.18). Peut-on espérer plus de régularité ?

6. Soit Ω un ouvert borné régulier de $\mathbb{R}^d$ et $f : \overline{\Omega} \times \mathbb{R} \times \mathbb{R}^d \to \mathbb{R}$ une application de classe C^1 telle qu'il existe C et $0 < a < 1$ tels que

$$\forall x \in \overline{\Omega}, \forall s \in \mathbb{R}, \forall \xi \in \mathbb{R}^d, \qquad |f(x, s, \xi)| \leq C(1 + |s|^a + |\xi|^a).$$

On s'intéresse au problème : trouver u tel que

$$\begin{cases} -\Delta u = f(x, u, \nabla u) \text{ dans } \Omega, \\ u \quad\;\; = 0 \text{ sur } \partial\Omega. \end{cases} \tag{5.20}$$

Soit $0 < \alpha < 1$ et $E = \{v \in C^{1,\alpha}(\overline{\Omega}); v = 0 \text{ sur } \partial\Omega\}$. Pour tout $v \in E$, on définit $T(v)$ à l'aide du problème aux limites

$$\begin{cases} -\Delta T(v) = f(x, v, \nabla v) \text{ dans } \Omega, \\ T(v) \quad\;\; = 0 \text{ sur } \partial\Omega. \end{cases}$$

6.1. Montrer que l'application T est bien définie de E à valeurs dans E, continue et compacte.

6.2. Montrer qu'il existe R tel que $T(\bar{B}_R) \subset \bar{B}_R$ où $\bar{B}_R$ désigne la boule fermée de centre 0 et de rayon R dans E.

6.3. En déduire qu'il existe une solution u au problème (5.20).

Chapitre 6
Calcul des variations et problèmes quasi-linéaires

Les problèmes non linéaires étudiés jusqu'à présent étaient des problèmes que l'on appelle « semi-linéaires », à l'exemple du premier problème modèle. Dans ces problèmes, la non linéarité dans l'équation aux dérivées partielles ne porte que sur des termes dont l'ordre de dérivation est strictement inférieur à l'ordre maximal de dérivation apparaissant dans l'opérateur, $f(u)$ dans le cas du problème modèle par exemple. La partie principale reste un opérateur linéaire, $-\Delta u$ pour le problème modèle.

À l'autre extrémité du spectre des problèmes du second ordre envisageables se trouvent des équations où les dérivées secondes apparaissent de façon complètement non linéaire. Ces équations s'écrivent sous la forme très générale $F(x, u, \nabla u, \nabla^2 u) = 0$ avec des hypothèses de structure sur la fonction F. Nous traiterons pas ce cas ici, qui demande d'introduire encore d'autres techniques.

Un cas intermédiaire intéressant est celui où les dérivées secondes apparaissent linéairement, mais avec des coefficients qui dépendent de façon non linéaire des dérivées d'ordre inférieur. Il s'agit donc d'opérateurs dont la partie principale se présente sous la forme $A(x, u, \nabla u) : \nabla^2 u$, où A est une fonction à valeurs matricielles $d \times d$ (la notation $A : B = \operatorname{tr}(A^T B)$ désigne le produit scalaire usuel sur les matrices). On parle alors de problèmes quasi-linéaires.

De nombreux problèmes quasi-linéaires sont naturellement associés à des problèmes de minimisation de fonctionnelles sur des espaces de fonctions, ce qui conduit à des problèmes de calcul des variations, pour lesquels on dispose de techniques puissantes.

6.1 Rappels d'analyse convexe

On rappelle tout d'abord, indépendamment de toute notion de convexité, qu'une fonction sur un espace topologique X à valeurs dans $[-\infty, +\infty]$ est dite semi-continue inférieure (en abrégé, s.c.i.) si pour tout $a \in [-\infty, +\infty]$, l'image réciproque

H. Le Dret, *Équations aux dérivées partielles elliptiques non linéaires*, Mathématiques et Applications 72, DOI: 10.1007/978-3-642-36175-3_6,

de $[-\infty, a]$ par cette fonction est un fermé pour la topologie considérée sur X. L'intérêt des fonctions s.c.i. pour le calcul des variations provient du résultat suivant.

Théorème 6.1. *Soit X un compact et $J : X \to [-\infty, +\infty]$ une fonction s.c.i. Alors J atteint sa borne inférieure sur X.*

Preuve. Notons A l'ensemble des $a \in [-\infty, +\infty]$ tels que $C_a = J^{-1}([-\infty, a]) \neq \emptyset$. Pour tout $a \in A$, C_a est un fermé non vide. Si l'on prend une famille finie $(a_i)_{1 \leq i \leq p}$ d'éléments de A, on a clairement $\bigcap_{i=1}^{p} C_{a_i} = C_{\min a_i} \neq \emptyset$. Comme X est compact, on en déduit que $\bigcap_{a \in A} C_a \neq \emptyset$. Par construction, pour tout $x \in \bigcap_{a \in A} C_a$, on a $J(x) = \inf_X J$. □

Corollaire 6.1. *Soit X un compact et $J : X \to]-\infty, +\infty]$ une fonction s.c.i. Alors J est minorée et atteint sa borne inférieure sur X.*

On s'intéresse maintenant aux fonctions convexes définies sur un espace de Banach E. Dans le contexte de l'analyse convexe, on utilise la notation $]-\infty, +\infty] = \bar{\mathbb{R}}$. Les fonctions convexes considérées sont à valeurs dans $\bar{\mathbb{R}}$ et sont par définition telles que

$$J(\lambda x + (1 - \lambda)y) \leq \lambda J(x) + (1 - \lambda)J(y)$$

pour tous $x, y \in E$ et $\lambda \in [0, 1]$. La raison pour laquelle on exclut la valeur $-\infty$ dans ce contexte, est qu'une fonction convexe qui prend cette valeur est nécessairement identiquement égale à $-\infty$ ou alors la notion même de convexité est mal définie avec des formes indéterminées $+\infty - \infty$ si on lui fait aussi prendre la valeur $+\infty$. Ce cas ne présente donc aucun intérêt.

Théorème 6.2. *Soit C un convexe fermé de E et $J : C \to \bar{\mathbb{R}}$ convexe et fortement s.c.i. Alors J est faiblement s.c.i.*

Preuve. Pour tout $a \in [-\infty, +\infty]$, on remarque que $C_a = \{x \in C; J(x) \leq a\}$. Comme J est convexe, c'est un convexe de E. En effet, si $x, y \in C_a$ et $\lambda \in [0, 1]$, alors

$$J(\lambda x + (1 - \lambda)y) \leq \lambda J(x) + (1 - \lambda)J(y) \leq a,$$

donc $\lambda x + (1 - \lambda)y \in C_a$. Comme J est fortement s.c.i., c'est aussi un fermé pour la topologie forte de E. D'après le Théorème 1.20, c'est donc un fermé faible et J est faiblement s.c.i. □

Corollaire 6.2. *Soit C un convexe fermé de E et $J : C \to \bar{\mathbb{R}}$ convexe et fortement s.c.i. Pour toute suite $x_n \rightharpoonup x$, on a* $\liminf J(x_n) \geq J(x)$.

Preuve. Soit une suite x_n telle que $x_n \rightharpoonup x$. Comme C est faiblement fermé, on a $x \in C$. Posons $a = \liminf J(x_n) \in [-\infty, +\infty]$. On peut extraire une sous-suite, notée $x_{n'}$, telle que $J(x_{n'}) \to a$ (ceci est une propriété de $[-\infty, +\infty]$).

Il y a trois cas de figure possibles *a priori*. Le premier cas est celui où $a = +\infty$ et il n'y a rien à démontrer.

Le deuxième cas est celui où $+\infty > a > -\infty$. Dans ce cas, pour tout $\varepsilon > 0$, il existe n_0 tel que pour tout $n' \geq n_0$, $J(x_{n'}) \leq a + \varepsilon$, c'est-à-dire $x_{n'} \in C_{a+\varepsilon}$ pour tout $n' \geq n_0$. Comme $C_{a+\varepsilon}$ est un fermé faible, il contient donc la limite faible de la suite $(x_{n'})_{n' \geq n_0}$, à savoir x. On a donc montré que pour tout $\varepsilon > 0$, $J(x) \leq a + \varepsilon$, d'où le résultat.

Le troisième cas est celui où $a = -\infty$. Dans ce cas, pour tout $M < 0$, il existe n_0 tel que pour tout $n' \geq n_0$, $J(x_{n'}) \leq M$, c'est-à-dire $x_{n'} \in C_M$ pour tout $n' \geq n_0$. Comme C_M est un fermé faible, il contient la limite faible de la suite $(x_{n'})_{n' \geq n_0}$, à savoir x. On a donc montré que $x \in \cap_{M<0} C_M$. Mais $\cap_{M<0} C_M = \emptyset$ puisque J ne prend pas la valeur $-\infty$. Contradiction, le troisième cas de figure ne peut donc pas se produire. □

Pour se débarrasser du troisième cas, on pouvait aussi noter que l'ensemble $\{x\} \bigcup \left(\bigcup_{n \in \mathbb{N}} \{x_n\} \right)$ est un compact faible, donc que J y est minorée.

Corollaire 6.3. *Soit E un espace de Banach réflexif, C un convexe fermé non vide de E et $J \colon C \to \mathbb{R}$ une fonction convexe s.c.i., non identiquement égale à $+\infty$ et telle que*

$$\lim_{\substack{x \in C \\ \|x\| \to +\infty}} J(x) = +\infty. \tag{6.1}$$

Alors J atteint sa borne inférieure sur C, c'est-à-dire qu'il existe $x_0 \in C$ tel que $J(x_0) = \inf_{y \in C} J(y)$.

Preuve. Par hypothèse, il existe $\bar{x} \in C$ tel que $J(\bar{x}) < +\infty$. On pose $\tilde{C} = \{x \in C; J(x) \leq J(\bar{x})\} = C_{J(\bar{x})}$. C'est donc un convexe fermé, non vide car $\bar{x}$ lui appartient. De plus, il est borné par la condition de coercivité (6.1). Il est par conséquent faiblement compact car E est réflexif. La fonction J étant faiblement s.c.i. atteint donc sa borne inférieure sur ce compact, en un point x_0. Par ailleurs, si $x \in C \setminus \tilde{C}$, alors $J(x) > J(\bar{x}) \geq J(x_0)$, donc ce minimum est aussi le minimum sur C tout entier. □

Remarque 6.1. On peut également établir le Corollaire 6.3 en raisonnant à l'aide de suites. C'est d'ailleurs plutôt de cette façon que l'on procède lorsque l'on applique ce que l'on appelle la *méthode directe du calcul des variations*. Indiquons-en rapidement le principe.

Il existe toujours une suite minimisante x_n de J, *i.e.*, $J(x_n) \to \inf_{y \in C} J(y)$, car c'est une propriété de $\mathbb{R}$. Comme $\inf_{y \in C} J(y) \leq J(\bar{x})$, on déduit de la coercivité (6.1) que cette suite minimisante est bornée. Comme E est réflexif, on peut en extraire une sous-suite $x_{n'}$ qui converge faiblement vers un point x_0 de E. Comme C est faiblement fermé, on a $x_0 \in C$, ce qui implique que $J(x_0)$ a un sens et est tel que $J(x_0) \geq \inf_{y \in C} J(y)$. D'un autre côté, J est faiblement s.c.i., donc $\inf_{y \in C} J(y) = \lim J(x_{n'}) = \liminf J(x_{n'}) \geq J(x_0)$. On voit donc que J atteint sa borne inférieure en x_0. □

Une fonction J telle que $\liminf J(x_n) \geq J(x)$ quand x_n est une suite qui tend vers x est dite séquentiellement semi-continue inférieurement (s.s.c.i.). Nous avons vu qu'une fonction s.c.i. est s.s.c.i., *cf.* la démonstration du Corollaire 6.2. Les deux propriétés sont équivalentes dans un espace métrique. La méthode directe du calcul des variations s'applique manifestement à des fonctions s.s.c.i.

L'ensemble des points où une fonction convexe atteint son minimum est toujours un convexe, et a priori, il n'y a aucune raison que ce convexe soit réduit à un seul point. Néanmoins, on a le résultat d'unicité presque évident suivant.

Proposition 6.1. *Sous les hypothèses précédentes, si J est en outre strictement convexe, alors son point de minimum est unique.*

Preuve. Soient x_1 et x_2 deux points de minimum. On voit que $\frac{x_1+x_2}{2} \in C$ est aussi un point de minimum. Or si l'on a $x_1 \neq x_2$, il vient par stricte convexité $J\big(\frac{x_1+x_2}{2}\big) < \frac{1}{2}J(x_1)+\frac{1}{2}J(x_2) = \min_C J$, contradiction. Par conséquent, $x_1 = x_2$.□

Naturellement, il ne s'agit que d'une condition suffisante d'unicité qui n'est aucunement nécessaire.

Pour plus de détails sur l'analyse convexe, on pourra consulter [11, 21, 52].

6.2 Application aux problèmes aux limites scalaires quasi-linéaires

Pour appliquer les résultats abstraits précédents à des problèmes de calcul des variations associés à des problèmes aux limites quasi-linéaires, on se place dans le cadre suivant. Soit Ω un ouvert borné de $\mathbb{R}^d$ et F une application de $\mathbb{R}^d$ dans $\mathbb{R}$, convexe, telle qu'il existe $p \in]1, +\infty[$, C, β et $\alpha > 0$ avec pour tout $\xi \in \mathbb{R}^d$

$$|F(\xi)| \leq C(1 + |\xi|^p), \tag{6.2}$$

$$F(\xi) \geq \alpha|\xi|^p - \beta. \tag{6.3}$$

Étant donnée $f \in L^{p'}(\Omega)$, $\frac{1}{p}+\frac{1}{p'} = 1$, on introduit la fonctionnelle $J : W_0^{1,p}(\Omega) \rightarrow \mathbb{R}$ par

$$J(v) = \int_\Omega F(\nabla v)\,dx - \int_\Omega f v\,dx. \tag{6.4}$$

On a alors un premier résultat de minimisation.

Théorème 6.3. *Il existe $u \in W_0^{1,p}(\Omega)$ qui minimise J sur $W_0^{1,p}(\Omega)$.*

Preuve. Comme F est convexe et que le terme intégral faisant intervenir f est linéaire, il est clair que J est convexe. De plus, par la condition de croissance (6.2) et le fait que p' est l'exposant conjugué de p, elle est bien à valeurs dans $\mathbb{R}$.

Par ailleurs, comme $1 < p < +\infty$, l'espace $W_0^{1,p}(\Omega)$ est réflexif.

Montrons que J est fortement continue sur $W_0^{1,p}(\Omega)$. Soit v_n une suite telle que $v_n \rightarrow v$ fortement dans $W_0^{1,p}(\Omega)$. Nous pouvons en extraire une sous-suite, notée $v_{n'}$, telle que $\nabla v_{n'}$ converge presque partout et telle qu'il existe $g \in L^p(\Omega)$ avec $|\nabla v_{n'}| \leq g$ presque partout par le Théorème 1.6. Comme F est convexe et localement bornée, puisqu'à valeurs dans $\mathbb{R}$, elle est continue. Nous sommes donc dans la situation suivante :

$$\begin{cases} F(\nabla v_{n'}) \to F(\nabla v) \quad \text{presque partout,} \\ |F(\nabla v_{n'})| \leq C(1 + |F(\nabla v_{n'})|^p) \leq C(1 + g^p) \in L^1(\Omega). \end{cases}$$

Le théorème de convergence dominée de Lebesque. nous permet donc de conclure que

$$\int_\Omega F(\nabla v_{n'})\, dx \longrightarrow \int_\Omega F(\nabla v)\, dx \quad \text{quand } n' \to +\infty$$

et donc que J est fortement continue par unicité de la limite.

On en déduit que J est faiblement s.c.i. sur $W_0^{1,p}(\Omega)$, grâce au Corollaire 6.2. Pour pouvoir utiliser le Corollaire 6.3, il nous reste à vérifier que l'hypothèse (6.1) est bien satisfaite. On utilise pour cela l'hypothèse de coercivité (6.3). Celle-ci implique en effet que

$$J(v) \geq \alpha \|\nabla v\|^p_{L^p(\Omega)} - \beta \operatorname{mes} \Omega - \|v\|_{L^p(\Omega)} \|f\|_{L^q(\Omega)}$$

et l'on conclut par l'inégalité de Poincaré. □

Remarque 6.2. Il n'est pas nécessaire de passer par le théorème de Carathéodory. En effet, on a le résultat plus général suivant. Soit $f : \mathbb{R}^n \to \bar{\mathbb{R}}$ continue et bornée inférieurement. Alors l'application $I : L^1_{\text{loc}}(\Omega; \mathbb{R}^n) \to \bar{\mathbb{R}}$ définie par $I(z) = \int_\Omega f(z)\, dx$ est fortement s.s.c.i. En effet, soit $z_n \to z$ dans $L^1_{\text{loc}}(\Omega; \mathbb{R}^n)$. Il suffit d'en extraire une sous-suite qui réalise la limite inférieure de la suite $I(z_n)$, puis, de cette sous-suite, d'extraire une autre sous-suite qui converge presque partout et d'appliquer le lemme de Fatou. On en déduit immédiatement que la fonctionnelle J du théorème est fortement s.c.i. sur $W_0^{1,p}(\Omega)$. □

Pour ce qui concerne l'unicité, on a le résultat suivant.

Théorème 6.4. *Si en outre F est strictement convexe, alors le point de minimum est unique.*

Preuve. Soient $u_1 \neq u_2$. Par l'inégalité de Poincaré, il vient que $\nabla u_1 \neq \nabla u_2$ sur un ensemble de mesure strictement positive. Par stricte convexité de F, on voit donc que pour tout $\lambda \in]0, 1[$, $F(\lambda \nabla u_1 + (1 - \lambda)\nabla u_2) < \lambda F(\nabla u_1) + (1 - \lambda) F(\nabla u_2)$ sur un ensemble de mesure strictement positive. On en déduit que J est strictement convexe et l'on applique la Proposition 6.1. □

Passer d'un problème de calcul des variations, qui consiste à minimiser une fonctionnelle du type (6.4) sur un espace de fonctions, à un problème aux limites est ce que l'on appelle trouver *l'équation d'Euler-Lagrange* du problème de minimisation. Plus précisément, supposons maintenant que F soit de classe C^1. Sa différentielle est donc une application de $\mathbb{R}^d$ dans $\mathbb{R}^d$ (on identifie $\mathbb{R}^d$ à son dual par l'intermédiaire du produit scalaire euclidien usuel, il s'agit donc en fait plutôt d'un gradient que d'une différentielle). On suppose que cette application satisfait une condition de croissance compatible avec celle satisfaite par F, à savoir

$$|DF(\xi)| \leq C(1 + |\xi|^{p-1}), \tag{6.5}$$

pour une certaine constante C et pour tout $\xi \in \mathbb{R}^d$.

Théorème 6.5. *Tout point $u \in W_0^{1,p}(\Omega)$ de minimum de J est solution du problème variationnel*

$$\forall v \in W_0^{1,p}(\Omega), \qquad \int_\Omega DF(\nabla u) \cdot \nabla v \, dx = \int_\Omega f v \, dx. \tag{6.6}$$

Preuve. Soit v un élément de $W_0^{1,p}(\Omega)$. Pour tout $t \in \mathbb{R}$, on a $u + tv \in W_0^{1,p}(\Omega)$, donc $J(u+tv)$ est bien défini. De plus, la fonction $j : [-1, 1] \to \mathbb{R}$, $j(t) = J(u+tv)$, a un minimum en $t = 0$. Montrons que cette fonction est de classe C^1. Par définition de J, nous avons

$$j(t) = \int_\Omega F(\nabla u + t\nabla v) \, dx - \int_\Omega f u \, dx - t \int_\Omega f v \, dx.$$

Posons $G(x, t) = F(\nabla u(x) + t\nabla v(x))$. Cette fonction est de classe C^1 par rapport à t avec

$$\frac{\partial G}{\partial t}(x, t) = DF(\nabla u(x) + t\nabla v(x)) \cdot \nabla v(x).$$

Grâce à l'inégalité de Cauchy-Schwarz et à l'hypothèse de croissance (6.5), nous avons de plus

$$\begin{aligned}\left|\frac{\partial G}{\partial t}(x, t)\right| &\leq |DF(\nabla u + t\nabla v)| \, |\nabla v| \\ &\leq C(1 + |\nabla u + t\nabla v|^{p-1})|\nabla v| \\ &\leq C'(1 + |\nabla u|^{p-1} + |\nabla v|^{p-1})|\nabla v|.\end{aligned}$$

En effet, il existe une constante C'' telle que pour tout couple $x, y \in \mathbb{R}^+$ on ait $(x + y)^{p-1} \leq C''(x^{p-1} + y^{p-1})$ (considérer la fonction $z : \mathbb{R}^+ \to \mathbb{R}^+$, $z \mapsto (1 + z)^{p-1}/(1 + z^{p-1})$, montrer qu'elle est bornée et poser $z = y/x$).[1]

Comme $\nabla u \in L^p(\Omega; \mathbb{R}^d)$, $|\nabla u|^{p-1} \in L^{p/(p-1)}(\Omega)$. Or, $q = p/(p-1)$ n'est autre que l'exposant conjugué de p. On peut donc appliquer l'inégalité de Hölder pour conclure que $|\nabla u|^{p-1}|\nabla v| \in L^1(\Omega)$. Comme il est par ailleurs clair que $|\nabla v|^p \in L^1(\Omega)$ et $|\nabla v| \in L^1(\Omega)$, on voit que $\partial G/\partial t$ est dominée par une fonction de $L^1(\Omega)$

[1] Dans le cas $p \geq 2$, on peut plus simplement utiliser la convexité de $x \mapsto x^{p-1}$ et trouver $C'' = 2^{p-2}$.

uniformément pour $t \in [-1, 1]$. Par le théorème de dérivation sous le signe somme, on en déduit que la fonction $t \mapsto \int_\Omega G(x,t)\,dx$ est de classe C^1 et que sa dérivée est donnée par $t \mapsto \int_\Omega (\partial G/\partial t)(x,t)\,dx$. Ceci implique évidemment que j est de classe C^1 avec

$$j'(t) = \int_\Omega DF(\nabla u(x) + t\nabla v(x)) \cdot \nabla v(x)\,dx - \int_\Omega f v\,dx.$$

Comme j a un minimum en $t = 0$, il vient que $j'(0) = 0$, qui n'est autre que l'équation d'Euler-Lagrange (6.6). □

Corollaire 6.4. *Tout point de minimum de J est solution du problème aux limites quasi-linéaire*

$$\begin{cases} u \in W_0^{1,p}(\Omega), \\ -\operatorname{div} DF(\nabla u) = f \quad \textit{au sens de } \mathscr{D}'(\Omega). \end{cases}$$

Preuve. Il suffit de prendre $v \in \mathscr{D}(\Omega)$. □

Remarque 6.3. i) Pour vérifier qu'il s'agit bien d'un problème quasi-linéaire, supposons que u et F soient de classe C^2. La différentielle de F est donnée par $DF(\xi) = (\partial_1 F(\xi), \ldots, \partial_d F(\xi))^T$ et l'on voit que l'équation au sens des distributions ci-dessus s'écrit

$$-\partial_i[\partial_i F(\nabla u)] = -\partial_{ik} F(\nabla u)\partial_{ki} u = f.$$

Posant $a_{ik}(\xi) = \partial_{ik} F(\xi)$, on a bien un opérateur de la forme $-a_{ik}(\nabla u)\partial_{ki} u$.

ii) Réciproquement, il peut arriver qu'un problème aux limites quasi-linéaire soit, au moins formellement, l'équation d'Euler-Lagrange d'un problème de calcul des variations, auquel cas on a intérêt à résoudre le problème de minimisation, pour en déduire éventuellement une solution du problème de départ.

iii) La démonstration du Théorème 6.5 consiste en fait à montrer que la fonctionnelle J est différentiable au sens de Gateaux, et que sa différentielle s'annule en tout point de minimum. Dans le cas où la fonctionnelle est convexe, on a également la réciproque.

iv) On peut considérer des problèmes de calcul des variations plus généraux avec des intégrandes de la forme $F(x, u, \nabla u)$ à condition de faire les hypothèses adéquates de mesurabilité, continuité et convexité sur la fonction F. □

Dans le cas d'une intégrande $F(\nabla u)$ convexe, on a ainsi trouvé toutes les solutions du problème aux limites.

Théorème 6.6. *Toute solution $u \in W_0^{1,p}(\Omega)$ du problème variationnel (6.6) est un point de minimum de J.*

Preuve. Comme F est convexe de classe C^1, nous avons pour tout couple de vecteurs $\xi, \zeta \in \mathbb{R}^d$,

$$F(\xi) - F(\zeta) \geq DF(\zeta) \cdot (\xi - \zeta).$$

Remplaçant ξ par $\nabla v(x)$ et ζ par $\nabla u(x)$, on en déduit que pour tout $v \in W_0^{1,p}(\Omega)$,

$$\int_\Omega F(\nabla v)\,dx - \int_\Omega F(\nabla u)\,dx \geq \int_\Omega DF(\nabla u) \cdot (\nabla v - \nabla u)\,dx = \int_\Omega f(v-u)\,dx$$

par l'équation d'Euler-Lagrange (6.6). Ceci n'est autre que $J(v) \geq J(u)$. □

Exemple La fonction $F(\xi) = (1/p)|\xi|^p$ est strictement convexe, de classe C^1 pour $p > 1$ avec $DF(\xi) = |\xi|^{p-2}\xi$. On a donc ainsi trouvé l'unique solution dans $W_0^{1,p}(\Omega)$ de l'équation

$$-\text{div}\,(|\nabla u|^{p-2}\nabla u) = f,$$

où l'on aurait aussi bien pu prendre f dans $W^{-1,p'}(\Omega) = (W_0^{1,p}(\Omega))'$. En développant formellement, si u est très régulière (et ∇u ne s'annule pas pour $p < 2$), c'est l'équation

$$-|\nabla u|^{p-2}\Delta u - (p-2)|\nabla u|^{p-4}(\partial_i u \partial_j u \partial_{ij} u) = f,$$

soit

$$a_{ij}(\xi) = |\xi|^{p-2}\delta_{ij} + (p-2)|\xi|^{p-4}\xi_i\xi_j.$$

Cet opérateur quasi-linéaire s'appelle le p-laplacien. On retrouve le laplacien usuel, linéaire, quand $p = 2$.

6.3 Calcul des variations dans le cas vectoriel, quasi-convexité

Les résultats de la section précédente admettent naturellement de nombreuses généralisations. Nous allons considérer ici le cas de fonctions u à valeurs dans $\mathbb{R}^m$, ce qui correspond au niveau des équations d'Euler-Lagrange au cas des systèmes d'équations. Dans le cas scalaire, $m = 1$, l'hypothèse fondamentale sur F assurant l'existence dans tous les cas (modulo quelques hypothèses techniques) est que celle-ci soit convexe. Dans le cas $m > 1$, on peut toujours faire cette hypothèse, et la théorie est essentiellement inchangée.

Néanmoins, dans un certain nombre d'applications, l'hypothèse de convexité est trop restrictive, voire tout à fait irréaliste comme par exemple en élasticité non linéaire, voir par exemple [14]. Il faut donc obtenir une condition plus générale que la convexité, qui assure encore la semi-continuité inférieure faible de fonctionnelles du type (6.4) dans le cas vectoriel, mais qui soit compatible avec un certain nombre d'applications.

Dans ce qui suit, Ω est toujours un ouvert borné de $\mathbb{R}^d$ mais les applications u que l'on va considérer sur Ω prendront leurs valeurs dans $\mathbb{R}^m$. On repère ces valeurs par leurs m composantes u_i dans une base cartésienne orthonormée. Le gradient ou la différentielle de u est alors représenté par une matrice à m lignes et d colonnes, $(\nabla u)_{ij} = \partial_j u_i$. Soit M_{md} l'espace des matrices à m lignes et d colonnes. Il est muni du produit scalaire euclidien usuel, $A : B = \operatorname{tr}(A^T B)$ (note : $A^T B$ est une matrice $d \times d$).

On se donne $F\colon M_{md} \to \mathbb{R}$ une fonction continue et on lui associe la fonctionnelle

$$I(u) = \int_\Omega F(\nabla u)\,dx,$$

sans préciser pour l'instant les espaces fonctionnels auxquels u est censée appartenir, si ce n'est que les dérivées premières de u doivent être des fonctions en un certain sens. Nous allons étudier les propriétés de semi-continuité inférieure faibles de cette classe de fonctionnelles.

Définition 6.1. On dit que F est quasi-convexe s'il existe un ouvert borné D de $\mathbb{R}^d$ tel que, pour toute matrice $A \in M_{md}$ et toute fonction $\varphi \in \mathscr{D}(D; \mathbb{R}^m)$, on a

$$\int_D F(A + \nabla\varphi(x))\,dx \geq (\operatorname{mes} D) F(A). \tag{6.7}$$

Voir [46, 47] pour l'introduction de la notion de quasi-convexité. Vérifions immédiatement que cette définition est raisonnable.

Lemme 6.1. *La Définition* 6.1 ne dépend pas de l'ouvert D.

Preuve. Soit F une fonction quasi-convexe, D l'ouvert qui apparaît dans la Définition 6.1 et soit D_1 un autre ouvert borné de $\mathbb{R}^d$. Il existe clairement un point $x_0 \in \mathbb{R}^d$ et un nombre $\eta > 0$ tels que $x_0 + \eta D_1 \subset D$. Pour tout $\varphi \in \mathscr{D}(D_1)$, on définit $\varphi_* \in \mathscr{D}(D)$ par

$$\varphi_*(x) = \begin{cases} \eta\varphi(\frac{x-x_0}{\eta}) & \text{si } x \in x_0 + \eta D_1, \\ 0 & \text{sinon.} \end{cases}$$

Comme F est quasi-convexe, on a en particulier

$$\int_D F(A + \nabla\varphi_*(x))\,dx \geq (\operatorname{mes} D) F(A).$$

Par définition de φ_*, on a par ailleurs,

$$\nabla\varphi_*(x) = \begin{cases} \nabla\varphi(\frac{x-x_0}{\eta}) & \text{si } x \in x_0 + \eta D_1, \\ 0 & \text{sinon.} \end{cases}$$

En remplaçant ces expressions dans l'inégalité de quasi-convexité, il vient

$$\int_{D\setminus(x_0+\eta D_1)} F(A)\,dx + \int_{x_0+\eta D_1} F(A+\nabla\varphi_*(x))\,dx \geq (\text{mes}\, D)F(A),$$

c'est-à-dire

$$\int_{x_0+\eta D_1} F\Big(A+\nabla\varphi\Big(\frac{x-x_0}{\eta}\Big)\Big)\,dx \geq (\text{mes}(x_0+\eta D_1))F(A) = \eta^d(\text{mes}\, D_1)F(A).$$

Effectuant alors le changement de variable $y = (x - x_0)/\eta$ dans l'intégrale, on voit que F satisfait l'inégalité de quasi-convexité sur D_1 pour φ. □

Remarque 6.4. On peut remplacer $\mathscr{D}(D; \mathbb{R}^m)$ par $W_0^{1,\infty}(D; \mathbb{R}^m)$ sans rien changer dans la Définition 6.1. □

Notons tout d'abord qu'il existe bien des fonctions quasi-convexes.

Proposition 6.2. *Tout fonction convexe est quasi-convexe.*

Preuve. Soit F une fonction convexe sur M_{md}, D un ouvert borné de mesure 1 et $\varphi \in \mathscr{D}(D; \mathbb{R}^m)$. On applique l'inégalité de Jensen avec la mesure de Lebesgue restreinte à D, qui est une mesure de probabilité. On a donc

$$\int_D F(A+\nabla\varphi(x))\,dx \geq F\Big(\int_D (A+\nabla\varphi(x))\,dx\Big).$$

Mais comme D est de mesure 1

$$\int_D (A+\nabla\varphi(x))\,dx = A + \int_D \nabla\varphi(x)\,dx = A$$

en intégrant le deuxième terme par parties. On obtient donc bien que

$$\int_D F(A+\nabla\varphi(x))\,dx \geq F(A)$$

c'est-à-dire la quasi-convexité de F. □

La notion de quasi-convexité ne serait guère passionnante si elle coïncidait avec la convexité. Heureusement, il n'en est rien dès que $m > 1$ et $d > 1$, nous reviendrons sur ce point plus loin en introduisant une condition suffisante de quasi-convexité. Il n'y a pas contre rien de nouveau par rapport à la convexité si $m = 1$ ou $d = 1$.

La quasi-convexité intervient dans les problèmes de calcul des variations vectoriels en raison des deux théorèmes suivants.

Théorème 6.7. *Si la fonctionnelle I est faiblement-$*$ s.s.c.i. sur $W^{1,\infty}(\Omega; \mathbb{R}^m)$ alors F est quasi-convexe.*

Preuve. Soit $A \in M_{md}$. Sans perte de généralité, on peut supposer que $0 \in \Omega$. Soit alors $Q \subset \Omega$ un cube centré en 0 et de côté L et soit $\varphi \in \mathscr{D}(Q;\mathbb{R}^m)$. Soit k un entier naturel. On subdivise Q en k^d cubes d'intérieurs disjoints $(Q_l)_{l=1,\dots,k^d}$ de côtés parallèles aux côtés de Q et de longueur L/k. On note x_l les centres de ces cubes. On pose alors, voir Figure 6.1.

$$u_k(x) = \begin{cases} Ax + \frac{1}{k}\varphi(k(x-x_l)) & \text{si } x \in Q_l, \\ Ax & \text{sinon.} \end{cases}$$

Comme φ s'annule dans un voisinage du bord de Q, il est clair que l'on a $u_k \in \mathscr{D}(\Omega;\mathbb{R}^m)$. De plus,

$$\nabla u_k(x) = \begin{cases} A + \nabla\varphi(k(x-x_l)) & \text{si } x \in Q_l, \\ A & \text{sinon.} \end{cases}$$

si bien qu'il existe une constante C indépendante de k telle que

$$\|u_k\|_{L^\infty(\Omega;\mathbb{R}^m)} \le C, \qquad \|\nabla u_k\|_{L^\infty(\Omega;M_{md})} \le C.$$

La suite u_k est bornée dans $W^{1,\infty}(\Omega;\mathbb{R}^m)$, donc elle admet une sous-suite faiblement-$*$ convergente. Comme par ailleurs toute la suite converge uniformément vers $u(x) = Ax$, on voit que $u_k \rightharpoonup u$ dans $W^{1,\infty}(\Omega;\mathbb{R}^m)$ faible-$*$. La s.s.c.i. de I implique alors que

$$\liminf I(u_k) \ge I(u) = \int_\Omega F(A)\,dx = (\operatorname{mes}\Omega)F(A). \tag{6.8}$$

Calculons donc $I(u_k)$.

$$\begin{aligned} I(u_k) &= \int_{\Omega\setminus Q} F(A)\,dx + \int_Q F(A+\nabla u_k(x))\,dx \\ &= (\operatorname{mes}\Omega - \operatorname{mes}Q)F(A) + \sum_{l=1}^{k^d}\int_{Q_l} F(A+\nabla\varphi(k(x-x_l)))\,dx \end{aligned}$$

d'où, en effectuant le changement de variable $y_l = k(x-x_l)$ dans chaque petit cube,

$$\begin{aligned} I(u_k) &= (\operatorname{mes}\Omega - \operatorname{mes}Q)F(A) + \sum_{l=1}^{k^d}\frac{1}{k^d}\int_Q F(A+\nabla\varphi(y_l))\,dy_l \\ &= (\operatorname{mes}\Omega - \operatorname{mes}Q)F(A) + \int_Q F(A+\nabla\varphi(y))\,dy. \end{aligned}$$

Combinant cette expression (qui ne dépend en fait pas de k) avec l'inégalité (6.8), on en déduit que F est quasi-convexe. □

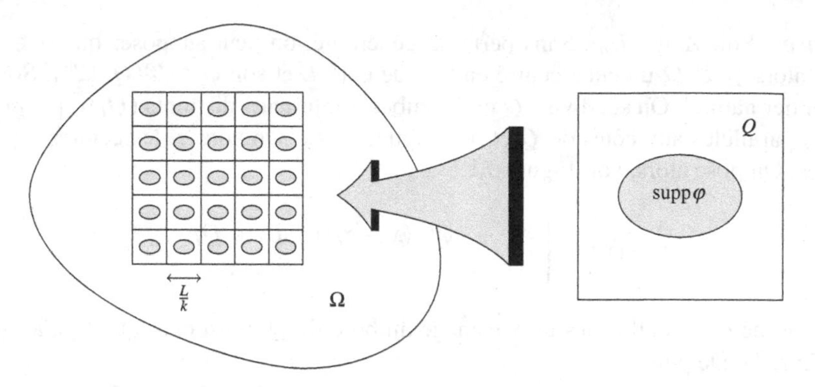

Fig. 6.1 Construction de la suite u_k

Le Théorème 6.7 admet une réciproque, nettement plus difficile, dont nous donnons une démonstration à titre culturel en annexe, voir aussi [46].

Théorème 6.8. *Si $F: M_{md} \to \mathbb{R}$ est quasi-convexe, alors la fonctionnelle I est faiblement-$*$ s.s.c.i. sur $W^{1,\infty}(\Omega; \mathbb{R}^m)$.*

La quasi-convexité apparaît donc comme une condition nécessaire et suffisante de semi-continuité inférieure faible pour des fonctionnelles du calcul des variations dans le cas vectoriel. Le résultat est également vrai dans $W^{1,p}(\Omega; \mathbb{R}^m)$, à condition d'imposer des conditions de croissance et de borne inférieure appropriées. En voici un exemple dû à [1].

Théorème 6.9. *Soit $F: M_{md} \to \mathbb{R}$ quasi-convexe et telle que*

$$\begin{cases} |F(A)| \leq C(1 + |A|^p), \\ F(A) \geq 0, \end{cases}$$

pour un certain $p \in]1, +\infty[$. Alors la fonctionnelle I est faiblement s.s.c.i. sur $W^{1,p}(\Omega; \mathbb{R}^m)$.

On montrera également ce résultat difficile en annexe.

On déduit immédiatement de ce théorème nombre de résultats d'existence de points de minimum. Ainsi, par exemple,

Corollaire 6.5. *Soit F qui satisfait les hypothèses du Théorème 6.9 et telle qu'il existe $\alpha > 0$ avec*

$$F(A) \geq \alpha |A|^p.$$

On se donne $f \in L^{p'}(\Omega; \mathbb{R}^m)$ et l'on pose

$$J(u) = I(u) - \int_\Omega f \cdot u \, dx.$$

Alors la fonctionnelle J atteint son minimum sur $W_0^{1,p}(\Omega; \mathbb{R}^m)$.

Preuve. On applique la méthode directe du calcul des variations. Considérons une suite minimisante, c'est-à-dire une suite $u_k \in W_0^{1,p}(\Omega; \mathbb{R}^m)$ telle que $J(u_k) \to \inf J$. À cause de la coercivité de F et de l'inégalité de Poincaré dans $W_0^{1,p}(\Omega; \mathbb{R}^m)$, on en déduit que u_k est bornée dans $W_0^{1,p}(\Omega; \mathbb{R}^m)$. On en extrait une sous-suite faiblement convergente vers un certain u, toujours notée u_k. Comme J est faiblement s.s.c.i., il vient $\liminf J(u_k) \geq J(u)$, donc u est un point de minimum de J. □

Remarque 6.5. On établit l'équation d'Euler-Lagrange comme précédemment, si ce n'est qu'il s'agit ici d'un système de m équations :

$$-\partial_j\Big[\frac{\partial F}{\partial A_{ij}}(\nabla u)\Big] = f_i \text{ pour } i = 1, \ldots, m, \tag{6.9}$$

au sens de $\mathscr{D}'(\Omega)$, en les m fonctions inconnues scalaires u_i.

Il s'agit bien d'un système quasi-linéaire, puisqu'il s'exprime au moins formellement sous la forme

$$C_{ijkl}(\nabla u)\partial_{jl}u_k = f_i,\, i = 1, \ldots, m,$$

où le tenseur du quatrième ordre C est donné par

$$C_{ijkl}(A) = \frac{\partial^2 F}{\partial A_{ij}\partial A_{kl}}(A)$$

en composantes. □

6.4 Condition nécessaire et condition suffisante de quasi-convexité

Bien qu'étant une condition nécessaire et suffisante de semi-continuité inférieure faible, la quasi-convexité souffre d'un défaut important en pratique. Il est en effet d'une certaine façon presque aussi difficile de montrer qu'une fonction donnée est quasi-convexe que de montrer que la fonctionnelle associée est s.s.c.i. faible. C'est en fait une condition dont on peut montrer qu'elle est non locale, qui doit de plus être vérifiée pour un ensemble infini de fonctions-test. On a donc besoin de conditions plus maniables, soit nécessaires, soit suffisantes, que l'on soit en mesure d'appliquer effectivement. Donnons d'abord une condition nécessaire.

Définition 6.2. On dit que $F : M_{md} \to \bar{\mathbb{R}}$ est rang-1-convexe si pour tout couple de matrices $A, B \in M_{md}$ telles que rang $(B - A) = 1$, on a

$$\forall \lambda \in [0, 1], \quad F(\lambda A + (1 - \lambda)B) \leq \lambda F(A) + (1 - \lambda)F(B). \tag{6.10}$$

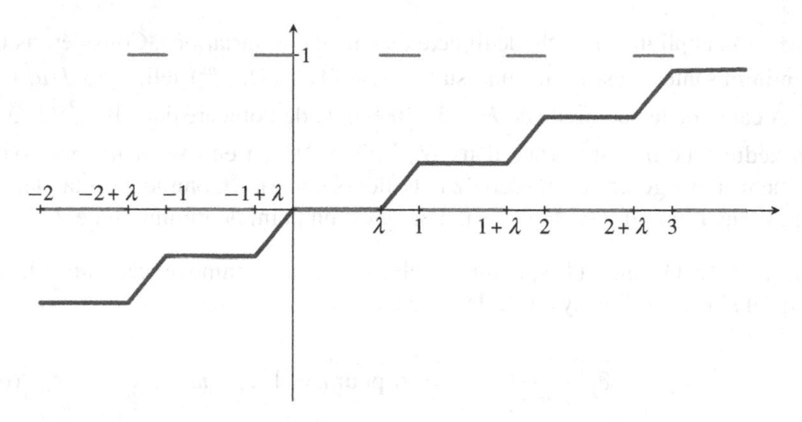

Fig. 6.2 Graphes de g_1 affine par morceaux et g_1' constante par morceaux

En d'autres termes, une fonction est rang-1-convexe si elle est convexe sur tous les segments dont les extrémités diffèrent par une matrice de rang un. Notons que nous autorisons ici F à prendre la valeur $+\infty$. On la suppose en outre dans ce cas bornée inférieurement sur les bornés, de façon à pouvoir définir la fonctionnelle I sans ambiguïté sur $W^{1,\infty}(\Omega;\mathbb{R}^m)$.

Théorème 6.10. *Si la fonctionnelle I est faiblement-$*$ s.s.c.i. sur $W^{1,\infty}(\Omega;\mathbb{R}^m)$ alors F est rang-1-convexe.*

Preuve. Si $F(A) = +\infty$ ou $F(B) = +\infty$, il n'y a rien à démontrer. Nous supposons donc que $F(A) < +\infty$ et $F(B) < +\infty$, avec rang $(B - A) = 1$. Cette dernière condition signifie qu'il existe deux vecteurs $a \in \mathbb{R}^d$ et $b \in \mathbb{R}^m$ tels que $B - A = b \otimes a$. Soit $\lambda \in\,]0,1[$ et définissons une fonction $h\colon \mathbb{R} \to \mathbb{R}$, 1-périodique et telle que

$$h(t) = \begin{cases} 0 & \text{si } 0 \le t \le \lambda, \\ 1 & \text{si } \lambda < t \le 1. \end{cases}$$

On note alors, voir Figure 6.2,

$$g_1(t) = \int_0^t h(s)\,ds, \text{ et } \forall k \in \mathbb{N}^*,\ g_k(t) = \frac{1}{k} g_1(kt).$$

On a donc $g_k'(t) = h(kt)$ presque partout dans $\mathbb{R}$. On pose alors

$$u_k(x) = Ax + g_k(a \cdot x)b$$

de telle sorte que

$$\nabla u_k(x) = A + h(ka \cdot x) b \otimes a = \begin{cases} A & \text{si } x \in \Omega_k^{\lambda}, \\ B & \text{si } x \in \Omega_k^{1-\lambda}, \end{cases}$$

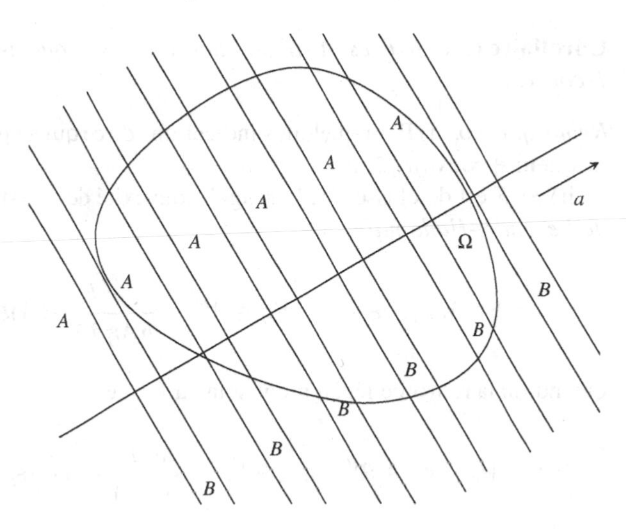

Fig. 6.3 Valeurs prises par le gradient de u_k

où

$$\Omega_k^\lambda = \Omega \cap \{x \in \mathbb{R}^d;\, ka\cdot x - [ka\cdot x] < \lambda\} \text{ et } \Omega_k^{1-\lambda} = \Omega \cap \{x \in \mathbb{R}^d;\, \lambda \leq ka\cdot x - [ka\cdot x]\}$$

($[t]$ est la partie entière de t). En d'autres termes, voir Figure 6.3,

$$\nabla u_k(x) = A\mathbf{1}_{\Omega_k^\lambda}(x) + B\mathbf{1}_{\Omega_k^{1-\lambda}}(x),$$

et de même

$$F(\nabla u_k(x)) = F(A)\mathbf{1}_{\Omega_k^\lambda}(x) + F(B)\mathbf{1}_{\Omega_k^{1-\lambda}}(x).$$

La suite u_k est clairement bornée dans $W^{1,\infty}(\Omega;\mathbb{R}^m)$. Il est par ailleurs facile de montrer que $\mathbf{1}_{\Omega_k^\lambda} \overset{*}{\rightharpoonup} \lambda$ et que $\mathbf{1}_{\Omega_k^{1-\lambda}} \overset{*}{\rightharpoonup} 1-\lambda$ dans $L^\infty(\Omega)$ faible-$*$, *cf.* Chapitre 3, Section 3.1. On en déduit immédiatement que la suite u_k converge vers la fonction $x \mapsto \lambda Ax + (1-\lambda)Bx$ dans $W^{1,\infty}(\Omega;\mathbb{R}^m)$ faible-$*$. De même, la suite $F(\nabla u_k)$ converge vers la fonction $x \mapsto \lambda F(A) + (1-\lambda)F(B)$ dans $L^\infty(\Omega)$ faible-$*$.

D'après les remarques qui précèdent, on a d'une part

$$\int_\Omega F(\nabla u_k(x))\,dx \longrightarrow \text{mes}\,\Omega[\lambda F(A) + (1-\lambda)F(B)],$$

et d'autre part, comme I est faiblement-$*$ s.s.c.i.,

$$\liminf \int_\Omega F(\nabla u_k(x))\,dx \geq \text{mes}\,\Omega\, F(\lambda A + (1-\lambda)B).$$

Ces deux dernières relations montrent que F est rang-1-convexe. □

Corollaire 6.6. *Si F est à valeurs finies, alors F quasi-convexe implique F rang-1-convexe.*

Remarque 6.6. i) Pour quelques indications de ce qui se passe quand F peut prendre la valeur $+\infty$, voir [25].

ii) Si F est de classe C^2, la rang-1-convexité de F est équivalente à la *condition de Legendre-Hadamard*,

$$\forall A \in M_{md}, \forall \xi \in \mathbb{R}^d, \forall \eta \in \mathbb{R}^m, \quad \frac{\partial^2 F}{\partial A_{ij} \partial A_{kl}}(A) \xi_j \xi_l \eta_i \eta_k \geq 0. \tag{6.11}$$

Quand on la renforce légèrement sous la forme

$$\forall A \in M_{md}, \forall \xi \in \mathbb{R}^d, \forall \eta \in \mathbb{R}^m, \quad \frac{\partial^2 F}{\partial A_{ij} \partial A_{kl}}(A) \xi_j \xi_l \eta_i \eta_k \geq c|\xi|^2|\eta|^2, \tag{6.12}$$

cette condition prend le nom d'*ellipticité forte* pour le système (6.9).

iii) Quand $d = 1$ ou $m = 1$, le Théorème 6.10 montre qu'une condition nécessaire de s.s.c.i. faible est que F soit convexe.

iv) Une des utilisations de la rang-1-convexité est une utilisation négative : si F à valeurs finies n'est pas rang-1-convexe, alors elle n'est certainement pas quasi-convexe. Pour montrer qu'une fonction donnée n'est pas rang-1-convexe, il suffit donc d'exhiber deux matrices différant d'une matrice de rang un telles que la fonction ne soit pas convexe sur le segment qui les joint. □

Passons maintenant aux conditions suffisantes. On note $T(m, d)$ le nombre total de mineurs de tous ordres que l'on peut extraire d'une matrice $m \times d$ (donc $T(m, d) = \sum_{i=1}^{d} \frac{m!d!}{(i!)^2(m-i)!(d-i)!}$) et l'on note $M(A) \in \mathbb{R}^{T(m,d)}$ la famille de tous les mineurs de A, ordonnés d'une façon ou d'une autre.

Définition 6.3. On dit que $F\colon M_{md} \to \bar{\mathbb{R}}$ est polyconvexe s'il existe une fonction $G\colon \mathbb{R}^{T(m,d)} \to \bar{\mathbb{R}}$, convexe, telle que l'on ait

$$\forall A \in M_{md}, \quad F(A) = G(M(A)). \tag{6.13}$$

Théorème 6.11. *Si F est polyconvexe à valeurs finies, alors F est quasi-convexe.*

Preuve. Pour simplifier, on ne le montre que dans le premier cas non trivial, $m = d = 2$. La démonstration dans le cas général est analogue. Comme $T(2, 2) = 5$, il existe donc $G\colon \mathbb{R}^5 \to \mathbb{R}$ convexe (donc continue) telle que $F(A) = G(A, \det A)$. Sans perte de généralité, on peut supposer que D est le cube unité. Par l'inégalité de Jensen, on a

$$\int_D F(A+\nabla\varphi)\,dx = \int_D G(A+\nabla\varphi, \det(A+\nabla\varphi))\,dx$$
$$\geq G\Big(\int_D (A+\nabla\varphi)\,dx, \int_D \det(A+\nabla\varphi)\,dx\Big). \tag{6.14}$$

Or, comme φ est à support compact, en intégrant par parties, on voit que

$$\int_D (A+\nabla\varphi)\,dx = A,$$

d'une part. D'autre part, si l'on pose $\psi(x) = Ax + \varphi(x)$, alors

$$\det(A+\nabla\varphi) = \det(\nabla\psi) = \partial_1\psi_1\partial_2\psi_2 - \partial_1\psi_2\partial_2\psi_1 = \partial_1(\psi_1\partial_2\psi_2) - \partial_2(\psi_1\partial_1\psi_2). \tag{6.15}$$

Par conséquent, en intégrant également par parties,

$$\int_D \det(A+\nabla\varphi)\,dx = \int_{\partial D} (\psi_1\partial_2\psi_2 n_1 - \psi_1\partial_1\psi_2 n_2)\,d\sigma.$$

Comme φ est à support compact, on a $\psi(x) = Ax$ et $\nabla\psi(x) = A$ sur ∂D. Donc, notant $\psi_0(x) = Ax$, le même calcul mené dans l'ordre inverse montre que

$$\int_D \det(A+\nabla\varphi)\,dx = \int_{\partial D} ((\psi_0)_1\partial_2(\psi_0)_2 n_1 - (\psi_0)_1\partial_1(\psi_0)_2 n_2)\,d\sigma$$
$$= \int_D \det(\nabla\psi_0)\,dx = \det A.$$

Remplaçant dans l'inégalité (6.14), il vient

$$\int_\Omega F(A+\nabla\varphi)\,dx \geq G(A, \det A) = F(A),$$

c'est-à-dire que F est quasi-convexe. □

Remarque 6.7. i) La démonstration repose de façon cruciale sur le fait que le déterminant d'un gradient, et plus généralement tout mineur d'un gradient, s'écrit en fait comme la divergence d'un certain champ de vecteurs. Son intégrale sur un ouvert ne dépend donc que des valeurs prises par la fonction au voisinage du bord de cet ouvert. On dit que le déterminant est un *Lagrangien nul*. Voir [7].

ii) Les fonctions polyconvexes donnent des exemples de fonctions quasi-convexes mais non convexes. Ainsi, pour $m = d = 2$, $A \mapsto \det A$ est polyconvexe, avec $G(A, d) = d$, donc quasi-convexe, mais certainement pas convexe.

iii) S'il est relativement facile de construire des fonctions polyconvexes—il suffit de se donner G pour cela—il est par contre en général délicat de déterminer si une fonction donnée est polyconvexe ou non. En effet, il n'y a d'abord pas unicité de la fonction G. D'autre part, l'écriture sous laquelle on se donne F ne fait pas forcément apparaître clairement un candidat pour G. Par exemple, la fonction polyconvexe $F(A) = |A|^2 + 2\det A$ peut aussi bien être écrite sous la forme

$$F(A) = (A_{11} + A_{22})^2 + (A_{12} + A_{21})^2 - 4A_{12}A_{21},$$

sous laquelle un G adéquat ne transparaît pas de façon évidente.

iv) L'intérêt des fonctions polyconvexes tient aussi au fait qu'elles permettent de s'affranchir des conditions de croissance dont on a besoin pour l'existence de points de minimum dans le cas quasi-convexe. On peut ainsi résoudre des problèmes de minimisation vectoriels où la fonctionnelle peut prendre la valeur $+\infty$, comme c'est le cas en élasticité non linéaire. Ceci repose sur une étude assez technique des propriétés de continuité faible des mineurs du gradient, lesquelles sont dues à leur écriture sous forme divergence, voir [5].

v) Dans le cas où F ne prend que des valeurs finies, on a montré les implications suivantes : F convexe $\Rightarrow$ F polyconvexe $\Rightarrow$ F quasi-convexe $\Rightarrow$ F rang-1-convexe. Il est remarquable qu'aucune des implications réciproques n'est vraie (pour la dernière, la plus difficile, en tout cas pour $d \geq 2$ et $m \geq 3$, voir [57]), sauf quand $m = 1$ ou $d = 1$, auxquels cas ces notions coïncident toutes.

On ne dispose donc pas de critère aisément vérifiable de semi-continuité inférieure séquentielle faible pour des fonctionnelles du calcul des variations dans le cas vectoriel. La notion même de quasi-convexité n'étant pas locale, voir [37], il est par ailleurs probable qu'il n'en existe pas.

vi) Notons que dans le cas où F est quadratique, c'est-à-dire où le système d'Euler-Lagrange (6.9) est linéaire, alors F rang-1-convexe est équivalent à F quasi-convexe, ce que l'on voit facilement à l'aide de la transformation de Fourier. C'est d'ailleurs de cette façon que l'on construit des exemples de fonctions quasi-convexes mais non polyconvexes, voir [16]. □

6.5 Annexe : démonstrations des résultats de semi-continuité inférieure

Dans cette annexe, outre le fait de démontrer quelques uns des résultats admis précédemment, on introduit un certain nombre de techniques parfois un peu lourdes, mais utiles, du calcul des variations : *blow-up*, *slicing* de De Giorgi, etc. Ces démonstrations peuvent être allègrement passées en première lecture. On pourra aussi consulter les ouvrages [16, 47].

On commence par un lemme de prolongement dans $W^{1,\infty}$. On note B la boule unité de $\mathbb{R}^d$ et S la sphère unité.

Lemme 6.2. *Soit $\zeta^* \in W^{1,\infty}(B;\mathbb{R}^m)$ telle que $\|\zeta^*\|_{L^\infty(S;\mathbb{R}^m)} \leq k < 1$. Il existe une fonction $\zeta \in W^{1,\infty}(B;\mathbb{R}^m)$ telle que $\zeta = \zeta^*$ sur S, $\|\zeta\|_{L^\infty(B;\mathbb{R}^m)} \leq k$, $\zeta = 0$ sur $(1-k)B$ et $\|\nabla\zeta\|_{L^\infty(B;M_{md})} \leq 2M + 1$ où $M = \|\nabla\zeta^*\|_{L^\infty(B;M_{md})}$.*

Preuve. On pose pour $x \in \bar{B}$,

$$\zeta(x) = \begin{cases} 0 & \text{si } |x| \leq 1 - k, \\ \left(\frac{|x|+k-1}{k}\right)\zeta^*\left(\frac{x}{|x|}\right) & \text{sinon,} \end{cases}$$

c'est-à-dire

$$\zeta(x) = \left(\frac{|x| + k - 1}{k}\right)_+ \zeta^*\left(\frac{x}{|x|}\right),$$

de telle sorte que $\zeta \in W^{1,\infty}(B; \mathbb{R}^m)$, $\zeta = \zeta^*$ sur S, $\|\zeta\|_{L^\infty(B;\mathbb{R}^m)} \leq k$ et $\zeta = 0$ sur $(1-k)B$. De plus,

$$\nabla\zeta(x) = \begin{cases} 0 & \text{si } |x| \leq 1 - k, \\ \frac{x}{k|x|} \otimes \zeta^*\left(\frac{x}{|x|}\right) + \left(\frac{|x|+k-1}{k|x|}\right)\nabla\zeta^*\left(\frac{x}{|x|}\right)\left(I - \frac{x \otimes x}{|x|^2}\right) & \text{sinon,} \end{cases}$$

d'où la majoration de la norme du gradient de ζ. □

Remarque 6.8. Le prolongement proposé ici n'est pas particulièrement astucieux. En fait, on pourrait utiliser le prolongement de McShane : si u est une fonction lipschitzienne sur un compact $K \subset \mathbb{R}^d$, de constante de Lipschitz M, alors il est facile de vérifier que $\tilde{u}(y) = \min_{x \in K}(u(x) + M|x - y|)$ réalise un prolongement lipschitzien de u à $\mathbb{R}^d$ tout entier, dont la constante de Lipschitz est encore M. Pour l'appliquer ici, il faut utiliser le fait que $W^{1,\infty}(B) = C^{0,1}(\bar{B})$, puis raisonner composante par composante. □

Introduisons la notion d'*agrandissement* (*blow-up* en anglais) pour des fonctions scalaires, laquelle s'étend immédiatement aux fonctions vectorielles, voir par exemple [27] dans un cadre plus général. Soit $v \in W^{1,\infty}(\Omega)$. Pour $x_0 \in \Omega$ et $0 < \rho < d(x_0, \partial\Omega)$, on pose $y = (x - x_0)/\rho$ et

$$v_{x_0,\rho}(y) = \frac{v(x_0 + \rho y) - v(x_0)}{\rho}. \tag{6.16}$$

Il est clair que $v_{x_0,\rho} \in W^{1,\infty}(B)$, avec $\|v_{x_0,\rho}\|_{L^\infty(B)} \leq \|\nabla v\|_{L^\infty(\Omega;\mathbb{R}^d)}$ et $\nabla v_{x_0,\rho}(y) = \nabla v(x_0 + \rho y)$ de telle sorte que

$$\|v_{x_0,\rho}\|_{W^{1,\infty}(B)} \leq \|v\|_{W^{1,\infty}(\Omega)}. \tag{6.17}$$

L'intérêt de la notion d'agrandissement vient du lemme suivant.

Lemme 6.3. *Soit ρ_l une suite qui tend vers* 0*. Pour presque tout $x_0 \in \Omega$, la suite v_{x_0,ρ_l} définie par* (6.16) *tend uniformément sur $\bar{B}$ vers la fonction linéaire $z_{x_0} : y \mapsto \nabla v(x_0) \cdot y$.*

En d'autres termes, l'agrandissement permet de « voir » le gradient de $v \in W^{1,\infty}(\Omega)$ en presque tout point. Le lemme montre aussi que les fonctions de

$W^{1,\infty}(\Omega)$ sont presque partout localement très proches de leur application affine tangente.

Preuve. Pour alléger la notation, on note la suite ρ_l simplement ρ, mais il convient de garder à l'esprit qu'il s'agit bien d'une suite. Soit A un représentant de ∇v, c'est-à-dire une fonction mesurable à valeurs dans $\mathbb{R}^d$ qui appartient à la classe d'équivalence de ∇v. Soit $\Omega' \subset \Omega$ un ouvert tel que $\bar{\Omega}' \subset \Omega$. Pour $\rho \leq d(\bar{\Omega}', \partial\Omega)$, on introduit une fonction de deux variables $h_\rho(x, y)\colon \Omega' \times B \to \mathbb{R}$ définie par

$$h_\rho(x, y) = v_{x,\rho}(y) - A(x) \cdot y = \frac{v(x + \rho y) - v(x)}{\rho} - A(x) \cdot y.$$

On va montrer que cette suite de fonctions tend vers 0 dans $L^1(\Omega' \times B)$ fort quand $\rho \to 0$.

Pour cela, on fixe y et on considère la suite de fonctions $h_{y,\rho}(x) = h_\rho(x, y)$. Pour tout v dans $C^\infty(\bar{\Omega}')$, on a (il est inutile ici de distinguer entre ∇v et A)

$$\begin{aligned}\int_{\Omega'} |h_{y,\rho}(x)|\, dx &= \int_{\Omega'} \left| \int_0^1 [\nabla v(x + t\rho y) - \nabla v(x)] \cdot y\, dt \right| dx \\ &\leq \int_0^1 \int_{\Omega'} |[\nabla v(x + t\rho y) - \nabla v(x)] \cdot y|\, dxdt.\end{aligned}$$

Par le théorème de Meyers-Serrin, on peut approcher toute fonction de $W^{1,1}(\Omega)$ par une suite de fonctions de $C^\infty(\Omega)$, donc l'inégalité a toujours lieu pour $v \in W^{1,1}(\Omega)$. Or, la translation dans la direction y est continue dans $L^1(\Omega')$ (voir [11, 53]), donc

$$\begin{aligned}&g_\rho(t) = \int_{\Omega'} |[\nabla v(x + t\rho y) - \nabla v(x)] \cdot y|\, dx \to 0 \text{ quand } \rho \to 0, \\ &|g_\rho(t)| \leq 2 \,\text{mes}\, \Omega' \, \|v\|_{W^{1,\infty}(\Omega)},\end{aligned}$$

et par le théorème de convergence dominée, on en déduit que

$$\int_{\Omega'} |h_{y,\rho}(x)|\, dx \longrightarrow 0 \text{ quand } \rho \to 0$$

pour tout $y \in B$. Par ailleurs et comme plus haut, $\|h_\rho\|_{L^\infty(\Omega' \times B)} \leq \|v\|_{W^{1,\infty}(\Omega)}$, donc

$$\int_{\Omega'} |h_{y,\rho}(x)|\, dx \leq \text{mes}\, \Omega' \|v\|_{W^{1,\infty}(\Omega)},$$

d'où, appliquant une nouvelle fois le théorème de convergence dominée,

$$\int_{\Omega' \times B} |h_\rho(x, y)|\, dxdy = \int_B \Big(\int_{\Omega'} |h_{y,\rho}(x)|\, dx \Big) dy \longrightarrow 0 \text{ quand } \rho \to 0.$$

On a donc montré que $h_\rho \to 0$ dans $L^1(\Omega' \times B)$ fort quand $\rho \to 0$. Par le théorème de Fubini, on en déduit que pour presque tout $x \in \Omega'$, $v_{x,\rho}(y) - A(x) \cdot y$ tend vers 0 dans $L^1(B)$ quand $\rho \to 0$.

D'un autre côté, on a aussi

$$\|v_{x,\rho} - z_x\|_{W^{1,\infty}(B)} \leq 2\|v\|_{W^{1,\infty}(\Omega)}.$$

Par conséquent, fixant x_0 dans l'ensemble où la convergence ci-dessus a lieu, on peut extraire de la suite $v_{x_0,\rho} - z_{x_0}$ une sous-suite qui converge dans $W^{1,\infty}(B)$ faible-$*$ vers un certain h_{x_0}. Par les injections de Sobolev et le théorème de Rellich-Kondrašov, la convergence est donc uniforme. Comme la suite converge aussi dans $L^1(B)$ vers 0, on voit que $h_{x_0} = 0$, ce qui conclut la démonstration du lemme. □

Remarque 6.9. Le Lemme 6.3 se généralise dans les espaces $W^{1,p}(\Omega)$, voir par exemple [61]. □

Preuve du Théorème 6.8. Soit u_n une suite qui converge vers u au sens de $W^{1,\infty}(\Omega; \mathbb{R}^m)$ faible-$*$ et soit $J = \liminf \int_\Omega F(\nabla u_n)\,dx$. Nous pouvons extraire une sous-suite (toujours notée u_n) telle que $\int_\Omega F(\nabla u_n)\,dx \to J$. Comme la suite ∇u_n est bornée dans $L^\infty(\Omega; M_{md})$ et que la fonction F est continue, $F(\nabla u_n)$ est bornée dans $L^\infty(\Omega)$. Nous pouvons donc extraire une autre sous-suite telle que $F(\nabla u_n) \overset{*}{\rightharpoonup} g$ dans $L^\infty(\Omega)$ faible-$*$. Par conséquent, pour tout $A \subset \Omega$ mesurable,

$$\int_A F(\nabla u_n)\,dx \to \int_A g\,dx. \tag{6.18}$$

Il nous suffit de montrer que $g \geq F(\nabla u)$ presque partout pour conclure. Pour cela on considère un point de Lebesgue x_0 de g (l'ensemble des points de Lebesguc étant de mesure pleine). Par définition des points de Lebesgue, on a

$$g(x_0) = \lim_{\rho \to 0} \Big(\frac{1}{\rho^d \text{mes}\, B} \int_{B(x_0,\rho)} g(x)\,dx \Big).$$

Par conséquent, par (6.18), il vient (attention à l'ordre des limites),

$$g(x_0) = \lim_{\rho \to 0} \lim_{n \to +\infty} \Big(\frac{1}{\rho^d \text{mes}\, B} \int_{B(x_0,\rho)} F(\nabla u_n(x))\,dx \Big).$$

On effectue alors un agrandissement autour de x_0, ce qui donne

$$g(x_0) = \lim_{\rho \to 0} \lim_{n \to +\infty} \Big(\frac{1}{\text{mes}\, B} \int_B F(\nabla u_{n,x_0,\rho}(y))\,dy \Big).$$

Par le Lemme 6.3, nous pouvons supposer que x_0 est aussi un point de convergence de l'agrandissement de u. Prenons $\rho = 1/k$ et posons

$$I_{n,k} = \frac{1}{\text{mes}\, B} \int_B F(\nabla u_{n,x_0,1/k}(y))\, dy.$$

On va extraire une suite diagonale qui réalise à la fois la double limite et la convergence uniforme. Pour cela, on note que pour tout $l \in \mathbb{N}^*$, il existe k_l tel que

$$\Big| \lim_{k\to+\infty} \lim_{n\to+\infty} I_{n,k} - \lim_{n\to+\infty} I_{n,k_l} \Big| \le \frac{1}{2l} \quad \text{et} \quad \|u_{x_0,1/k_l} - \nabla u(x_0)y\|_{L^\infty(B;\mathbb{R}^m)} \le \frac{1}{2l},$$

par le Lemme 6.3 pour la deuxième inégalité. Fixons cet indice k_l. Il existe alors n_l tel que

$$\Big| \lim_{n\to+\infty} I_{n,k_l} - I_{n_l,k_l} \Big| \le \frac{1}{2l} \quad \text{et} \quad \|u_{x_0,1/k_l} - u_{n_l,x_0,1/k_l}\|_{L^\infty(B;\mathbb{R}^m)} \le \frac{1}{2l}.$$

En effet, pour la deuxième inégalité, on remarque que, dans la mesure où $u_n \to u$ dans $L^\infty(B;\mathbb{R}^m)$ fort quand $n \to +\infty$ par le théorème de Rellich-Kondrašov, à k fixé $u_{n,x_0,1/k} \to u_{x_0,1/k}$ dans $L^\infty(B;\mathbb{R}^m)$ fort quand $n \to +\infty$ (il n'y a plus de gradients !). Nous avons donc construit une suite diagonale (k_l, n_l) telle que

$$g(x_0) = \lim_{l\to+\infty} \Big(\frac{1}{\text{mes}\, B} \int_B F(\nabla u_{n_l,x_0,1/k_l}(y))\, dy \Big) \quad \text{et}$$
$$\|u_{n_l,x_0,1/k_l} - \nabla u(x_0)y\|_{L^\infty(B;\mathbb{R}^m)} \le \frac{1}{l}. \tag{6.19}$$

On pose

$$w_l(y) = u_{n_l,x_0,1/k_l}(y) - \nabla u(x_0)y.$$

Par le Lemme 6.2, il existe donc $\zeta_l \in W^{1,\infty}(B;\mathbb{R}^m)$ telle que $\zeta_l = w_l$ sur S, $\zeta_l = 0$ sur $(1 - \frac{1}{l})B$ et $\|\zeta_l\|_{W^{1,\infty}(B;\mathbb{R}^m)} \le C$. En effet, comme $u_n \rightharpoonup u$ dans $W^{1,\infty}(\Omega, \mathbb{R}^m)$ faible-$*$, $u_{n,x_0,\rho}$ est borné dans $W^{1,\infty}(B,\mathbb{R}^m)$ indépendamment de n, x_0 et ρ, *cf.* (6.17). Posant $A = \nabla u(x_0)$, il vient

$$\nabla u_{n_l,x_0,1/k_l}(y) = A + \nabla w_l(y) = A + \nabla(w_l - \zeta_l)(y) + \nabla \zeta_l(y), \tag{6.20}$$

avec $w_l - \zeta_l \in W_0^{1,\infty}(B;\mathbb{R}^m)$, $\|\nabla \zeta_l\|_{L^\infty(B;M_{md})} \le C$ et $\nabla \zeta_l = 0$ sur $(1 - \frac{1}{l})B$.

Comme la fonction F est continue, elle est uniformément continue sur les compacts de M_{md}. Soit K la boule de rayon C dans M_{md}, et soit ω_K le module de continuité uniforme de F sur ce compact. C'est une fonction croissante de $[0, C]$ dans $\mathbb{R}^+$ telle que $\omega_K(s) \to 0$ quand $s \to 0$ et telle que pour tout couple de matrices $A, B \in K$,

$$|F(A) - F(B)| \le \omega_K(|A - B|).$$

Utilisant alors (6.20), on obtient

$$F(\nabla u_{n_l,x_0,1/k_l}(y)) = F(A + \nabla(w_l - \zeta_l)(y)) + r_l(y),$$

avec

$$|r_l(y)| \leq \omega_K(|\nabla \zeta_l(y)|).$$

Par conséquent, intégrant cette égalité sur B, on obtient

$$\frac{1}{\text{mes}\, B}\int_B F(\nabla u_{n_l,x_0,1/k_l}(y))\,dy = \frac{1}{\text{mes}\, B}\int_B F(A + \nabla(w_l - \zeta_l)(y))\,dy + \frac{1}{\text{mes}\, B}\int_B r_l(y)\,dy. \tag{6.21}$$

Pour le premier terme du membre de droite de (6.21), on utilise la quasi-convexité de F qui donne

$$\frac{1}{\text{mes}\, B}\int_B F(A + \nabla(w_l - \zeta_l)(y))\,dy \geq F(A) = F(\nabla u(x_0)). \tag{6.22}$$

Pour le terme restant, on note que

$$\left|\int_B r_l(y)\,dy\right| \leq \int_B \omega_K(|\nabla \zeta_l(y)|)\,dy = \int_{B\setminus(1-1/l)B} \omega_K(|\nabla \zeta_l(y)|)\,dy$$
$$\leq (1 - (1 - 1/l)^d)(\text{mes}\, B)\,\omega_K(C) \longrightarrow 0 \text{ quand } l \to +\infty. \tag{6.23}$$

car $\nabla \zeta_l = 0$ sur $(1 - \frac{1}{l})B$. Regroupant (6.19), (6.21), (6.22) et (6.23), on voit que

$$g(x_0) \geq F(\nabla u(x_0)),$$

ce qui montre que la fonctionnelle I est séquentiellement faiblement-$*$ semi-continue inférieurement sur $W^{1,\infty}(\Omega; \mathbb{R}^m)$. □

Remarque 6.10. La difficulté vient du fait que la convergence dans $W^{1,\infty}$ faible-$*$, si elle implique bien la convergence uniforme des fonctions, *n'implique par contre pas* que les gradients convergent presque partout, bien au contraire.

On a utilisé une limite faible-$*$ de fonctions de la forme $F(\nabla u_n)$, ce qui fait penser aux mesures de Young. Il existe effectivement des démonstrations de ce type de résultat à base de mesures de Young, voir [35]. Remarquons enfin que pour la semi-continuité inférieure faible-$*$ dans $W^{1,\infty}$, il n'y a pas besoin de condition de croissance ou de borne inférieure sur F. □

Passons maintenant à une démonstration du Théorème 6.9, démonstration due sous cette forme à [42]. On procède en quatre étapes. La première étape consiste à étendre l'inégalité de quasi-convexité à des fonctions $W_0^{1,p}$.

Lemme 6.4. *Soit F une fonction quasi-convexe vérifiant l'hypothèse de croissance du Théorème* 6.9. *Alors pour tout $A \in M_{md}$ et $v \in W_0^{1,p}(\Omega;\mathbb{R}^m)$, on a*

$$\int_\Omega F(A+\nabla v)\,dx \geq \text{mes}\,\Omega\, F(A). \tag{6.24}$$

Preuve. Par définition, $W_0^{1,p}(\Omega;\mathbb{R}^m)$ est l'adhérence de $\mathscr{D}(\Omega;\mathbb{R}^m)$ pour la norme de $W^{1,p}$. Pour tout $v \in W_0^{1,p}(\Omega;\mathbb{R}^m)$, on peut donc trouver une suite $\varphi_n \in \mathscr{D}(\Omega;\mathbb{R}^m)$ telle que $\nabla\varphi_n \to \nabla v$ presque partout et $|\nabla\varphi_n| \leq g$ avec $g \in L^p(\Omega)$ par la réciproque partielle du théorème de convergence dominée de Lebesgue. Grâce à l'hypothèse de croissance, on peut donc appliquer le théorème de convergence dominée lui-même pour en déduire que $\int_\Omega F(A+\nabla\varphi_n)\,dx \to \int_\Omega F(A+\nabla v)\,dx$, d'où le résultat. □

La deuxième étape est le cas où la limite faible est une fonction affine.

Lemme 6.5. *Soit $A \in M_{md}$ une matrice fixée, $b \in \mathbb{R}^m$ et u_n une suite de fonctions de $W^{1,p}(\Omega;\mathbb{R}^m)$ telle que $u_n \rightharpoonup u = Ax + b$. Alors* $\liminf I(u_n) \geq I(u)$.

Preuve. Si les valeurs au bord de u_n étaient les mêmes que celles de u, alors le résultat serait une conséquence immédiate de la quasi-convexité en version $W^{1,p}$ (6.24) en posant $v = u_n - u$. Le problème est donc de se ramener à cette situation. Pour cela, on emploie la technique dite du *slicing* (saucissonage ?) de De Giorgi.

Soit $\Omega_0 \subset \Omega$ un ouvert dont l'adhérence est un compact de Ω. On pose $R = \frac{1}{2}d(\overline{\Omega}_0, \partial\Omega) > 0$, on fixe un entier k et pour $i = 1,\dots,k$, on note, voir Figure 6.4,

$$\Omega_i = \Big\{x \in \Omega;\, d(x,\Omega_0) < \frac{i}{k}R\Big\}.$$

Par construction, Ω_i est un ouvert inclus dans Ω, dont l'adhérence est compacte dans Ω et qui contient $\overline{\Omega}_0$. Pour $i = 1,\dots,k$, il existe des fonctions régulières (C^∞) ϕ_i telles que

$$0 \leq \phi_i \leq 1,\, \phi_i = 1 \text{ sur } \Omega_{i-1},\, \phi_i = 0 \text{ sur } \Omega\setminus\Omega_i \text{ et } |\nabla\phi_i| \leq \frac{k+1}{R}.$$

Pour les construire, on peut par exemple régulariser les fonctions lipschitziennes $x \mapsto \frac{d(x,\Omega\setminus\Omega_i)}{d(x,\Omega\setminus\Omega_i)+d(x,\Omega_{i-1})}$ (on note que la régularisation par convolution d'une fonction lipschitzienne diminue sa constante de Lipschitz, d'où l'estimation sur les gradients).

Posons alors

$$v_{n,i} = u + \phi_i(u_n - u).$$

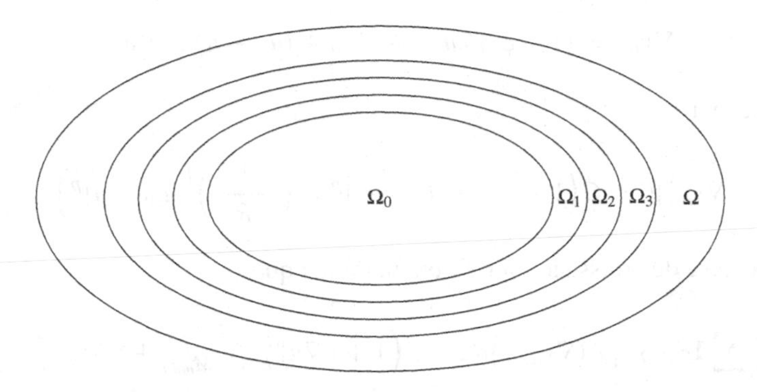

Fig. 6.4 Un slicing à trois tranches

L'intérêt de cette construction est que $v_{n,i} = u_n$ sur Ω_{i-1}, c'est-à-dire sur la plus grande partie de Ω et se recolle à u au voisinage de $\partial\Omega$. De plus, comme $\phi_i(u_n - u) \in W_0^{1,p}(\Omega; \mathbb{R}^m)$, par quasi-convexité, il vient

$$\text{mes}\,\Omega\, F(A) = \int_\Omega F(\nabla u)\,dx \le \int_\Omega F(\nabla v_{n,i})\,dx.$$

Par construction des fonctions $v_{n,i}$, on a aussi

$$\int_\Omega F(\nabla v_{n,i})\,dx = \int_{\Omega\setminus\Omega_i} F(\nabla u)\,dx + \int_{\Omega_i\setminus\Omega_{i-1}} F(\nabla v_{n,i})\,dx + \int_{\Omega_{i-1}} F(\nabla u_n)\,dx. \tag{6.25}$$

L'intégrale du milieu est une intégrale sur une tranche du saucisson. On remarque que comme $F \ge 0$,

$$\int_{\Omega\setminus\Omega_i} F(\nabla u)\,dx \le \int_{\Omega\setminus\Omega_0} F(\nabla u)\,dx \quad \text{et} \quad \int_{\Omega_{i-1}} F(\nabla u_n)\,dx \le \int_\Omega F(\nabla u_n)\,dx.$$

Par conséquent, en additionnant les inégalités (6.25) de $i = 1$ à $i = k$ et en divisant par k, on obtient l'estimation

$$\int_\Omega F(\nabla u)\,dx \le \int_{\Omega\setminus\Omega_0} F(\nabla u)\,dx + \frac{1}{k}\int_{\Omega_k\setminus\Omega_0} \Big(\sum_i \mathbf{1}_{\Omega_i\setminus\Omega_{i-1}} F(\nabla v_{n,i})\Big)dx + \int_\Omega F(\nabla u_n)\,dx \tag{6.26}$$

Les deux termes extrêmes sont bien adaptés à un passage à la limite inférieure en n, reste à contrôler le terme du milieu en montrant qu'on peut le rendre aussi petit que l'on veut. Pour cela, on revient à la définition de $v_{n,i}$, d'où il vient

$$\nabla v_{n,i} = (1 - \phi_i)\nabla u + \phi_i \nabla u_n + (u_n - u) \otimes \nabla \phi_i.$$

Par conséquent,

$$|\nabla v_{n,i}|^p \leq C\Big(1 + |\nabla u|^p + |\nabla u_n|^p + \Big(\frac{k+1}{R}\Big)^p |u_n - u|^p\Big).$$

Par l'hypothèse de croissance sur F, on en déduit que

$$\begin{aligned}\int_{\Omega_k \setminus \Omega_0} \Big(\sum_i \mathbf{1}_{\Omega_i \setminus \Omega_{i-1}} F(\nabla v_{n,i})\Big) dx \leq & C\Big(1 + \|\nabla u\|^p_{L^p(\Omega; M_{md})} + \|\nabla u_n\|^p_{L^p(\Omega; M_{md})} \\ & + \Big(\frac{k+1}{R}\Big)^p \|u_n - u\|^p_{L^p(\Omega_k \setminus \Omega_0; M_{md})}\Big),\end{aligned} \tag{6.27}$$

où la constante C ne dépend pas de k. Comme $u_n \rightharpoonup u$, on a que ∇u_n est borné dans L^p, et (c'est là qu'est la subtilité !) $u_n \to u$ dans $L^p_{\text{loc}}(\Omega; \mathbb{R}^m)$ fort, par le théorème de Rellich. En particulier, on voit que $\|u_n - u\|_{L^p(\Omega_k \setminus \Omega_0; M_{md})} \to 0$ quand $n \to +\infty$. Par conséquent, faisant tendre n vers $+\infty$ dans les inégalités (6.26) et (6.27), on obtient,

$$\int_\Omega F(\nabla u)\, dx \leq \int_{\Omega \setminus \Omega_0} F(\nabla u)\, dx + \frac{C}{k} + \liminf_{n \to +\infty} \int_\Omega F(\nabla u_n)\, dx,$$

avec C encore une fois indépendante de k. On conclut alors en faisant tout d'abord tendre k vers $+\infty$, puis en prenant une suite d'ouverts Ω_0 tels que mes $(\Omega \setminus \Omega_0) \to 0$. □

Remarque 6.11. Un raccordement plus simple entre u_n et u qui consisterait à n'utiliser qu'une seule fonction ϕ ne permettrait pas de récupérer le facteur crucial en $1/k$ du slicing (on peut quand même faire fonctionner un argument à une seule fonction, voir [38]). Remarquer que les différentes tranches du slicing sont décalées les unes par rapport aux autres, si bien que l'addition de leur contributions se traduit par une intégrale sur la réunion des tranches. Dans cette contribution, le terme a priori mauvais, c'est-à-dire celui qui contient les gradients des fonctions de recollement ϕ_i, est contrôlé par convergence forte dans L^p. À ce propos, il faut prendre garde à considérer des fonctions dans un compact de Ω pour pouvoir appliquer le théorème de Rellich en l'absence d'hypothèse de régularité sur Ω. □

Dans une troisième étape, on montre qu'une fonction quasi-convexe à croissance en puissance p est en fait localement lipschitzienne, avec une estimation de la constante de Lipschitz.

Lemme 6.6. *Soit F une fonction quasi-convexe vérifiant l'hypothèse de croissance du Théorème* 6.9. *Alors il existe une constante C telle que pour tous $A, B \in M_{md}$, on a*

$$|F(B) - F(A)| \leq C(1 + |A|^{p-1} + |B|^{p-1})|B - A|. \tag{6.28}$$

Preuve. Faisons la démonstration dans le cas où F est différentiable (le cas général fonctionne de la même façon en utilisant la différentiabilité presque partout des fonctions convexes).

Soit E_{ij} la matrice élémentaire ayant des 0 partout sauf en position i, j où elle a un 1. C'est une matrice de rang un, donc l'application $t \mapsto F(A + tE_{ij})$ est convexe. Elle est donc supérieure à son application affine tangente, c'est-à-dire que

$$F(A + tE_{ij}) \geq F(A) + t\frac{\partial F}{\partial A_{ij}}(A)$$

pour tout t réel. En particulier, prenant $t = \pm(1 + |A|)$, on en déduit que

$$\begin{aligned}\left|\frac{\partial F}{\partial A_{ij}}(A)\right| &\leq \frac{\max(|F(A + (1 + |A|)E_{ij}) - F(A)|, |F(A - (1 + |A|)E_{ij}) - F(A)|)}{1 + |A|} \\ &\leq \frac{C(1 + |A|^p)}{1 + |A|} \leq C(1 + |A|^{p-1}). \end{aligned} \tag{6.29}$$

On écrit alors

$$F(B) - F(A) = \int_0^1 DF(tB + (1 - t)A)(B - A)\,dt,$$

et l'on conclut par l'estimation (6.29) des dérivées de F. □

La dernière étape consiste à traiter le cas d'une limite faible quelconque en l'approchant localement par des fonctions affines adéquatement recollées les unes aux autres.

Lemme 6.7. *Soit* $u_n \rightharpoonup u$ *dans* $W^{1,p}(\Omega; \mathbb{R}^m)$. *Alors* $\liminf I(u_n) \geq I(u)$.

Preuve. On utilise d'abord le fait que si $v \in L^p(\Omega)$, alors pour tout $\varepsilon > 0$, il existe une famille dénombrable de cubes ouverts disjoints Q_i tels que $\overline{\Omega} = \cup_{i\in\mathbb{N}}\bar{Q}_i$ et si l'on note $\bar{v}_i = \frac{1}{\text{mes}\, Q_i}\int_{Q_i} v(y)\,dy$ la moyenne de v sur le cube Q_i, et $\bar{v}(x) = \sum_{i\in\mathbb{N}} \bar{v}_i \mathbf{1}_{Q_i}(x)$ la fonction constante par morceaux construite sur ces moyennes, on a

$$\int_\Omega |v(x) - \bar{v}(x)|^p\,dx = \sum_{i\in\mathbb{N}} \int_{Q_i} |v(x) - \bar{v}_i|^p\,dx \leq \varepsilon^p.$$

Pour montrer cela, on utilise la densité des fonctions continues à support compact dans L^p, le fait que l'application $v \mapsto \bar{v}$ est continue de $L^p(\Omega)$ dans $L^p(\Omega)$ et enfin celui que l'inégalité ci-dessus est facile à obtenir pour une fonction continue à support compact. En effet, un calcul immédiat montre que

$$\int_{Q_i} |v(x) - \bar{v}_i|^p \, dx \leq \frac{1}{\text{mes}\, Q_i} \int_{Q_i \times Q_i} |v(x) - v(y)|^p \, dx dy.$$

Par conséquent, si v est uniformément continue, il suffit de choisir le diamètre des cubes suffisamment petit pour que $|v(x) - v(y)| \leq \varepsilon \, \text{mes}\, \Omega^{1/p}$ pour conclure dans ce cas.

Choisissons donc $\varepsilon > 0$ et $\{Q_i\}_{i \in \mathbb{N}}$ la famille de cubes associée à ∇u par la remarque précédente. Pour chaque i fixé, on définit sur Q_i la suite

$$u_{n,i}(x) = u_n(x) - u(x) + \overline{(\nabla u)}_i x.$$

Par construction, $u_{n,i} \rightharpoonup \overline{(\nabla u)}_i x$ dans $W^{1,p}(Q_i; \mathbb{R}^m)$. Par le Lemme 6.5, on a donc

$$\liminf_{n \to +\infty} \int_{Q_i} F(\nabla u_{n,i}) \, dx \geq \int_{Q_i} F(\overline{(\nabla u)}_i) \, dx,$$

d'où en sommant sur tous les cubes

$$\liminf_{n \to +\infty} \sum_{i \in \mathbb{N}} \int_{Q_i} F(\nabla u_{n,i}) \, dx \geq \sum_{i \in \mathbb{N}} \liminf_{n \to +\infty} \int_{Q_i} F(\nabla u_{n,i}) \, dx \geq \sum_{i \in \mathbb{N}} \int_{Q_i} F(\overline{(\nabla u)}_i) \, dx. \tag{6.30}$$

Regardons le terme de gauche de cette inégalité. On a

$$\begin{aligned}\Big| \int_\Omega F(\nabla u_n) \, dx - \sum_{i \in \mathbb{N}} \int_{Q_i} F(\nabla u_{n,i}) \, dx \Big| &= \Big| \int_\Omega \Big[F(\nabla u_n) - \sum_{i \in \mathbb{N}} \mathbf{1}_{Q_i} F(\nabla u_{n,i}) \Big] dx \Big| \\ &\leq \int_\Omega \sum_{i \in \mathbb{N}} \mathbf{1}_{Q_i} |F(\nabla u_n) - F(\nabla u_{n,i})| \, dx.\end{aligned}$$

Or par le Lemme 6.6, on sait que

$$\begin{aligned}\sum_{i \in \mathbb{N}} \mathbf{1}_{Q_i} |F(\nabla u_n) - F(\nabla u_{n,i})| &\leq C \sum_{i \in \mathbb{N}} \mathbf{1}_{Q_i} (1 + |\nabla u_n|^{p-1} + |\nabla u_{n,i}|^{p-1}) |\nabla u_n - \nabla u_{n,i}| \\ &= C \sum_{i \in \mathbb{N}} \mathbf{1}_{Q_i} (1 + |\nabla u_n|^{p-1} + |\nabla u_{n,i}|^{p-1}) |\nabla u - \overline{(\nabla u)}_i| \\ &\leq C \Big(\sum_{i \in \mathbb{N}} \mathbf{1}_{Q_i} (1 + |\nabla u_n|^{p-1} + |\nabla u_{n,i}|^{p-1})^{\frac{p}{p-1}} \Big)^{\frac{p-1}{p}} \\ &\qquad \times \Big(\sum_{i \in \mathbb{N}} \mathbf{1}_{Q_i} |\nabla u - \overline{(\nabla u)}_i|^p \Big)^{\frac{1}{p}} \\ &\leq C \Big(\sum_{i \in \mathbb{N}} \mathbf{1}_{Q_i} (1 + |\nabla u_n|^p + |\nabla u_{n,i}|^p) \Big)^{\frac{p-1}{p}}\end{aligned}$$

$$\times\Big(\sum_{i\in\mathbb{N}} \mathbf{1}_{Q_i}|\nabla u - \overline{(\nabla u)}_i|^p\Big)^{\frac{1}{p}}$$

$$= C(1+|\nabla u_n|^p + |\overline{(\nabla u_n)}|^p)^{\frac{p-1}{p}}$$

$$\times\Big(\sum_{i\in\mathbb{N}} \mathbf{1}_{Q_i}|\nabla u - \overline{(\nabla u)}_i|^p\Big)^{\frac{1}{p}}$$

en notant $\overline{(\nabla u_n)} = \sum_{i\in\mathbb{N}} \mathbf{1}_{Q_i}\nabla u_{n,i}$. On a utilisé en cours de route l'inégalité de Hölder. Intégrant alors sur Ω et réutilisant l'inégalité de Hölder, on obtient

$$\Big|\int_\Omega F(\nabla u_n)\,dx - \sum_{i\in\mathbb{N}}\int_{Q_i} F(\nabla u_{n,i})\,dx\Big| \le C(1+\|\nabla u_n\|_{L^p}^{p-1} + \|\overline{(\nabla u_n)}\|_{L^p}^{p-1})$$

$$\times\Big(\sum_{i\in\mathbb{N}}\int_{Q_i} |\nabla u - \overline{(\nabla u)}_i|^p\,dx\Big)^{\frac{1}{p}}$$

Or ∇u_n et $\overline{(\nabla u_n)}$ sont manifestement bornés dans $L^p(\Omega; M_{md})$ indépendamment de n et de ε, donc

$$\Big|\int_\Omega F(\nabla u_n)\,dx - \sum_{i\in\mathbb{N}}\int_{Q_i} F(\nabla u_{n,i})\,dx\Big| \le C\varepsilon,$$

ce qui implique que

$$\liminf_{n\to+\infty}\int_\Omega F(\nabla u_n)\,dx \ge \liminf_{n\to+\infty}\sum_{i\in\mathbb{N}}\int_{Q_i} F(\nabla u_{n,i})\,dx - C\varepsilon. \tag{6.31}$$

Pour le terme de droite de l'inégalité (6.30), on établit de la même façon que

$$\sum_{i\in\mathbb{N}}\int_{Q_i} F(\overline{(\nabla u)}_i)\,dx \ge \int_\Omega F(\nabla u)\,dx - C\varepsilon. \tag{6.32}$$

La semi-continuité inférieure découle alors immédiatement des inégalités (6.30), (6.31) et (6.32). □

Remarque 6.12. On peut donner une démonstration plus simple du dernier lemme dans le cas où Ω est régulier et où l'on admet la densité de l'ensemble des fonctions affines par morceaux dans $W^{1,p}(\Omega)$, un résultat classique pour la théorie des éléments finis, mais qui demande des connaissances sur les triangulations d'un tel ouvert de $\mathbb{R}^d$.

En effet, on commence par montrer le résultat pour u affine par morceaux. Soit Ω_i, $i = 1, \dots, k$, une partition de Ω telle que u est affine sur chaque Ω_i. On a donc

$$
\begin{aligned}
\liminf_{n\to+\infty}\int_\Omega F(\nabla u_n)\,dx &= \liminf_{n\to+\infty}\sum_{i=1}^k\int_{\Omega_i} F(\nabla u_n)\,dx\\
&\geq \sum_{i=1}^k \liminf_{n\to+\infty}\int_{\Omega_i} F(\nabla u_n)\,dx\\
&\geq \sum_{i=1}^k \int_{\Omega_i} F(\nabla u)\,dx\\
&= \int_\Omega F(\nabla u)\,dx,
\end{aligned}
$$

grâce au Lemme 6.5.

Soit maintenant $u \in W^{1,p}(\Omega)$ quelconque et u_k une suite de fonctions affines par morceaux qui tend fortement vers u dans $W^{1,p}(\Omega)$. On en déduit que $u_n - u + u_k \rightharpoonup u_k$ dans $W^{1,p}(\Omega)$ quand $n \to +\infty$, d'où

$$
\liminf_{n\to+\infty}\int_\Omega F(\nabla u_n - \nabla u + \nabla u_k)\,dx \geq \int_\Omega F(\nabla u_k)\,dx,
$$

d'après ce qui précède. Or $F(\nabla u_n) = F(\nabla u_n - \nabla u + \nabla u_k) + F(\nabla u_n) - F(\nabla u_n - \nabla u + \nabla u_k)$. Donc, par le Lemme 6.6, on a

$$
\begin{aligned}
\liminf_{n\to+\infty}\int_\Omega F(\nabla u_n)\,dx &\geq \int_\Omega F(\nabla u_k)\,dx\\
&\quad - C\limsup_{n\to+\infty}(1 + \|\nabla u_n\|_{L^p} + \|\nabla u\|_{L^p} + \|\nabla u_k\|_{L^p})^{p-1}\|\nabla u - \nabla u_k\|_{L^p},
\end{aligned}
\tag{6.33}
$$

par l'inégalité de Hölder, d'où le résultat en faisant tendre k vers l'infini (on utilise la réciproque partielle du théorème de convergence dominée, puis la croissance de F et le théorème de convergence dominée lui-même pour passer à la limite dans l'intégrale du membre de droite, comme d'habitude). □

6.6 Exercices du chapitre 6

1. Soit $F\colon \mathbb{R} \to \mathbb{R}$. Montrer (en s'inspirant des raisonnements liés à la rang-1-convexité) que si la fonctionnelle $u \mapsto \int_0^1 F(u'(x))\,dx$ est faiblement-* séquentiellement semicontinue inférieure sur $W^{1,\infty}(]0,1[)$, alors F est convexe.

2. Soit $\Omega =]0,1[$ et soit la fonctionnelle

$$
I(v) = \int_0^1 \left(v^2 + ((v')^2 - 1)^2\right) dx.
$$

On considère le problème de minimisation : trouver $u \in V = W_0^{1,4}(\Omega)$ tel que

$$I(u) = \inf_{v \in V} I(v). \tag{6.34}$$

2.1. Supposons que le problème (6.34) ait une solution $u \in V$. Écrire sous forme variationnelle, puis au sens des distributions, son équation d'Euler-Lagrange.

2.2. Supposons que cette solution soit de classe C^2. Montrer qu'il s'agit d'un problème quasilinéaire. Que remarque-t-on sur le signe du coefficient de la partie principale de l'opérateur différentiel ? Est-ce de bon augure ?

2.3. En utilisant la suite

$$v_n(x) = \frac{1}{n}\Big(\frac{1}{2} - \Big|nx - [nx] - \frac{1}{2}\Big|\Big),$$

où $[t]$ désigne la partie entière de t, montrer que

$$\inf_{v \in V} I(v) = 0.$$

2.4. En déduire qu'en fait, le problème (6.34) n'a pas de solution (donc l'augure n'était pas excellent).

2.5. Montrer que $v_n \rightharpoonup 0$ dans V et que la fonctionnelle I n'est pas faiblement s.c.i. sur V.

2.6. Montrer que la semi-norme $\|v''\|_{L^2(\Omega)}$ est une norme sur $H^2(\Omega) \cap H_0^1(\Omega)$ équivalente à la norme $H^2(\Omega)$.

2.7. Pour tout $k \in \mathbb{N}^*$, on pose

$$I^k(v) = I(v) + \frac{1}{k}\int_0^1 (v'')^2\,dx.$$

Montrer que le problème : trouver $u^k \in W = H^2(\Omega) \cap H_0^1(\Omega)$ tel que

$$I^k(u^k) = \inf_{v \in W} I^k(v), \tag{6.35}$$

admet au moins une solution. Écrire son équation d'Euler-Lagrange.

2.8. Montrer que la suite u^k est bornée dans $W_0^{1,4}(\Omega)$.

2.9. Montrer que $I^k(u^k) \to 0$ quand $k \to +\infty$ (*Indication :* On pourra commencer par montrer que $\limsup I^k(u^k) \le I(w)$ pour tout $w \in W$.) En déduire que $u^k \rightharpoonup 0$ dans $W_0^{1,4}(\Omega)$.

2.10. On introduit une nouvelle fonctionnelle

$$\bar{I}(v) = \int_0^1 \big(v^2 + [((v')^2 - 1)_+]^2\big)\,dx.$$

Montrer que le problème : trouver $u \in V = W_0^{1,4}(\Omega)$ tel que

$$\bar{I}(u) = \inf_{v \in V} \bar{I}(v),$$

admet une solution (et une seule).

2.11. Montrer que $\bar{I}$ est de classe C^1 sur V. Écrire son équation d'Euler-Lagrange. Quelle est la relation entre la solution de ce problème et la limite faible des solutions du problème (6.35) ?

2.12. Montrer que $\bar{I}$ est la plus grande fonctionnelle faiblement s.c.i. sur V qui soit inférieure à I.

3. Soit Ω un ouvert borné de $\mathbb{R}^d$, $p \geq 1$ et $f \in L^q(\Omega)$. Montrer que si $q \geq \frac{2d}{d+2}$ alors $L^q(\Omega) \subset H^{-1}(\Omega)$. On se place dans ce cas, et on considère la fonctionnelle définie sur $H_0^1(\Omega)$ par

$$I(v) = \int_\Omega \Big(\frac{1}{2}|\nabla v|^2 + \frac{1}{p+1}|v|^{p+1}\Big)dx - \int_\Omega f v \, dx$$

si $v \in L^{p+1}(\Omega)$, $I(v) = +\infty$ sinon. Montrer que le problème de minimisation

$$I(u) = \inf_{v \in H_0^1(\Omega)} I(v)$$

admet une solution $u \in H_0^1(\Omega) \cap L^{p+1}(\Omega)$, qui vérifie l'équation d'Euler-Lagrange

$$-\Delta u + |u|^{p-1}u = f \text{ au sens de } \mathscr{D}'(\Omega).$$

4. Soit V un espace de Banach uniformément convexe (par exemple un espace de Hilbert, un espace de Sobolev construit sur L^p avec $1 < p < +\infty$, etc.) et I une fonctionnelle sur V convexe, s.c.i., différentiable au sens de Gateaux et telle qu'il existe $\delta > 0$ avec

$$I(v) \geq I(u) + \langle DJ(u), v - u\rangle + \delta \|u - v\|_V^2,$$

pour tous $u, v \in V$ (le crochet désigne la dualité V', V). Montrer que I atteint son minimum sur V et qu'en plus, toute suite minimisante converge *fortement* dans V vers un minimiseur.

5. Montrer que la fonctionnelle I de l'exercice 3 est deux fois différentiable au sens de Gateaux et que sa différentielle seconde satisfait une inégalité du type $D^2 I(u)(v, v) \geq 2\delta \|\nabla v\|^2_{L^2(\Omega;\mathbb{R}^d)}$ (prendre $p \leq \frac{d+2}{d-2}$). Utiliser alors l'exercice 4 pour montrer que les suites minimisantes de l'exercice 3 convergent fortement dans $H_0^1(\Omega)$.

6. On va à nouveau montrer l'existence d'une solution non triviale du problème

$$\begin{cases} -\Delta u = \sqrt{u} & \text{dans } \Omega, \\ u = 0 & \text{sur } \partial\Omega, \end{cases}$$

où Ω est un ouvert borné de $\mathbb{R}^d$.

6.1. Soit la fonctionnelle $I\colon H_0^1(\Omega) \to \mathbb{R}$ définie par

$$I(v) = \frac{1}{2}\int_\Omega |\nabla v|^2\,dx - \frac{2}{3}\int_\Omega v|v|^{1/2}\,dx.$$

Montrer qu'elle est bien définie et que $\inf_{H_0^1(\Omega)} I(v) > -\infty$.

6.2. Soit ϕ_1 est la première fonction propre positive de $(-\Delta)$ dans Ω normalisée dans $L^2(\Omega)$. Montrer qu'il existe $\sigma \in \mathbb{R}$ telle que $I(\sigma\phi_1) < 0$.

6.3. Montrer que l'application $v \mapsto \int_\Omega v|v|^{1/2}\,dx$ est séquentiellement continue de $H_0^1(\Omega)$ faible dans $\mathbb{R}$. En déduire que I est séquentiellement faiblement semi-continue inférieurement sur $H_0^1(\Omega)$.

6.4. Montrer que toute suite minimisante de I est bornée dans $H_0^1(\Omega)$. En déduire que I atteint sa borne inférieure en un certain $u \in H_0^1(\Omega)$ avec $u \neq 0$.

6.5. Montrer que u satisfait l'équation d'Euler-Lagrange

$$-\Delta u = |u|^{1/2} \quad \text{au sens de } \mathscr{D}'(\Omega).$$

6.6. En déduire que

$$-\Delta u = \sqrt{u} \quad \text{au sens de } \mathscr{D}'(\Omega).$$

7. Soit Ω un ouvert borné de $\mathbb{R}^2$, $F\colon M_{2,2} \to \mathbb{R}$ définie par

$$F(A) = \frac{1}{2}|A|^2 + \sqrt{(\det A)^2 + 1},$$

et $\Phi\colon \mathbb{R}^2 \to \mathbb{R}$ continue et telle que

$$|\Phi(\xi)| \leq C(1 + |\xi|^q)$$

pour un certain $1 \leq q < 2$. On pose

$$J(u) = \int_\Omega F(\nabla u)\,dx - \int_\Omega \Phi(u)\,dx.$$

Montrer que J est bien définie sur $H_0^1(\Omega; \mathbb{R}^2)$, qu'elle y atteint son minimum et écrire le système d'EDP quasi-linéaires ainsi résolu.

8. Soit Ω un ouvert borné de $\mathbb{R}^2$.

8.1. Montrer que la relation

$$\det(\nabla u) = \partial_1 u_1 \partial_2 u_2 - \partial_1 u_2 \partial_2 u_1 = \partial_1(u_1 \partial_2 u_2) - \partial_2(u_1 \partial_1 u_2).$$

a toujours lieu au sens des distributions quand $\psi \in H^1(\Omega; \mathbb{R}^2)$.

8.2. Soit $u(x) = x/|x|$. Montrer que $u \in W^{1,p}(\Omega; \mathbb{R}^2)$ pour tout $p < 2$ mais pas pour $p \geq 2$. On note

$$\det \nabla u = \partial_1 u_1 \partial_2 u_2 - \partial_2 u_1 \partial_1 u_2, \quad \operatorname{Det} \nabla u = \partial_1(u_1 \partial_2 u_2) - \partial_2(u_1 \partial_1 u_2).$$

Montrer que $\det \nabla u = 0$ alors que $\operatorname{Det} \nabla u = -\frac{1}{\pi}\delta_0$, où δ_0 désigne la masse de Dirac en 0.

9. Soit Ω un ouvert borné régulier de $\mathbb{R}^2$, F une fonction de $M_{2,2}$ dans $\overline{\mathbb{R}} = \mathbb{R} \cup \{+\infty\}$ telle que $F(A) \geq \alpha|A|^p - \beta$ avec $\alpha > 0$ et $p > 2$. On se donne $u_0 \in W^{1,p}(\Omega; \mathbb{R}^2)$ et l'on note $\mathscr{A} = \{u \in W^{1,p}(\Omega; \mathbb{R}^2); \gamma u = \gamma u_0\}$ où γ désigne l'application trace sur le bord.

Soit la fonctionnelle

$$J(v) = \int_\Omega F(\nabla v)\, dx,$$

(J peut prendre la valeur $+\infty$). On cherche à résoudre le problème de minimisation : trouver $u \in \mathscr{A}$ tel que

$$J(u) = \inf_{v \in \mathscr{A}} J(v). \tag{6.36}$$

9.1. On suppose qu'il existe $v_0 \in \mathscr{A}$ tel que $J(v_0) < +\infty$. Montrer que toute suite minimisante u_n est bornée dans $W^{1,p}(\Omega; \mathbb{R}^2)$.

9.2. Soit une suite $u_n \in W^{1,p}(\Omega; \mathbb{R}^2)$ qui converge faiblement vers u dans cet espace. Montrer que

$$\det \nabla u_n \rightharpoonup \det \nabla u \text{ dans } L^{p/2}(\Omega) \text{ faible.}$$

(indication : utiliser l'exercice 8).

9.3. On suppose que F est polyconvexe. Montrer que toute valeur d'adhérence dans $W^{1,p}(\Omega; \mathbb{R}^2)$ faible d'une suite minimisante u_n est solution du problème de minimisation (Attention, on ne peut pas utiliser un argument de quasi-convexité ! Par contre on pourra poser $\nabla u_n = z_n$ et $\det \nabla u_n = w_n$ et raisonner sur ce quintuplet de fonctions scalaires). En déduire l'existence d'une solution.

9.4. Soit

$$G(A, \delta) = \begin{cases} |A|^p - \ln \delta & \text{si } \delta > 0, \\ +\infty & \text{sinon.} \end{cases}$$

et posons $F(A) = G(A, \det A)$. Montrer que les résultats précédents s'appliquent. Montrer que toute solution u satisfait $\det \nabla u > 0$ presque partout dans Ω.

9.5. On prend $\Omega =]-1, 1[^2$. Supposons que la fonction

$$u(x) = \begin{pmatrix} x_1^3 \\ x_2 \end{pmatrix}$$

soit un minimiseur de (6.36), avec la fonction F donnée en 9.4. Montrer que la méthode usuelle pour obtenir l'équation d'Euler-Lagrange associée au problème de minimisation échoue (considérer une fonction test qui est de la forme $(x_1, 0)^T$ au voisinage de $x = 0$).

10. Soit $\Omega =]0, 1[^2$. On considère la suite

$$u_n(x) = n^{-1/2}(1 - x_2)^n \begin{pmatrix} \sin nx_1 \\ \cos nx_1 \end{pmatrix}.$$

Montrer que $u_n \rightharpoonup 0$ dans $H^1(\Omega)$ quand $n \to +\infty$, que $\det \nabla u_n \to 0$ au sens de $\mathscr{D}'(\Omega)$, mais que

$$\int_\Omega \det \nabla u_n \, dx = -1.$$

En déduire que la fonctionnelle $J(u) = \int_\Omega \det \nabla u \, dx$ n'est pas faiblement s.c.i. sur $H^1(\Omega)$. Montrer que la fonctionnelle $I(u) = \int_\Omega |\det \nabla u| \, dx$ l'est par contre, et méditer sur ce que révèle cet exemple.

Chapitre 7
Calcul des variations et points critiques

Nous revenons aux problèmes semi-linéaires, vus sous l'angle du calcul des variations, non seulement en minimisant une fonctionnelle associée au problème comme au chapitre précédent, mais aussi en en recherchant plus généralement les points critiques. On rappelle que si $J\colon V \to \mathbb{R}$ est une fonctionnelle définie sur un espace de Banach V et différentiable au sens de Fréchet, un *point critique* de J est un élément u de V qui annule la différentielle DF de F et un *point régulier* de J est un point u tel que $DJ(u) \neq 0$. Une *valeur critique* de J est un nombre réel c tel qu'il existe $u \in V$ point critique de J tel que $J(u) = c$. Une valeur qui n'est pas critique est appelée *valeur régulière* de J. Tout point de l'image réciproque d'une valeur régulière est régulier. Naturellement, un point de minimum pour une telle fonctionnelle en est un point critique, mais il peut y en avoir d'autres. Enfin, pour montrer l'existence d'un point critique, il suffit manifestement d'exhiber une valeur critique.

7.1 Pourquoi rechercher des points critiques ?

Reprenons le problème semi-linéaire modèle du chapitre 2 qui consiste à trouver, étant donnés Ω un ouvert borné de $\mathbb{R}^d$ et f une fonction de $C^0(\mathbb{R}) \cap L^\infty(\mathbb{R})$, une fonction $u \in H_0^1(\Omega)$ telle que $-\Delta u = f(u)$ au sens de $\mathscr{D}'(\Omega)$. Soit F la primitive de f sur $\mathbb{R}$ qui s'annule en 0. Il est clair que $|F(t)| \leq \|f\|_{L^\infty(\mathbb{R})}|t|$. Associons à ce problème la fonctionnelle

$$J(u) = \frac{1}{2}\int_\Omega \|\nabla u\|^2\,dx - \int_\Omega F(u)\,dx. \tag{7.1}$$

Proposition 7.1. *La fonctionnelle J est bien définie et de classe C^1 sur $H_0^1(\Omega)$. Sa différentielle est donnée par*

$$DJ(u)v = \int_\Omega \nabla u \cdot \nabla v\,dx - \int_\Omega f(u)v\,dx. \tag{7.2}$$

H. Le Dret, *Équations aux dérivées partielles elliptiques non linéaires*, Mathématiques et Applications 72, DOI: 10.1007/978-3-642-36175-3_7,

pour tout $v \in H_0^1(\Omega)$.

Preuve. Tout d'abord, il est clair que les deux intégrales de (7.1) sont bien définies pour $u \in H_0^1(\Omega)$. Pour la deuxième d'entre elles, il suffit d'utiliser la majoration de F et le fait que $H_0^1(\Omega) \hookrightarrow L^1(\Omega)$ puisque Ω est borné.

Montrons directement que J est différentiable au sens de Fréchet et que sa différentielle est donnée par (7.2). Comme la partie quadratique est trivialement C^1, il suffit pour cela de montrer la différentiabilité de l'application $u \mapsto I(u) = \int_\Omega F(u)\,dx$. Il vient donc pour tout $u, v \in H_0^1(\Omega)$

$$I(u+v) - I(u) - \int_\Omega f(u)v\,dx = \int_\Omega \Big(\int_0^1 f(u+tv)v\,dt - f(u)v\Big)\,dx$$
$$= \int_\Omega \Big(\int_0^1 \big(f(u+tv) - f(u)\big)\,dt\Big) v\,dx.$$

En effet, $\frac{d}{dt}\big(F(u+tv)\big) = f(u+tv)v$. Par l'inégalité de Cauchy-Schwarz, on en déduit donc que

$$\Big|I(u+v) - I(u) - \int_\Omega f(u)v\,dx\Big| \le \Big(\int_\Omega \Big(\int_0^1 \big(f(u+tv) - f(u)\big)\,dt\Big)^2 dx\Big)^{1/2} \|v\|_{L^2(\Omega)}.$$

Or, toujours par Cauchy-Schwarz, on a

$$\Big(\int_0^1 \big(f(u+tv) - f(u)\big)\,dt\Big)^2 \le \int_0^1 \big(f(u+tv) - f(u)\big)^2\,dt.$$

Donc on a finalement obtenu l'estimation

$$\Big|I(u+v) - I(u) - \int_\Omega f(u)v\,dx\Big| \le \|f(u+tv) - f(u)\|_{L^2(\Omega\times[0,1])} \|v\|_{L^2(\Omega)}$$
$$\le \|f(u+tv) - f(u)\|_{L^2(\Omega\times[0,1])} \|v\|_{H^1(\Omega)}.$$

Pour conclure, il suffit maintenant de montrer que pour toute suite v_n qui tend vers 0 dans $H_0^1(\Omega)$, on a $\|f(u+tv_n) - f(u)\|_{L^2(\Omega\times[0,1])} \to 0$. On commence par extraire une sous-suite qui réalise la limite supérieure de cette suite et qui converge presque partout. Pour cette suite, on a $|f(u+tv_n) - f(u)|^2 \to 0$ presque partout dans $\Omega \times [0,1]$ et $|f(u+tv_n) - f(u)|^2 \le 4\|f\|^2_{L^\infty(\mathbb{R})} \in L^1(\Omega \times [0,1])$. Le théorème de convergence dominée de Lebesgue nous donne donc le résultat.

Montrons maintenant que l'application $u \mapsto DJ(u)$ est continue de $H_0^1(\Omega)$ dans son dual $(H_0^1(\Omega))'$. La partie linéaire, c'est-à-dire la différentielle de la partie quadratique de la fonctionnelle, ne pose pas de problème. On s'intéresse donc à la continuité de $u \mapsto DI(u)$. Pour tous u, h et v dans $H_0^1(\Omega)$, on a

$$\big(DI(u+h) - DI(u)\big)v = \int_\Omega (f(u+h) - f(u))v\,dx.$$

Par conséquent, par l'inégalité de Cauchy-Schwarz, il vient

$$\begin{aligned}\big|\big(DI(u+h)-DI(u)\big)v\big| &\leq \|f(u+h)-f(u)\|_{L^2(\Omega)}\|v\|_{L^2(\Omega)}\\ &\leq C\|f(u+h)-f(u)\|_{L^2(\Omega)}\|v\|_{H_0^1(\Omega)}\end{aligned}$$

en utilisant l'inégalité de Poincaré. Par conséquent,

$$\|DI(u+h)-DI(u)\|_{H^{-1}(\Omega)} \leq C\|f(u+h)-f(u)\|_{L^2(\Omega)}.$$

Le théorème de Carathéodory 2.14 permet alors d'affirmer que l'on a $\|f(u+h)-f(u)\|_{L^2(\Omega)} \to 0$ quand $\|h\|_{L^2(\Omega)} \to 0$, ce qui permet de conclure. □

Remarque 7.1. i) On a fait montré que I est de classe C^1 sur $L^2(\Omega)$.

ii) On aurait pu aussi montrer que J est différentiable au sens de Gateaux (c'est-à-dire sur les droites de la forme $u+tv$), comme on l'avait fait pour la démonstration du théorème 6.5, et ensuite montrer que sa différentielle au sens de Gateaux est continue, ce qui implique la classe C^1 au sens de Fréchet, voir par exemple [33]. □

Corollaire 7.1. *Tout point critique de J est solution du problème modèle et réciproquement.*

Preuve. Soit u un point critique de J. Si l'on prend $v \in \mathscr{D}(\Omega)$ dans l'égalité $DJ(u)v = 0$, on voit que u est solution du problème modèle au sens des distributions. Réciproquement, si u est une telle solution, c'est-à-dire $\langle -\Delta u, \varphi\rangle = \langle f(u), \varphi\rangle$ pour tout $\varphi \in \mathscr{D}(\Omega)$, on obtient

$$\int_\Omega \nabla u \cdot \nabla \varphi \, dx = \int_\Omega f(u)\, \varphi \, dx,$$

et l'on conclut grâce à la densité de $\mathscr{D}(\Omega)$ dans $H_0^1(\Omega)$. □

Remarque 7.2. Il est donc équivalent de résoudre le problème aux limites et de trouver des points critiques de J, c'est-à-dire en fait des solutions de l'équation d'Euler-Lagrange associée à la fonctionnelle J. Notons qu'a priori, J n'est pas convexe en raison du terme $u \mapsto I(u)$ qui n'est pas concave car f n'a aucune propriété de ce type. On peut donc avoir d'autres points critiques que des points de minimum, ainsi que d'autres valeurs critiques. □

On va donc s'attacher à trouver des points critiques, ou ce qui est équivalent des valeurs critiques, pour des fonctionnelles J assez générales. Les applications seront typiquement des problèmes aux limites semi-linéaires.

7.2 La condition de Palais-Smale

Quand nous avons minimisé une fonctionnelle du calcul des variations, un ingrédient essentiel a été la compacité relative (pour une certaine topologie) des suites minimisantes. La condition de Palais-Smale joue un rôle assez semblable pour des suites sur lesquelles la fonctionnelle prend des valeurs tendant vers une valeur critique potentielle, et pas seulement vers la borne inférieure. C'est une condition *a priori*, à vérifier au cas par cas sur chaque fonctionnelle, indépendamment de l'existence ou non de valeurs critiques. Elle sera par contre un ingrédient essentiel pour montrer cette existence dans un certain nombre de situations.

Définition 7.1. Soit V un espace de Banach et $J: V \to \mathbb{R}$ de classe C^1. On dit que J vérifie la *condition de Palais-Smale* (au niveau c) si de toute suite u_n de V telle que

$$J(u_n) \to c \text{ dans } \mathbb{R} \quad \text{et} \quad DJ(u_n) \to 0 \text{ dans } V',$$

on peut extraire une sous-suite convergente.

Remarque 7.3. i) La condition de Palais-Smale ne préjuge pas de l'existence d'une valeur critique ou de l'existence d'une telle suite, dite suite de Palais-Smale. Elle dit seulement que si on en a une, alors celle-ci est nécessairement relativement compacte.

ii) Les deux hypothèses sont indépendantes. En effet, même si $c = \inf_V J$, on peut parfaitement avoir une suite minimisante u_n telle que $DJ(u_n) \not\to 0$. Il suffit de prendre $V = \mathbb{R}$, $J(u) = \sin u^2$, $c = -1$ et $u_n = \left(\frac{3\pi}{2} + n2\pi + \frac{1}{\sqrt{n2\pi}}\right)^{1/2}$. On a $J(u_n) \to -1$ et $J'(u_n) \to 2$.

iii) Remarquons que la topologie est ici la topologie forte.

iv) On rencontre dans la littérature plusieurs variantes de la condition de Palais-Smale, voir [33].

□

Donnons quelques exemples. Tout d'abord, il est clair que la fonction $J(u) = e^u$ définie sur $\mathbb{R}$ ne satisfait pas la condition de Palais-Smale pour $c = 0$. Par contre, elle la vérifie pour toute autre valeur réelle (puisqu'il n'existe aucune suite qui vérifie les deux conditions dans ce cas). Il est instructif de regarder d'autres exemples en dimension finie, comme ceux figurant sur les dessins des Figures 7.1 et 7.2.

Voici un exemple plus intéressant dans le contexte des équations aux dérivées partielles. Soit Ω un ouvert de $\mathbb{R}^d$ borné et régulier. Par les Théorèmes 1.23 et 1.24, si $T: L^2(\Omega) \to L^2(\Omega)$ dénote l'opérateur qui à $f \in L^2(\Omega)$ associe la solution $u \in H_0^1(\Omega)$ de $-\Delta u = f$, c'est-à-dire $T = (-\Delta)^{-1}$, il existe une suite $\lambda_k > 0$ qui tend vers $+\infty$ telle que pour $\lambda \neq \lambda_k$, $\lambda \neq 0$, l'opérateur $T_\lambda = (-\Delta)^{-1} - \frac{1}{\lambda}Id$ est un isomorphisme de $L^2(\Omega)$. On en déduit d'abord que la restriction de T_λ à $H_0^1(\Omega)$ est injective. Elle est de plus surjective sur $H_0^1(\Omega)$. En effet, pour tout $u \in H_0^1(\Omega)$, il existe un unique $f \in L^2$ tel que $T_\lambda f = u$, c'est-à-dire que $f = \lambda(-\Delta)^{-1} f - \lambda u$, si bien que $f \in H_0^1(\Omega)$. Enfin, comme $(-\Delta)^{-1}$ est continu de $L^2(\Omega)$ dans $H_0^1(\Omega)$

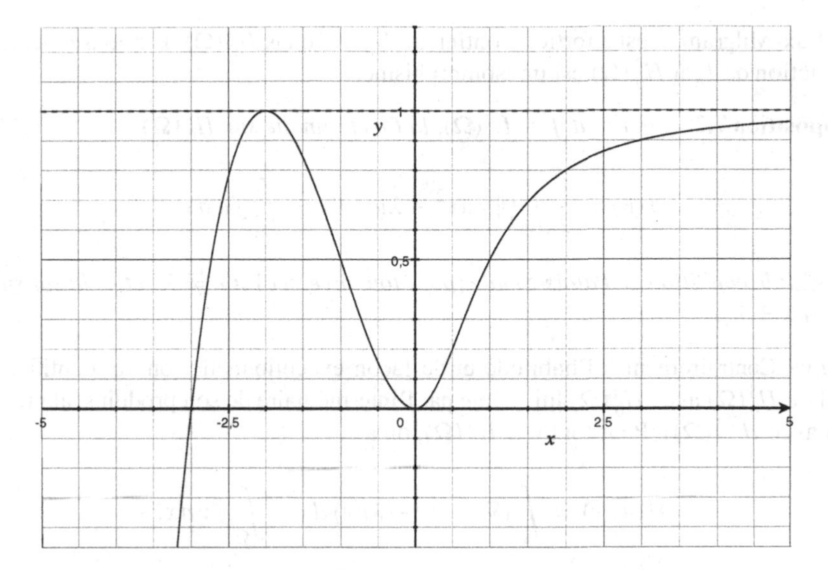

Fig. 7.1 Condition de Palais-Smale satisfaite au niveau $c = 0$ et pas en $c = 1$

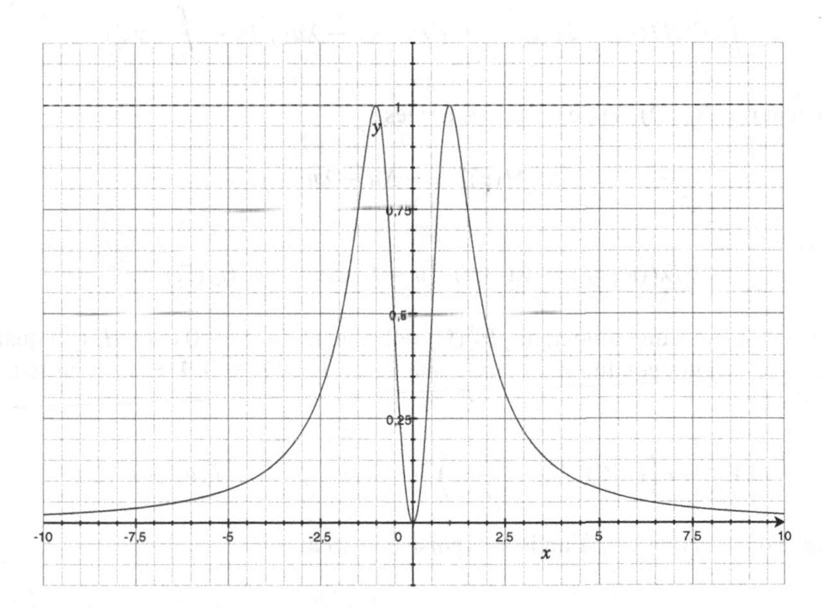

Fig. 7.2 Condition de Palais-Smale satisfaite au niveau $c = 1$ et pas en $c = 0$

par Lax-Milgram, il est a fortiori continu de $H_0^1(\Omega)$ dans $H_0^1(\Omega)$. Par conséquent, la restriction de T_λ à $H_0^1(\Omega)$ est un isomorphisme.

Proposition 7.2. *Pour tout $f \in L^2(\Omega)$, la fonctionnelle sur $H_0^1(\Omega)$*

$$J(u) = \frac{1}{2}\int_\Omega \big(\|\nabla u\|^2 - \lambda u^2\big)\,dx - \int_\Omega fu\,dx$$

satisfait la condition de Palais-Smale (pour tout niveau c) si $\lambda \neq \lambda_k$ et ne la satisfait pas si $\lambda = \lambda_k$.

Preuve. Contrairement à l'habitude et de façon exceptionnelle, on va identifier le dual de $H_0^1(\Omega)$ avec $H_0^1(\Omega)$ lui-même par l'intermédiaire de son produit scalaire (et non avec $H^{-1}(\Omega)$). Pour tout $v \in H_0^1(\Omega)$, on a

$$(DJ(u)|v) = \int_\Omega \big(\nabla u\cdot\nabla v - \lambda uv\big)\,dx - \int_\Omega fv\,dx,$$

c'est-à-dire que $DJ(u) \in H_0^1(\Omega)$ est l'unique solution du problème variationnel

$$\int_\Omega \nabla(DJ(u))\cdot\nabla v\,dx = \int_\Omega \big(\nabla u\cdot\nabla v - \lambda uv\big)\,dx - \int_\Omega fv\,dx,$$

pour tout $v \in H_0^1(\Omega)$, soit en d'autres termes

$$-\Delta(DJ(u)) = -\Delta u - \lambda u - f,$$

soit encore

$$DJ(u) = u - \lambda(-\Delta)^{-1}u - (-\Delta)^{-1}f \in H_0^1(\Omega).$$

Donnons-nous une suite u_n de $H_0^1(\Omega)$ telle que $DJ(u_n) \to 0$ dans $H_0^1(\Omega)$ quand $n \to +\infty$ (l'autre condition ne joue aucun rôle). Pour $\lambda \neq 0$, $\lambda \neq \lambda_k$ pour tout k, on a donc

$$DJ(u_n) = -\lambda\Big((-\Delta)^{-1}u_n - \frac{1}{\lambda}u_n\Big) - (-\Delta)^{-1}f = -\lambda T_\lambda u_n - (-\Delta)^{-1}f.$$

Comme on a vu que T_λ est un isomorphisme, il vient

$$u_n = -\frac{1}{\lambda}T_\lambda^{-1}(DJ(u_n) + (-\Delta)^{-1}f) \to -\frac{1}{\lambda}T_\lambda^{-1}((-\Delta)^{-1}f) \text{ quand } n \to +\infty,$$

et la condition de Palais-Smale est satisfaite. Pour $\lambda = 0$, on a $u_n = DJ(u_n) + (-\Delta)^{-1}f \to (-\Delta)^{-1}f$, d'où Palais-Smale également.

Supposons maintenant que $\lambda = \lambda_k$ pour un certain k et traitons le cas $f = 0$. Il existe une fonction propre associée $\varphi_k \in H_0^1(\Omega)$ non nulle telle que $-\Delta\,\varphi_k = \lambda_k\,\varphi_k$.

La suite $u_n = n\varphi_k$ est telle que $J(u_n) = 0$, $DJ(u_n) = 0$, mais elle ne contient certainement aucune sous-suite convergente. □

Remarque 7.4. Notons que dès que $\lambda > \lambda_1$, la fonctionnelle J n'est pas bornée inférieurement sur $H_0^1(\Omega)$ (considérer la suite $n\varphi_1$). Cela ne l'empêche pas de satisfaire la condition de Palais-Smale. □

Passons à un exemple encore plus intéressant car nettement moins linéaire que le précédent.

Proposition 7.3. *Soit Ω un ouvert borné de $\mathbb{R}^d$ et $1 < p < \frac{d+2}{d-2}$ pour $d \geq 3$ et $1 < p < +\infty$ pour $d \leq 2$. Alors la fonctionnelle sur $H_0^1(\Omega)$*

$$J(u) = \frac{1}{2}\int_\Omega \|\nabla u\|^2\,dx + \frac{1}{p+1}\int_\Omega |u|^{p+1}\,dx$$

satisfait la condition de Palais-Smale (pour tout niveau c).

Preuve. Sous les hypothèses faites sur p, on a $p+1 < 2^*$, l'exposant critique de Sobolev ($2^* = 2d/(d-2)$ pour $d \geq 3$), donc $H_0^1(\Omega) \hookrightarrow L^{p+1}(\Omega)$ et la fonctionnelle est bien définie sur $H_0^1(\Omega)$. On montre à l'aide d'arguments semblables à ceux déjà vus précédemment qu'elle est en fait de classe C^1 avec

$$DJ(u)v = \int_\Omega \nabla u \cdot \nabla v\,dx + \int_\Omega |u|^{p-1}uv\,dx,$$

soit en identifiant le dual de $H_0^1(\Omega)$ avec $H^{-1}(\Omega)$, comme d'habitude cette fois-ci,

$$DJ(u) = -\Delta u + |u|^{p-1}u.$$

Donnons-nous une suite u_n telle que $J(u_n) \to c$ et $DJ(u_n) \to 0$ dans $H^{-1}(\Omega)$ quand $n \to +\infty$. Comme u_n appartient à $H_0^1(\Omega)$, on a

$$\begin{aligned} DJ(u_n)u_n &= \int_\Omega \|\nabla u_n\|^2\,dx + \int_\Omega |u_n|^{p+1}\,dx \\ &= (p+1)J(u_n) - \frac{p-1}{2}\int_\Omega \|\nabla u_n\|^2\,dx. \end{aligned}$$

Or, par définition de la norme duale, on a

$$|DJ(u_n)u_n| \leq \|DJ(u_n)\|_{H^{-1}(\Omega)}\|\nabla u_n\|_{L^2(\Omega)}.$$

On en déduit par conséquent l'estimation

$$\frac{p-1}{2}\|\nabla u_n\|_{L^2(\Omega)}^2 \leq (p+1)J(u_n) + \|DJ(u_n)\|_{H^{-1}(\Omega)}\|\nabla u_n\|_{L^2(\Omega)}.$$

On voit donc que, pour n assez grand pour que $J(u_n) \leq c+1$ et $\|DJ(u_n)\|_{H^{-1}(\Omega)} \leq 1$, la quantité $X_n = \|\nabla u_n\|_{L^2(\Omega)}$ satisfait l'inégalité

$$\frac{p-1}{2}X_n^2 - X_n - (p+1)(c+1) \leq 0.$$

Comme $p - 1 > 0$, on en déduit que X_n est bornée indépendamment de n, c'est-à-dire que u_n est bornée dans $H_0^1(\Omega)$. Comme $p + 1 < 2^*$, l'injection de Sobolev $H_0^1(\Omega) \hookrightarrow L^{p+1}(\Omega)$ est compacte. On peut donc extraire une sous-suite (toujours notée u_n) et trouver un $u \in H_0^1(\Omega)$ tels que

$$u_n \rightharpoonup u \text{ dans } H_0^1(\Omega) \quad \text{et} \quad u_n \to u \text{ dans } L^{p+1}(\Omega).$$

Notant que si $v \in L^{p+1}(\Omega)$, on a trivialement $|v|^p \in L^{\frac{p+1}{p}}(\Omega)$, et raisonnant comme pour la démonstration du théorème de Carathéodory, on s'aperçoit que

$$|u_n|^{p-1}u_n \to |u|^{p-1}u \text{ dans } L^{\frac{p+1}{p}}(\Omega),$$

Or l'exposant conjugué de $p+1$ n'est autre que $\frac{p+1}{p}$ et comme $H_0^1(\Omega) \hookrightarrow L^{p+1}(\Omega)$, par dualité, il vient $L^{\frac{p+1}{p}}(\Omega) \hookrightarrow H^{-1}(\Omega)$. Finalement on a obtenu que

$$-\Delta u_n = DJ(u_n) - |u_n|^{p-1}u_n \to -|u|^{p-1}u \text{ dans } H^{-1}(\Omega).$$

On a déjà noté que $(-\Delta)^{-1}$ est un isomorphisme de $H^{-1}(\Omega)$ sur $H_0^1(\Omega)$ ce qui montre que

$$u_n \to (-\Delta)^{-1}(-|u|^{p-1}u) \text{ dans } H_0^1(\Omega),$$

et la condition de Palais-Smale est satisfaite. □

Remarque 7.5. On obtenu en fait une information supplémentaire qui est que $u = (-\Delta)^{-1}(-|u|^{p-1}u)$, soit encore $-\Delta u = -|u|^{p-1}u$. On pourrait penser avoir résolu ce problème semi-linéaire, mais en fait il n'en est rien puisqu'on n'a pas montré l'existence de la suite u_n ! En réalité, il en existe toujours une, qui n'est pas très passionnante, c'est $u_n = 0$. Pour faire dire quelque chose d'intéressant à cette proposition de façon directe, il faudrait montrer l'existence d'une suite u_n de Palais-Smale avec $c \neq 0$ par exemple, puisque cela exclut que l'on puisse avoir $u = 0$. □

7.3 Le lemme d'Ekeland

Nous allons maintenant donner un lemme abstrait qui joue un grand rôle dans un certain nombre de situations faisant intervenir le calcul des variations, le lemme d'Ekeland, voir [20]. Ce lemme concerne la minimisation de fonctionnelles, dans un cadre très général et pas spécifiquement la recherche de points critiques. Néanmoins, nous en verrons aussi des usages dans le contexte de ce chapitre.

Lemme 7.1. *Soit (X, d) un espace métrique complet et $J : X \to \mathbb{R}$ une fonctionnelle s.c.i. bornée inférieurement sur X. Soit $c = \inf_X J$. Alors, pour tout $\varepsilon > 0$, il existe $x_\varepsilon \in X$ tel que*

$$\begin{cases} c \leq J(x_\varepsilon) \leq c + \varepsilon, \\ \forall x \in X, x \neq x_\varepsilon,\ J(x) - J(x_\varepsilon) + \varepsilon d(x, x_\varepsilon) > 0. \end{cases} \tag{7.3}$$

Remarque 7.6. Remarquons tout de suite que le lemme d'Ekeland sous cette forme n'a d'intérêt que quand la borne inférieure n'est pas atteinte, ou à tout le moins quand on ne sait pas encore qu'elle est atteinte. En effet, si on sait qu'il existe un point de minimum, alors il suffit de prendre pour x_ε un tel point et les relations (7.3) sont trivialement satisfaites pour tout ε.

L'ensemble des points $(x, a) \in X \times \mathbb{R}$ tels que $a > J(x_\varepsilon) - \varepsilon d(x, x_\varepsilon)$ peut se visualiser comme le complémentaire d'une sorte de « cône » de pente ε comme sur la Figure 7.3.

Le lemme dit que l'épigraphe de J est situé entièrement dans cet ensemble, à l'exception du point $(x_\varepsilon, J(x_\varepsilon))$. Attention à l'intuition géométrique : le dessin de la Figure 7.3 est fait pour $X = \mathbb{R}$ muni de la distance usuelle. Un espace métrique quelconque n'a aucune raison de ressembler de près ou de loin à $\mathbb{R}$. □

Preuve. Soit
$$\operatorname{Epi} J = \{(x, a) \in X \times \mathbb{R};\ J(x) \leq a\}$$

l'épigraphe de J, c'est à dire l'ensemble des points de $X \times \mathbb{R}$ situés « au dessus » du graphe de J. C'est un fermé de $X \times \mathbb{R}$ car J est s.c.i. On va introduire une

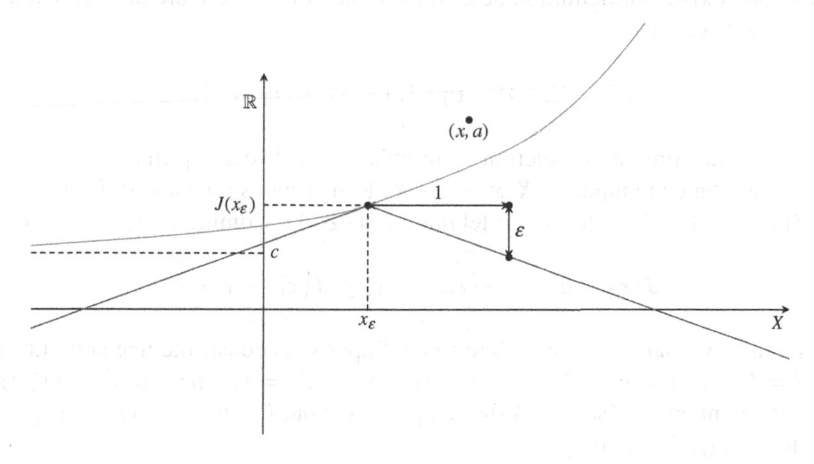

Fig. 7.3 Visualisation du lemme d'Ekeland

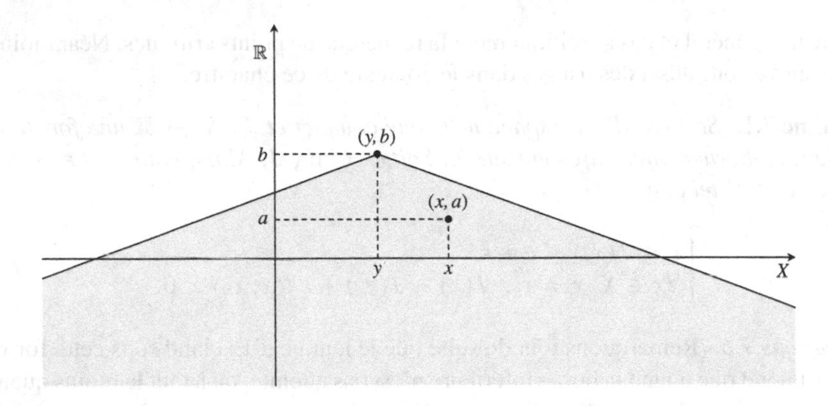

Fig. 7.4 L'ensemble des (x, a) tels que $(x, a) \preccurlyeq (y, b)$

relation d'ordre sur $X \times \mathbb{R}$ de la façon suivante. Nous dirons que $(x, a) \preccurlyeq (y, b)$ si et seulement si on a

$$\varepsilon d(x, y) \leq b - a. \tag{7.4}$$

C'est manifestement une relation d'ordre, *i.e.*, réflexive, transitive à cause de l'inégalité triangulaire, et antisymétrique car $(x, a) \preccurlyeq (y, b)$ et $(y, b) \preccurlyeq (x, a)$ impliquent $b - a \geq 0$ et $a - b \geq 0$, donc $a = b$, donc $d(x, y) = 0$, c'est-à-dire *in fine* $(x, a) = (y, b)$, voir Figure 7.4. C'est bien sûr une relation d'ordre partielle et nous allons construire une partie totalement ordonnée pour cette relation d'ordre.

Choisissons un point $x_1 \in X$ tel que

$$c \leq J(x_1) \leq c + \varepsilon.$$

Un tel point existe par définition de ce qu'est une borne inférieure dans $\mathbb{R}$. On pose alors $a_1 = J(x_1)$ et

$$A_1 = \{(x, a) \in \text{Epi}\, J;\, (x, a) \preccurlyeq (x_1, a_1)\}.$$

C'est un fermé comme intersection de fermés, non vide car $(x_1, a_1) \in A_1$. On note P la projection canonique de $X \times \mathbb{R}$ sur X. Remarquons que si $x \in P(A_1)$, alors $c \leq J(x) \leq c + \varepsilon$. En effet, soit a tel que $(x, a) \in A_1$. Comme $A_1 \subset \text{Epi}\, J$, on a

$$J(x) \leq a \leq a_1 - \varepsilon d(x, x_1) \leq J(x_1) \leq c + \varepsilon.$$

On raisonne maintenant par récurrence. Supposons construite une suite (x_i, a_i) pour $i = 1, \ldots, n$ telle que les ensembles non vides $A_i = \{(x, a) \in \text{dEpi}\, J;\, (x, a) \preccurlyeq (x_i, a_i)\}$ soient emboîtés, c'est-à-dire $A_{i+1} \subset A_i$ pour $i \leq n - 1$ et telle que posant $c_i = \inf_{x \in P(A_i)} J(x)$, on ait

$$0 \leq a_i - c_i \leq 2^{1-i}(a_1 - c_1).$$

Nous venons de voir que ceci est réalisable pour $n = 1$ (la condition d'emboîtement est vide).

Premier cas : $c_n < a_n$. Dans ce cas, on choisit $x_{n+1} \in P(A_n)$ tel que

$$0 \leq J(x_{n+1}) - c_n \leq \frac{1}{2}(a_n - c_n),$$

(il en existe un par définition de ce qu'est une borne inférieure) et l'on pose

$$a_{n+1} = J(x_{n+1}).$$

L'ensemble A_{n+1} est non vide car il contient (x_{n+1}, a_{n+1}). Voyons que $A_{n+1} \subset A_n$. Pour cela, on prend b_{n+1} tel que $(x_{n+1}, b_{n+1}) \in A_n$ et l'on note que

$$a_{n+1} \leq b_{n+1} \leq a_n - \varepsilon d(x_n, x_{n+1}),$$

ce qui implique que $(x_{n+1}, a_{n+1}) \preccurlyeq (x_n, a_n)$, d'où l'inclusion par transitivité de la relation d'ordre. Enfin, on a clairement $c \leq c_n \leq c_{n+1}$ puisque $P(A_{n+1}) \subset P(A_n)$. On en déduit que

$$0 \leq a_{n+1} - c_{n+1} \leq a_{n+1} - c_n \leq \frac{1}{2}(a_n - c_n) \leq \frac{1}{2^n}(a_1 - c_1),$$

ce qui établit la récurrence.

Deuxième cas : $c_n = a_n$. Dans ce cas, on prend $x_{n+1} = x_n$ et $a_{n+1} = a_n$, satisfaisant ainsi trivialement les conditions de la récurrence.

Nous allons maintenant montrer que le diamètre des ensembles A_n tend vers 0 quand $n \to +\infty$. Soient donc $(x, a), (y, b) \in A_n$. On a $a \geq c_n$ et par définition de la relation d'ordre, il vient

$$\varepsilon d(x, x_n) \leq a_n - a \leq a_n - c_n \leq 2^{1-n}(a_1 - c_1),$$

et de même pour y, d'où par l'inégalité triangulaire

$$d(x, y) \leq \frac{1}{\varepsilon} 2^{2-n}(a_1 - c_1) \to 0 \text{ quand } n \to +\infty.$$

Par ailleurs, comme $c_n \leq a, b \leq a_n$, on a aussi

$$|a - b| \leq 2^{2-n}(a_1 - c_1) \to 0 \text{ quand } n \to +\infty,$$

d'où l'assertion sur les diamètres.

Nous avons donc construit une famille dénombrable de fermés non vides d'un espace métrique complet $X \times \mathbb{R}$, emboîtés et dont le diamètre tend vers 0. On en déduit que l'intersection de ces fermés est égale à un singleton, propriété classique des espaces métriques complets,

$$\bigcap_{n\in\mathbb{N}^*} A_n = \{(x_\varepsilon, a_\varepsilon)\}.$$

Par construction, on a $(x_\varepsilon, a_\varepsilon) \in A_1$, d'où

$$c \leq J(x_\varepsilon) \leq a_\varepsilon \leq c + \varepsilon$$

comme on l'a déjà noté plus haut.

Montrons maintenant que le point $(x_\varepsilon, a_\varepsilon)$ est minimal dans Epi J pour la relation d'ordre $\preccurlyeq$, c'est-à-dire que tout point qui lui est inférieur, lui est en fait égal. Soit donc $(y, b) \in$ Epi J tel que $(y, b) \preccurlyeq (x_\varepsilon, a_\varepsilon)$. Par construction, la famille (x_n, a_n) est totalement ordonnée. De plus, comme $(x_\varepsilon, a_\varepsilon) \in A_n$, on a $(x_\varepsilon, a_\varepsilon) \preccurlyeq (x_n, a_n)$ pour tout n. Par transitivité de la relation d'ordre, on en déduit que $(y, b) \preccurlyeq (x_n, a_n)$ pour tout n. Comme $(y, b) \in$ Epi J, ceci implique que $(y, b) \in A_n$ pour tout n. Mais l'intersection des A_n est réduite à $\{(x_\varepsilon, a_\varepsilon)\}$. Par conséquent, $(y, b) = (x_\varepsilon, a_\varepsilon)$ qui est la minimalité annoncée.

On en déduit qu'aucun point de Epi J distinct de $\{(x_\varepsilon, a_\varepsilon)\}$ n'est inférieur à $\{(x_\varepsilon, a_\varepsilon)\}$, c'est-à-dire en particulier que si $x \neq x_\varepsilon$,

$$\varepsilon d(x_\varepsilon, x) > a_\varepsilon - J(x) \geq J(x_\varepsilon) - J(x),$$

ce qui termine la démonstration du lemme (Figure 7.5). □

Remarque 7.7. Comme $x_n \to x_\varepsilon$, $a_n \to a_\varepsilon$ et $a_n = J(x_n)$, on en déduit que $a_\varepsilon \geq J(x_\varepsilon)$ par semi-continuité inférieure de J. Mais si $a_\varepsilon > J(x_\varepsilon)$, il n'est pas minimal

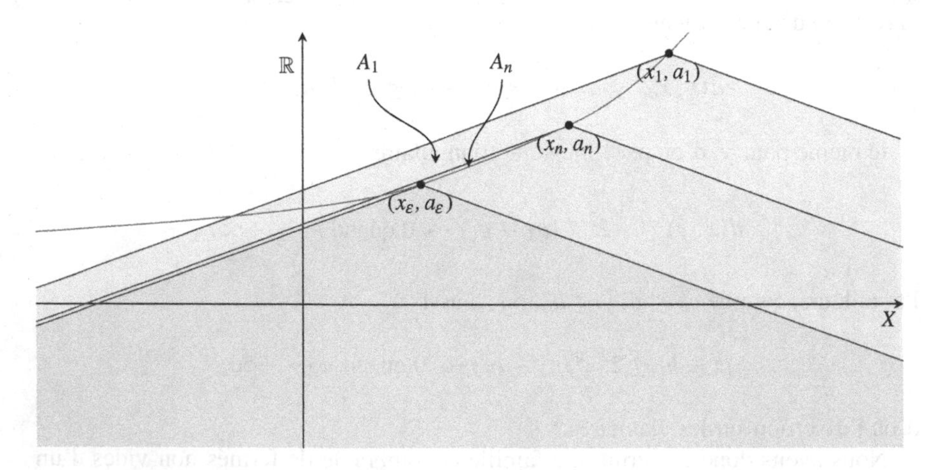

Fig. 7.5 Comment fonctionne la démonstration par l'image

puisque $(x_\varepsilon, J(x_\varepsilon))$ lui est strictement inférieur. On a donc en fait $a_\varepsilon = J(x_\varepsilon)$, c'est-à-dire que le point en question est situé sur le graphe de J. □

Dans le cas d'une fonctionnelle de classe C^1 sur un espace de Banach, le lemme d'Ekeland prend une forme plus frappante qui permet de mieux en apprécier la puissance.

Corollaire 7.2. *Soit J une fonctionnelle de classe C^1 sur un espace de Banach V minorée et $c = \inf_V J$. Alors, pour tout $\varepsilon > 0$, il existe $u_\varepsilon \in V$ tel que*

$$\begin{cases} c \leq J(u_\varepsilon) \leq c + \varepsilon, \\ \|DJ(u_\varepsilon)\|_{V'} \leq \varepsilon. \end{cases} \tag{7.5}$$

Preuve. Dans ce cas, la deuxième relation de (7.3) s'écrit

$$J(u) - J(u_\varepsilon) + \varepsilon\|u - u_\varepsilon\|_V > 0$$

pour tout $u \neq u_\varepsilon$. Prenons $u = u_\varepsilon + tv$ avec $\|v\|_V = 1$ et $t > 0$, il vient

$$J(u_\varepsilon + tv) - J(u_\varepsilon) > -\varepsilon t,$$

d'où en divisant par $-t$,

$$-\frac{J(u_\varepsilon + tv) - J(u_\varepsilon)}{t} < \varepsilon.$$

Comme J est de classe C^1, faisant tendre t vers 0, on en déduit que

$$-DJ(u_\varepsilon)v \leq \varepsilon,$$

puis en changeant v en $-v$ que

$$|DJ(u_\varepsilon)v| \leq \varepsilon,$$

pour tout $v \in V$ tel que $\|v\|_V = 1$, ce qui implique le résultat, par définition de la norme duale. □

Remarque 7.8. Il est instructif de revoir l'exemple ii) de la remarque 7.3 à la lumière de cette version du lemme d'Ekeland. On peut le pimenter un peu en regardant $J(u) = \sin u^2 + \frac{1}{1+u^2}$. □

Ce corollaire suggère immédiatement d'utiliser conjointement la condition de Palais-Smale et du lemme d'Ekeland.

Théorème 7.1. *Soit J une fonctionnelle de classe C^1 sur un espace de Banach V minorée et satisfaisant la condition de Palais-Smale. Alors J atteint son minimum.*

Preuve. C'est presque évident. On prend $\varepsilon = \frac{1}{n}$ et le lemme d'Ekeland nous assure de l'existence d'une suite minimisante u_n telle que $DJ(u_n) \to 0$. Grâce à la condition de Palais-Smale, cette suite contient une sous-suite convergente, laquelle converge donc vers un point de minimum. □

Il s'agit d'une condition suffisante. L'exemple de la Figure 7.2 ne satisfait pas la condition de Palais-Smale, mais cela n'empêche pas d'atteindre son minimum.

Notons une version « locale » des résultats précédents, assez frappante également.

Corollaire 7.3. *Soit J une fonctionnelle s.c.i. minorée sur un espace métrique complet X avec $c = \inf_X J$ et soit $x_\varepsilon \in X$ tel que $c \leq J(x_\varepsilon) \leq c + \varepsilon$. Alors il existe $\bar{x}_\varepsilon \in X$ tel que*

$$\begin{cases} c \leq J(\bar{x}_\varepsilon) \leq c + \varepsilon, \\ d(\bar{x}_\varepsilon, x_\varepsilon) \leq 2\sqrt{\varepsilon}, \\ \forall x \in X, x \neq \bar{x}_\varepsilon, \ J(x) - J(\bar{x}_\varepsilon) + \sqrt{\varepsilon} d(x, \bar{x}_\varepsilon) > 0. \end{cases} \tag{7.6}$$

Preuve. On reprend exactement la même démonstration que la première version du lemme d'Ekeland en modifiant légèrement la relation d'ordre comme suit :

$$(x, a) \preccurlyeq (y, b) \text{ si et seulement si } \sqrt{\varepsilon} d(x, y) \leq b - a. \tag{7.7}$$

On effectue alors la même construction en partant de $x_1 = x_\varepsilon$ et les estimations $\sqrt{\varepsilon} d(x, x_n) \leq 2^{1-n}(a_1 - c_1) \leq 2^{1-n}\varepsilon$ pour tout $x \in A_n$ permettent de déduire que $d(x_n, x_\varepsilon) = d(x_n, x_1) \leq 2(1 - 2^{-n})\sqrt{\varepsilon}$, d'où le résultat en passant à la limite quand $n \to +\infty$. □

Ici encore, ce résultat s'apprécie mieux en version différentielle.

Corollaire 7.4. *Soit V un espace de Banach, J une fonctionnelle C^1 minorée sur un fermé F de V avec $c = \inf_F J$. Soit $u_\varepsilon \in F$ tel que $c \leq J(u_\varepsilon) \leq c + \varepsilon$. Alors il existe $\bar{u}_\varepsilon \in F$ tel que*

$$\begin{cases} c \leq J(\bar{u}_\varepsilon) \leq c + \varepsilon, \\ \|\bar{u}_\varepsilon - u_\varepsilon\|_V \leq 2\sqrt{\varepsilon}, \\ \forall u \in F, u \neq \bar{u}_\varepsilon, \ J(u) - J(\bar{u}_\varepsilon) + \sqrt{\varepsilon}\|u - \bar{u}_\varepsilon\|_V > 0. \end{cases} \tag{7.8}$$

Si de plus, $\bar{u}_\varepsilon$ est dans l'intérieur de F, alors

$$\|DJ(\bar{u}_\varepsilon)\|_{V'} \leq \sqrt{\varepsilon}. \tag{7.9}$$

Preuve. La première partie 7.8 n'est qu'une réécriture immédiate du Corollaire 7.3 dans l'espace métrique complet F. La deuxième partie 7.9 reprend le même argument que la démonstration du Corollaire 7.2. □

Remarque 7.9. Ce corollaire montre que si l'on se donne un point u_ε où J est presque minimisée, alors il existe très près de ce point, à distance au plus de l'ordre de $\sqrt{\varepsilon}$, un autre point $\bar{u}_\varepsilon$ où J est également presque minimisée (en fait prend une valeur inférieure) et qui annule presque la différentielle de J ! Ce qui est tout à fait surprenant. □

7.4 Le lemme de déformation

Nous avons besoin d'un procédé de construction de valeurs critiques qui ne soient pas uniquement des bornes inférieures. Nous allons utiliser les notations suivantes

$$\{J \leq c\} = \{u \in V;\ J(u) \leq c\}, \{J > c\} = \{u \in V;\ J(u) > c\}, \text{etc.}$$

La remarque cruciale concernant les valeurs critiques est que quelque chose change dans la nature topologique des ensembles $\{J \leq c\}$ quand c traverse une valeur critique. Ainsi, par exemple, quand $c = \min_V J$, alors pour tout $\varepsilon > 0$, $\{J \leq c - \varepsilon\} = \emptyset$ alors que $\{J \leq c + \varepsilon\}$ n'est pas vide. De façon un peu plus subtile, si $V = \mathbb{R}^2$ et $J(x) = x_1 x_2$ avec la valeur critique $c = 0$, qui n'est pas un mimimum, alors $\{J \leq -\varepsilon\}$ admet deux composantes connexes, tandis que $\{J \leq \varepsilon\}$ est connexe (Figure 7.6).

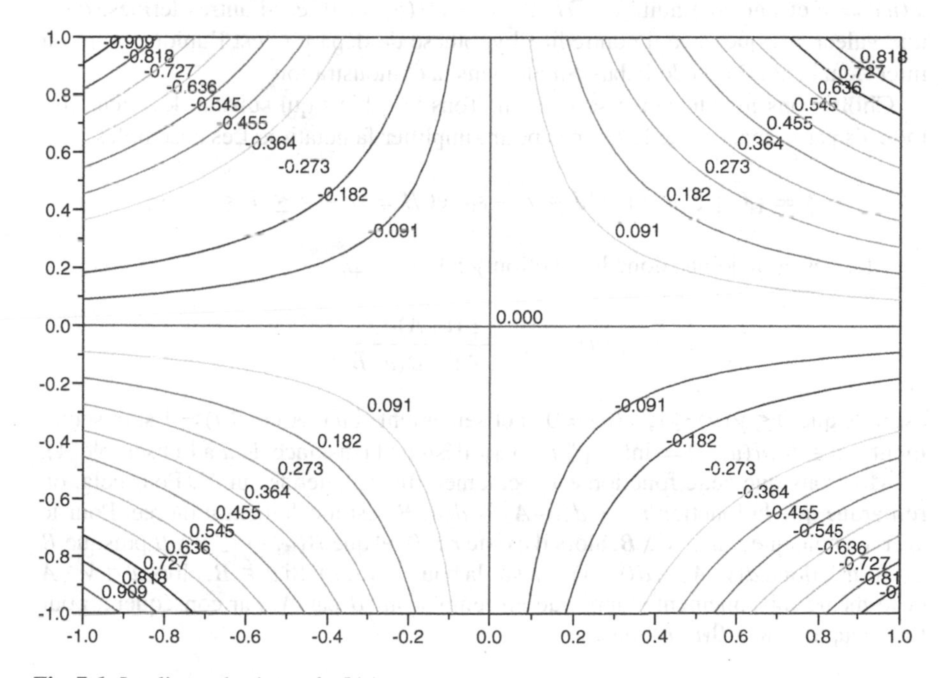

Fig. 7.6 Les lignes de niveau de $J(x) = x_1 x_2$

On s'aperçoit en fait que les ensembles $\{J \le -\varepsilon\}$ et $\{J \le -\varepsilon'\}$ avec $\varepsilon > 0, \varepsilon' > 0$ sont homéomorphes, alors que les ensembles $\{J \le -\varepsilon\}$ et $\{J \le \varepsilon'\}$ ne le sont pas. La raison en est qu'il y a une valeur singulière, $c = 0$, entre $-\varepsilon$ et ε'. Le lemme de déformation qui suit donne un contenu précis à cette observation.

Théorème 7.2. *Soit V un espace de Banach et $J: V \to \mathbb{R}$ une fonctionnelle de classe C^1 vérifiant la condition de Palais-Smale. Soit $c \in \mathbb{R}$ une valeur régulière de J. Alors il existe $\varepsilon_0 > 0$ tel que pour tout ε tel que $0 < \varepsilon < \varepsilon_0$ il existe un homéomorphisme $\eta: V \to V$ satisfaisant :*

i) *Pour tout $u \in \{J \le c - \varepsilon_0\} \cup \{J \ge c + \varepsilon_0\}$, on a $\eta(u) = u$,*
ii) *On a $\eta(\{J \le c + \varepsilon\}) \subset \{J \le c - \varepsilon\}$.*

Preuve. On ne va faire la démonstration complète que dans le cas où V est un espace de Hilbert et J est de classe $C^{1,1}_{\text{loc}}$. On donnera ensuite quelques indications pour traiter le cas général, voir également [33]. Comme V est un espace de Hilbert, on identifie V et V' par l'intermédiaire du produit scalaire et l'on confond donc différentielle et gradient.

Soit c une valeur régulière de J et montrons qu'il existe $\varepsilon_0 > 0$ et $\delta > 0$ tels que $\|DJ(u)\|_V \ge \delta$ pour tout $u \in \{c - \varepsilon_0 \le J \le c + \varepsilon_0\}$. Pour cela on raisonne par l'absurde en supposant qu'il existe une suite $u_n \in \{c - 1/n \le J \le c + 1/n\}$ telle que $\|DJ(u_n)\|_V \to 0$. Comme J satisfait la condition de Palais-Smale, on peut en extraire une sous-suite convergente vers un certain u. Par continuité de J, il vient $J(u) = c$ et par continuité de DJ, il vient $DJ(u) = 0$, en d'autres termes, c est une valeur critique, ce qui contredit l'hypothèse de départ. C'est l'unique point où intervient la condition de Palais-Smale dans la démonstration.

Choisissons maintenant $0 < \varepsilon < \varepsilon_0$. Tous les objets qui suivent devraient être indexés par ε, mais on ne le fait pas pour simplifier la notation. Les ensembles

$$A = \{J \le c - \varepsilon_0\} \cup \{J \ge c + \varepsilon_0\} \text{ et } B = \{c - \varepsilon \le J \le c + \varepsilon\}$$

sont fermés et disjoints, donc la fonction $\gamma: V \to \mathbb{R}_+$,

$$\gamma(u) = \frac{d(u, A)}{d(u, A) + d(u, B)}$$

est telle que $0 \le \gamma(u) \le 1$, $\gamma(u) = 0$ si et seulement si $u \in A$ et $\gamma(u) = 1$ si et seulement si $u \in B$ ($d(u, A) = \inf_{v \in A} \|u - v\|_V$ désigne la distance de u à l'ensemble A).

Montrons que cette fonction est localement lipschitzienne sur V. Pour cela, on remarque que la fonction $u \mapsto d(u, A) + d(u, B)$ est localement minorée. Pour le voir, on note que si $u \in V \setminus B$, alors il existe $r > 0$ tel que $B(u, r) \subset V \setminus B$ puisque B est fermé, donc $d(v, A) + d(v, B) \ge r$ sur la boule $B(u, r)$. Si $u \in B$, alors $u \in V \setminus A$ et le même raisonnement s'applique en remplaçant B par A. Par conséquent, pour tout couple $v, w \in B(u, r)$, on a

$$|\gamma(v) - \gamma(w)| \le \frac{|d(v, A) - d(w, A)|}{d(v, A) + d(v, B)}$$

$$
\begin{aligned}
&\quad + d(w,A)\left|\frac{1}{d(v,A)+d(v,B)} - \frac{1}{d(w,A)+d(w,B)}\right| \\
&\leq \frac{1}{r}|d(v,A)-d(w,A)| \\
&\quad + \frac{\sup_{B(u,r)} d(w,A)}{r^2}\big(|d(v,A)-d(w,A)| + |d(v,B)-d(w,B)|\big) \\
&\leq \Big(\frac{3r+2d(u,A)}{r^2}\Big)\|v-w\|_V,
\end{aligned}
$$

puisque les applications $v \mapsto d(v, A)$ et $v \mapsto d(v, B)$ sont 1-lipschitziennes.

Posons maintenant

$$
\Phi(u) = -\gamma(u)\frac{DJ(u)}{\max(\|DJ(u)\|_V, \delta)}.
$$

Cette application est bien définie de V dans V. On vérifie sans difficulté avec le même type d'arguments que précédemment qu'elle est localement lipschitzienne (car DJ est localement de classe $C^{0,1}$). Par ailleurs, on a clairement $\|\Phi(u)\|_V \leq 1$ pour tout u. De plus, on a $\Phi(u) = 0$ sur A et $\Phi(u) = -DJ(u)/\|DJ(u)\|_V$ sur B.

Par le théorème de Cauchy-Lipschitz, le problème de Cauchy

$$
\begin{cases}
\dfrac{dz}{dt} = \Phi(z), \\
z(0) = u,
\end{cases}
$$

admet pour tout $u \in V$ une solution unique $t \mapsto z(t)$ définie sur un intervalle $]t_{\min}, t_{\max}[$. Comme le second membre est borné, on a en fait $t_{\min} = -\infty$ et $t_{\max} = +\infty$. Posons $\eta_t(u) = z(t)$.

Le théorème de dépendance continue de la solution d'une équation différentielle ordinaire par rapport à la donnée initiale montre que η_t est localement lipschitzienne pour tout t. De plus, toujours par Cauchy-Lipschitz, on a la propriété de groupe

$$
\eta_t(\eta_s(u)) = \eta_{t+s}(u).
$$

Il en découle que η_t est inversible et que son inverse est η_{-t}, qui est aussi localement lipschitzienne. On a ainsi montré que η_t est un homéomorphisme de V sur V pour tout t.

Remarquons maintenant que pour $u \in A$, on a $\eta_t(u) = u$ pour tout t puisque $\Phi(u) = 0$.

On va pour conclure choisir une valeur de t appropriée. Tout d'abord, on remarque que J est décroissante le long des trajectoires $\eta_t(u)$. En effet

$$\begin{aligned}\frac{d}{dt}J(\eta_t(u)) &= \Big(DJ(\eta_t(u))\Big|\frac{d}{dt}\eta_t(u)\Big) = (DJ(\eta_t(u))|\Phi(\eta_t(u)))\\ &= -\gamma(\eta_t(u))\frac{\|DJ(\eta_t(u))\|_V^2}{\max(\|DJ(\eta_t(u))\|_V,\delta)} \le 0.\end{aligned}$$

En particulier, si $u \in \{J \le c-\varepsilon\}$, on a $J(\eta_t(u)) \le c-\varepsilon$ pour tout $t \ge 0$. Or l'ensemble qui nous intéresse peut s'écrire $\{J \le c+\varepsilon\} = \{J \le c-\varepsilon\} \cup B$. Il suffit donc de s'intéresser à l'ensemble $\eta_t(B)$. Soit donc $u \in B$. Posons

$$t_0(u) = \sup\{t \ge 0; \forall s \le t, J(\eta_s(u)) \ge c-\varepsilon\}.$$

Comme la fonction $t \mapsto J(\eta_t(u))$ est continue décroissante, on a $t_0(u) \in [0,+\infty]$. Donc, pour tout $0 \le t \le t_1 \le t_0(u)$, on a $\eta_t(u) \in B$, d'où

$$\frac{d}{dt}J(\eta_t(u)) = -\|DJ(\eta_t(u))\|_V \le -\delta.$$

Par conséquent, en intégrant cette inégalité entre 0 et t_1, il vient

$$J(\eta_{t_1}(u)) - J(u) \le -\delta t_1,$$

d'où

$$t_1 \le \frac{1}{\delta}\big(J(u) - J(\eta_{t_1}(u))\big) \le \frac{1}{\delta}(c+\varepsilon-(c-\varepsilon)) = \frac{2\varepsilon}{\delta}.$$

On en déduit d'une part que $t_0(u) \le 2\varepsilon/\delta$, avec par continuité $J(\eta_{t_0(u)}(u)) = c-\varepsilon$, et d'autre part, comme la borne sur $t_0(u)$ est uniforme par rapport à u, que $\eta_{2\varepsilon/\delta}(B) \subset \{J \le c-\varepsilon\}$. On pose alors $\eta = \eta_{2\varepsilon/\delta}$, ce qui conclut la démonstration du lemme de déformation. On pourra consulter les Figure 7.7 et 7.8 pour une illustration du lemme de déformation. □

On pourra consulter les Figures 7.7 et 7.8 pour une illustration du lemme de déformation.

Remarque 7.10. i) On a démontré un peu plus que ce qui est affirmé dans le lemme de déformation : il s'agit non seulement d'un homéomorphisme, mais d'une homotopie (η_t dépend continûment de t).

ii) Il existe de nombreuses variantes du lemme de déformation. Par exemple, on peut imposer que $\eta(\{J \le c+\varepsilon\}) = \{J \le c-\varepsilon\}$.

iii) Le lemme de déformation dépend de façon cruciale de la condition de Palais-Smale. Considérons la fonction $J(x) = \frac{x}{1+x^2}$ sur $V = \mathbb{R}$. Elle ne satisfait pas la condition de Palais-Smale en $c = 0$. De plus, $c = 0$ est une valeur régulière, mais $\{J \le \varepsilon\}$ n'est certainement pas homéomorphe à un sous-ensemble de $\{J \le -\varepsilon\}$ car ce dernier est compact, alors que $\{J \le \varepsilon\}$ ne l'est pas. □

Donnons maintenant quelques indications permettant de traiter le cas général. Dans le cas où V n'est pas un espace de Hilbert, on ne peut pas identifier V' et V

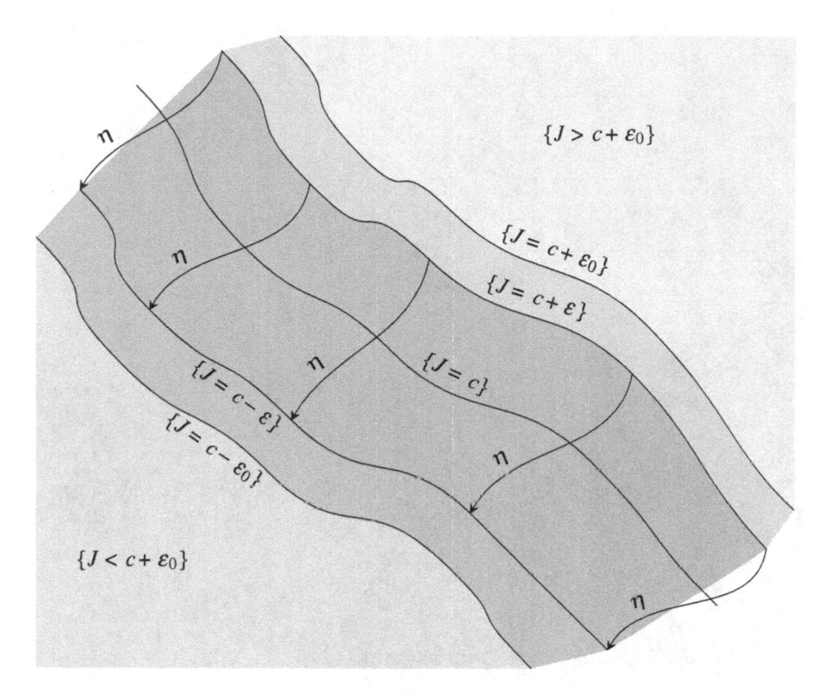

Fig. 7.7 Illustration du lemme de déformation, avant

et la démonstration, qui a besoin d'un champ de vecteurs dans V comme second membre de l'équation différentielle ordinaire ne fonctionne pas telle quelle. Même si V est un espace de Hilbert, mais J est seulement de classe C^1 au lieu de $C^{1,1}$, alors ce second membre n'est pas localement lipschitzien, et on ne peut donc pas appliquer le théorème de Cauchy-Lipschitz. Dans ces deux cas, on remplace dans la démonstration ci-dessus, plus précisément dans la définition de la fonction Φ, le gradient de J par un *pseudo-gradient*, dont nous indiquons brièvement la construction.

Définition 7.2. Soit V un espace de Banach et $J \in C^1(V;\mathbb{R})$. On dit que $v \in V$ est un *pseudo-gradient* de J en u si on a

$$\|v\|_V \leq 2\|DJ(u)\|_{V'} \text{ et } \langle DJ(u), v\rangle \geq \|DJ(u)\|_{V'}^2. \tag{7.10}$$

Soit V_r l'ensemble des points réguliers de J. Une application $v\colon V_r \to V$ est un *champ de pseudo-gradient* de J si elle est localement lipschitzienne et si pour tout $u \in V_r$, $v(u)$ est un pseudo-gradient de J en u.

Remarquons que si V est un espace de Hilbert et J est de classe $C^{1,1}_{\text{loc}}$, alors DJ est visiblement un champ de pseudo-gradient, qui est en outre défini sur V tout entier. La définition de pseudo-gradient fonctionne dans un cadre plus général.

Lemme 7.2. *Soit V un espace de Banach et $J \in C^1(V;\mathbb{R})$. Il existe un champ de pseudo-gradient de J.*

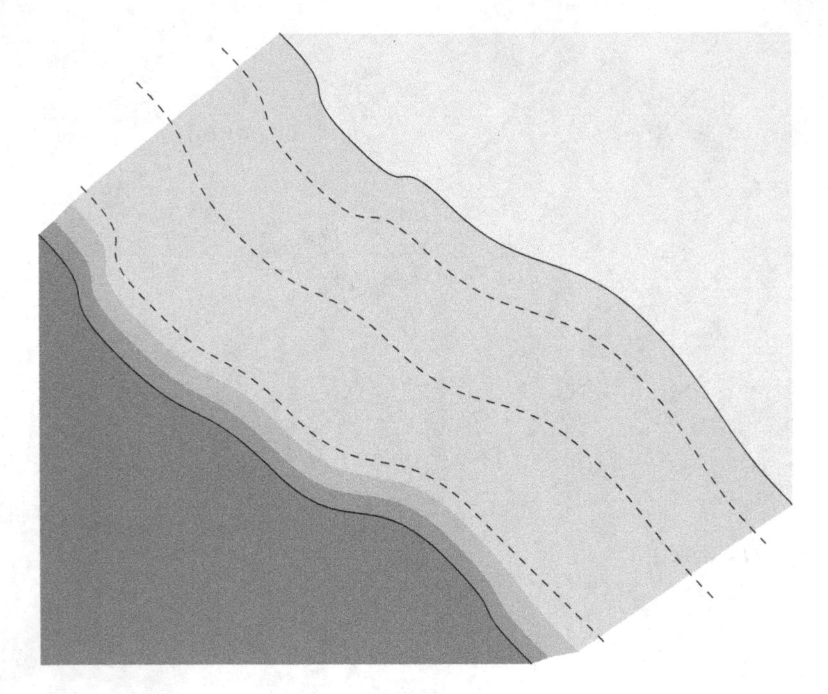

Fig. 7.8 Illustration du lemme de déformation, après

Preuve. Soit $u \in V_r$. On va d'abord montrer l'existence d'un pseudo-gradient v_u en u. Pour cela, on note que, comme par définition de la norme duale, $\|DJ(u)\|_{V'} = \sup_{\|v\|_V=1}\langle DJ(u), v\rangle \neq 0$, il existe donc $w_u \in V$ tel que $\|w_u\|_V = 1$ et $\langle DJ(u), v\rangle > \frac{2}{3}\|DJ(u)\|_{V'}$. Posant alors $v_u = \frac{3}{2}\|DJ(u)\|_{V'}w_u$, il vient

$$\|v_u\|_V = \frac{3}{2}\|DJ(u)\|_{V'} < 2\|DJ(u)\|_{V'} \text{ et } \langle DJ(u), v_u\rangle > \|DJ(u)\|_{V'}^2.$$

Comme les inégalités ci-dessus sont strictes, par continuité de DJ, il existe un ouvert Ω_u tel que pour tout $z \in \Omega_u$

$$\|v_u\|_V \leq 2\|DJ(z)\|_{V'} \text{ et } \langle DJ(z), v_u\rangle \geq \|DJ(z)\|_{V'}^2.$$

En d'autres termes, v_u est un pseudo-gradient en tout point z de Ω_u. Remarquons que comme $v_u \neq 0$, $\Omega_u \subset V_r$ d'après la première inégalité ci-dessus. On a donc construit un recouvrement ouvert de $V_r = \cup_{u\in V_r}\Omega_u$ avec un pseudo-gradient v_u constant dans chaque Ω_u. Il s'agit de recoller ces vecteurs constants en un champ localement lipschitzien.

Pour cela, on utilise le fait que tout espace métrique est *paracompact*, voir [17]. Ceci signifie que tout recouvrement ouvert admet un raffinement ouvert localement fini. Dans notre contexte, ceci se traduit par l'existence d'un autre recouvrement ouvert de V_r, $\{\omega_\lambda\}_{\lambda\in\Lambda}$ tel que pour tout $\lambda \in \Lambda$, il existe $u_\lambda \in V_r$ tel que $\omega_\lambda \subset \Omega_{u_\lambda}$ et pour tout point u de V_r, il existe un voisinage ouvert O de u tel que $O \cap \omega_\lambda = \emptyset$ sauf pour un nombre fini d'indices $\lambda \in \Lambda$, *i.e.*, on recouvre localement avec un nombre fini d'ouverts ω_λ.

Posons alors $\psi_\lambda(u) = d(u, V_r \setminus \omega_\lambda)$. Alors, ψ_λ est 1-lipschitzienne, le support de ψ_λ est exactement $\bar{\omega}_\lambda$ et ψ_λ est localement bornée inférieurement par un nombre strictement positif dans ω_λ car si $B(u,r) \subset \omega_\lambda$, alors $\psi_\lambda \geq r$ sur $B(u,r)$. De plus, la somme $\sum_{\mu\in\Lambda} \psi_\mu$ est localement finie, donc localement lipschitzienne et localement bornée inférieurement par un nombre strictement positif à cause du fait que $\{\omega_\lambda\}_{\lambda\in\Lambda}$ est un recouvrement de V_r. Si l'on pose sur V_r,

$$\theta_\lambda = \frac{\psi_\lambda}{\sum_{\mu\in\Lambda} \psi_\mu},$$

on voit ainsi que $0 \leq \theta_\lambda \leq 1$, $\sum_{\mu\in\Lambda} \theta_\mu = 1$, $\operatorname{supp}\theta_\lambda = \bar{\omega}_\lambda$ et θ_λ est localement lipschitzienne (voir la démonstration du Théorème 7.2 pour le détail dans le cas de deux ensembles).

On peut maintenant définir

$$v(u) = \sum_{\lambda\in\Lambda} \theta_\lambda(u) v_{u_\lambda}.$$

Cette somme est localement finie, donc bien définie et localement lipschitzienne. En tout point u, c'est une combinaison convexe d'un nombre fini de pseudo-gradients en u. En effet, $\theta_\lambda(u) > 0$ si et seulement si $u \in \omega_\lambda$, avec $\omega_\lambda \subset \Omega_{u_\lambda}$, ensemble où v_{u_λ} est un pseudo-gradient (constant). Or il est clair que toute combinaison convexe de pseudo-gradients est un pseudo-gradient, ce qui termine la démonstration. □

Pour compléter la preuve du lemme de déformation, il suffit de reprendre la démonstration dans le cas d'un espace de Hilbert et d'une fonction $C^{1,1}_{\text{loc}}$ et d'utiliser un pseudo-gradient à la place du gradient.

7.5 Principe du min-max et théorème du col

Le lemme de déformation permet donc d'avoir une caractérisation topologique des valeurs régulières exprimée seulement en termes des valeurs prises par la fonctionnelle et non à l'aide de sa différentielle. On le met en œuvre dans le contexte de la recherche de points critiques à travers le principe du min-max qui suit. Pour tout $c \in \mathbb{R}$ et $\varepsilon_0 > 0$, on introduit un ensemble d'homéomorphismes de V

$$D_c^{\varepsilon_0} = \{\eta;\ \forall u \in \{J \leq c - \varepsilon_0\} \cup \{J \geq c + \varepsilon_0\},\ \eta(u) = u\}.$$

Il s'agit bien sûr de la condition i) du Théorème (7.2).

Théorème 7.3. *Soit $\mathscr{A}$ un ensemble de parties de V non vide et*

$$c = \inf_{A \in \mathscr{A}} \sup_{u \in A} J(u).$$

On suppose que $c \in \mathbb{R}$ et que J vérifie la condition de Palais-Smale au niveau c. On suppose de plus qu'il existe α tel que $\mathscr{A}$ soit stable par $D_c^{\varepsilon_0}$ pour tout $\alpha \geq \varepsilon_0 > 0$, c'est-à-dire que si $A \in \mathscr{A}$, alors $\eta(A) \in \mathscr{A}$ pour tout $\eta \in D_c^{\varepsilon_0}$. Alors c est une valeur critique de J.

Preuve. On raisonne par l'absurde. Supposons que c soit une valeur régulière de J. Au vu de la façon dont est introduit le paramètre ε_0 du lemme de déformation, on peut toujours supposer que celui-ci est inférieur à α. Soit $\varepsilon \in]0, \varepsilon_0[$. Par définition de ce qu'est une borne inférieure, il existe $A \in \mathscr{A}$ tel que

$$\sup_{u \in A} J(u) \leq c + \varepsilon,$$

soit encore $A \subset \{J \leq c + \varepsilon\}$. Par le lemme de déformation, il existe $\eta \in D_c^{\varepsilon_0}$ tel que $\eta(\{J \leq c + \varepsilon\}) \subset \{J \leq c - \varepsilon\}$, d'où a fortiori $A' = \eta(A) \subset \{J \leq c - \varepsilon\}$, ce qui implique que $\sup_{u \in A'} J(u) \leq c - \varepsilon$. Or, par hypothèse, $A' \in \mathscr{A}$ ce qui contredit la définition de c en tant que borne inférieure. □

Remarque 7.11. i) Si J vérifie la condition de Palais-Smale, $-J$ aussi. On a donc un résultat analogue pour les quantités

$$d = \sup_{A \in \mathscr{A}} \inf_{u \in A} J(u).$$

ii) Si on prend $\mathscr{A} = \{\{u\}, u \in V\}$, alors on retrouve le fait qu'une fonctionnelle qui vérifie la condition de Palais-Smale et qui est minorée atteint sa borne inférieure. Par la remarque ci-dessus, si elle est majorée alors elle atteint sa borne supérieure.

iii) L'utilisation du principe du min-max dépend du choix de $\mathscr{A}$. On prend en général des classes d'ensembles qui partagent un même invariant topologique (genre, catégorie, classe d'homotopie, d'homologie, etc.) susceptible d'être conservé par le flot η_t, voir [50]. □

Donnons une première application du principe du min-max, connue sous le nom de théorème du col.

Théorème 7.4. *Soit $J \in C^1(V; \mathbb{R})$ vérifiant la condition de Palais-Smale et telle que*

i) $J(0) = 0$,
ii) Il existe $R > 0$ et $a > 0$ tels que si $\|u\|_V = R$ alors $J(u) \geq a$,
iii) Il existe $v \in V$, $\|v\|_V > R$, tel que $J(v) < a$.

Alors J admet une valeur critique $c \geq a$.

Preuve. On applique le principe du min-max avec comme ensemble $\mathscr{A}$ de parties de V l'ensemble des images des chemins continus joignant 0 à v :

$$\mathscr{A} = \{A = \gamma([0,1]); \gamma \in C^0([0,1]; V), \gamma(0) = 0, \gamma(1) = v\}$$

et l'on prend $\alpha = \frac{1}{2}\min\{a, a - J(v)\} > 0$.

Soit γ un chemin continu reliant 0 à v et $A = \gamma([0,1])$ l'élément de $\mathscr{A}$ qui lui est associé. Comme la fonction $t \mapsto \|\gamma(t)\|_V$ est continue de $[0,1]$ dans $\mathbb{R}$, vaut 0 en $t = 0$ et $\|v\|_V$ en $t = 1$, par le théorème des valeurs intermédiaires, il existe $s \in [0,1]$ tel que $\|\gamma(s)\|_V = R$. Par conséquent, $\sup_A J(u) \geq a$, ce qui implique que

$$c = \inf_{A\in\mathscr{A}} \sup_{u\in A} J(u) \geq a.$$

Par ailleurs, il est clair que $c < +\infty$ puisque l'image d'un chemin est compacte dans V, donc la borne supérieure de J sur chaque chemin est atteinte.

Prenons ε_0 tel que $0 < \varepsilon_0 \leq \alpha$. On a donc $D_c^{\varepsilon_0} \subset D_c^{\alpha}$. Considérons un homéomorphisme η de D_c^{α}. Par construction, on a $J(0) = 0 \leq a - \alpha \leq c - \alpha$ et $J(v) = a + J(v) - a \leq a - \alpha \leq c - \alpha$, donc on a $\eta(0) = 0$ et $\eta(v) = v$ par définition de D_c^{α}. Par conséquent, $\eta \circ \gamma(0) = 0$ et $\eta \circ \gamma(1) = v$ et comme $\eta \circ \gamma$ est un chemin continu, ceci équivaut à dire que $\eta(A) \in \mathscr{A}$. On voit donc que $\mathscr{A}$ est stable par D^{ε_0} pour tout $0 < \varepsilon_0 \leq \alpha$ et l'on peut appliquer le principe du min-max pour conclure que c est une valeur critique de J. □

Remarque 7.12. i) On comprend mieux pourquoi ce théorème s'appelle théorème du col quand on interprète géométriquement ou plutôt géographiquement les conditions i) à iii) dans le cas où $V = \mathbb{R}^2$ et $J(u)$ représente l'altitude dans $\mathbb{R}^3$ d'un point qui se projettent horizontalement en u. Les conditions i) et ii) signifient que l'origine est placée dans une cuvette entourée de montagnes qui sont toutes d'altitude au moins a. La condition iii) signifie qu'au delà de ces montagnes existe un point v situé moins haut que lesdites montagnes, disons dans une vallée.

Il semble alors intuitivement clair que l'on peut joindre continûment 0 à v en passant par un col de montagne et la construction du min-max nous dit comment faire : il suffit de regarder l'altitude maximale atteinte sur chaque chemin et de choisir un chemin qui minimise cette altitude maximale, voir Figure 7.9.

Si l'on prend un chemin culminant à une altitude qui est une valeur régulière, alors le lemme de déformation nous indique un autre chemin qui culmine à une altitude strictement inférieure. Si un chemin atteint la borne inférieure des points culminants de tous les chemins, alors son altitude est une valeur singulière, en d'autres termes, ici un col de montagne.

ii) Il faut toutefois prendre l'intuition montagnarde avec une pincée de sel. Ainsi, le théorème du col est vrai même si J ne satisfait pas la condition de Palais-Smale quand $V = \mathbb{R}$ (par le théorème des valeurs intermédiaires et par le théorème de Rolle). Par contre il est faux si J ne satisfait pas la condition de Palais-Smale, dès

Fig. 7.9 La ruée vers le théorème du col

que l'on est en dimension supérieure à 2, c'est-à-dire qu'il peut ne pas exister de col car la borne inférieure de l'altitude maximale sur les chemins n'est pas atteinte.

Ainsi, par exemple, la fonction

$$J(x_1, x_2) = x_1^2(1 + x_2)^3 + x_2^4$$

est telle que

$$DJ(x_1, x_2) = \begin{pmatrix} 2x_1(1 + x_2)^3 \\ 3x_1^2(1 + x_2)^2 + 4x_2^3 \end{pmatrix}$$

et n'a clairement qu'un seul point critique sur $\mathbb{R}^2$, à savoir l'origine où $J = 0$. Ce point critique est un minimum local strict, puisque $J(x_1, x_2) \sim x_1^2 + x_2^4$ au voisinage de 0. On est donc bien dans une cuvette entourée de montagnes, et l'on peut descendre encore plus bas à l'extérieur de la cuvette car $\inf_{\mathbb{R}^2} J = -\infty$. C'est donc un exemple de fonction présentant un seul point critique, qui est un minimum local mais pas global, voir Figure 7.10.

Comme il n'y a pas d'autre point critique que le minimum local, c'est donc qu'il n'existe pas de col pour sortir de la cuvette, voir Figure 7.11. Cela ne peut se produire que si les chemins minimisants partent vers l'infini. Cette perte de compacité est évidemment liée au fait que J ne satisfait pas la condition de Palais-Smale au niveau de l'inf-max.

Si l'on regarde ce qui se passe sur les courbes $x_1 = \pm\frac{2|x_2|^{3/2}}{\sqrt{3}(1+x_2)}$, paramétrées par $-1 < x_2 \leq 0$, on voit que $x_1 \to \pm\infty$, $DJ \to 0$ et $J \to 1$ quand $x_2 \to -1$. En nous plaçant sur ces courbes, nous pouvons donc construire des suites de Palais-Smale au niveau $c = 1$ non relativement compactes, par exemple en posant $x_2 = -1 + \frac{1}{n}$. Par

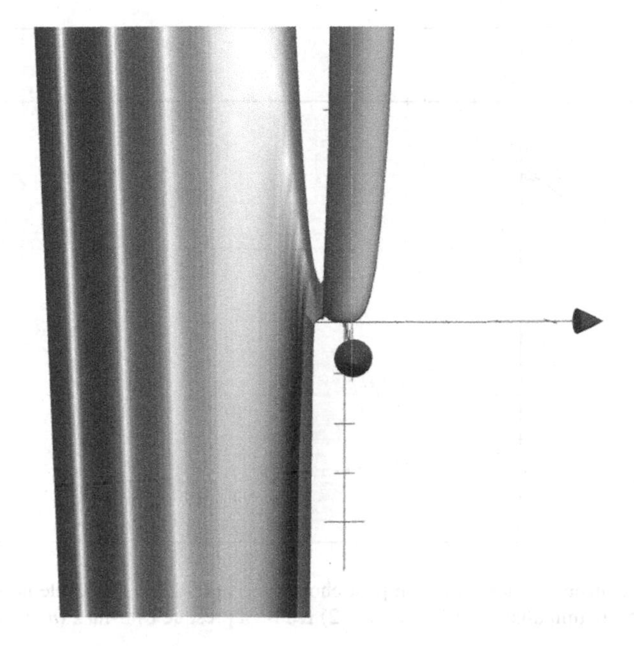

Fig. 7.10 Graphe de J, vu de loin

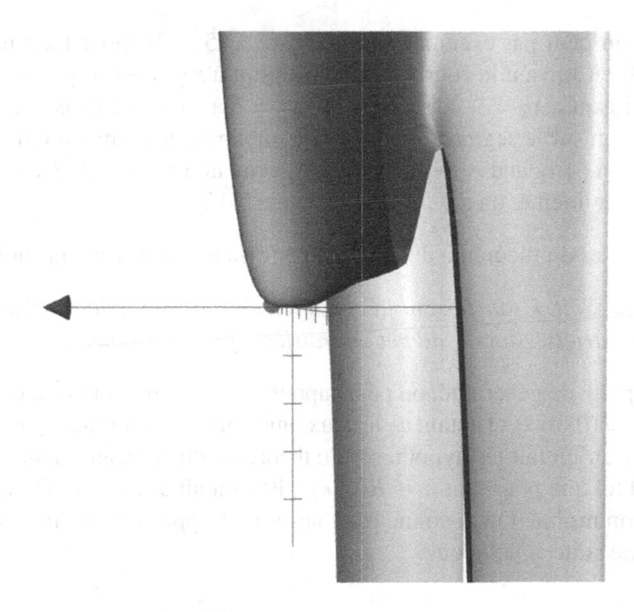

Fig. 7.11 La cuvette de J, vue d'un peu plus près

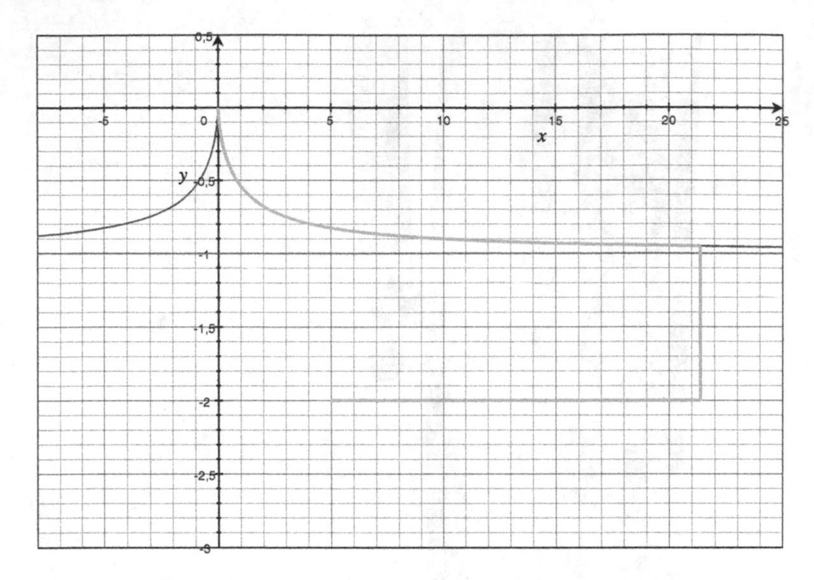

Fig. 7.12 Les courbes sur lesquelles on peut choisir une suite de Palais-Smale non relativement compacte, et un chemin allant de $(0,0)$ à $(5,-2)$ réalisant presque l'inf-max $(n = 20)$

ailleurs, on peut voir que le niveau $c = 1$ correspond à l'inf-max des chemins sortant de la cuvette.

Pour cela, on peut par exemple joindre $(0,0)$ à $(5,-2)$ (pour fixer un point où $J(5,-2) < 0$) en suivant la courbe ci-dessus jusqu'à $x_2 = -1 + \frac{1}{n}$, puis descendre à x_1 constant jusqu'à $x_2 = -2$, puis joindre $x_1 = 5$ à $x_2 = -2$ constant. Une petite étude de fonction sur le segment à x_1 constant montre que le maximum de J sur ce segment tend vers 1 quand $n \to +\infty$. Sur le segment à $x_2 = -2$, J est négative et sur la courbe elle-même, on a $J < 1$, voir Figure 7.12.

Les hypothèses du théorème du col sont parfois automatiquement satisfaites.

Corollaire 7.5. *Soit J satisfaisant la condition de Palais-Smale et admettant deux minima locaux stricts. Alors J admet un troisième point critique.*

Preuve. Sans perte de généralité, on peut supposer que le premier point de minimum local est 0 avec $J(0) = 0$, et notant u_2 le deuxième point de minimum, que $J(u_2) \leq 0$. On va montrer qu'en fait les hypothèses du théorème du col sont satisfaites en 0.

Soit $r > 0$ tel que pour tout $u \in B(0,r) \setminus \{0\}$, on ait $J(u) > 0$. On note $S_{r/2}$ la sphère de rayon moitié. On raisonne par l'absurde. Supposons que $\inf_{S_{r/2}} J = 0$. Il existe donc une suite v_n telle que

$$v_n \in S_{r/2} \quad \text{et} \quad J(v_n) \leq \frac{r^2}{16n^2}.$$

Appliquons le Corollaire 7.4 du lemme d'Ekeland sur le fermé $F = \bar{B}(0,r)$. On obtient alors une suite $\bar{v}_n \in \bar{B}(0,r)$ avec

$$\|\bar{v}_n - v_n\|_V \le \frac{r}{2n} \quad \text{et} \quad J(\bar{v}_n) \le \frac{r^2}{16n^2}.$$

Or, dès que $n > 1$, on voit que $\|\bar{v}_n\|_V \le \frac{r}{2}\big(1 + \frac{1}{n}\big) < r$ si bien que $\bar{v}_n$ appartient à l'intérieur de F. On en déduit que

$$\|DJ(\bar{v}_n)\|_{V'} \le \frac{r}{4n}.$$

La suite v_n étant de Palais-Smale, elle admet une sous-suite convergente vers un certain $\bar{v}$ qui est manifestement tel que $\bar{v} \in S_{r/2}$ et $J(\bar{v}) = 0$, ce qui contredit le fait que 0 est un minimum strict dans cette boule.

On a donc $\inf_{S_{r/2}} J = a > 0$ et l'on peut appliquer le théorème du col. □

Appliquons maintenant le théorème du col à un exemple concret d'EDP semi-linéaire. Soit Ω un ouvert borné de $\mathbb{R}^d$, $d \ge 3$, et $\lambda_1 > 0$ la première valeur propre de $-\Delta$ dans $H_0^1(\Omega)$. On se donne une fonction $g \in C^0(\mathbb{R};\mathbb{R})$ et G sa primitive s'annulant en 0 telle que

i) $g(0) = 0$,
ii) $\limsup_{s\to 0} \frac{g(s)}{s} < \lambda_1$,
iii) il existe $\theta > 2$, $R > 0$ tels que $0 < \theta G(s) \le s g(s)$ pour $|s| \ge R$,
iv) $\frac{g(s)}{|s|^{\frac{d+2}{d-2}}} \to 0$ quand $s \to \pm\infty$.

On va essayer de résoudre le problème : trouver $u \in H_0^1(\Omega)$ tel que

$$-\Delta u = g(u) \text{ dans } \Omega. \tag{7.11}$$

Bien sûr, ce problème a toujours la solution triviale $u = 0$ et on va s'attacher à en trouver une autre !

On va procéder en une suite de lemmes. Les lettres C, C', etc., désigneront des constantes génériques strictement positives dont la valeur est susceptible de changer de ligne en ligne. Tout d'abord quelques propriétés élémentaires de la fonction g induites par les hypothèses i) à iv) (Figure 7.13).

Lemme 7.3. *Soit g une fonction satisfaisant les hypothèses* i) *à* iv). *Alors on a*

a) *Pour tout $\varepsilon > 0$, il existe une constante $C(\varepsilon) \ge 0$ telle que*

$$\forall s \in \mathbb{R}, \quad |g(s)| \le \varepsilon |s|^{\frac{d+2}{d-2}} + C(\varepsilon).$$

b) *Pour tout $|s| \ge R$ on a*

$$C|s|^{\theta} \le |G(s)| \le C'|s|^{2^*}.$$

c) $\theta \le 2^* = \frac{2d}{d-2}$.

d) *Pour tout $|s| \ge R$ on a $|g(s)| \ge C|s|^{\theta-1}$.*

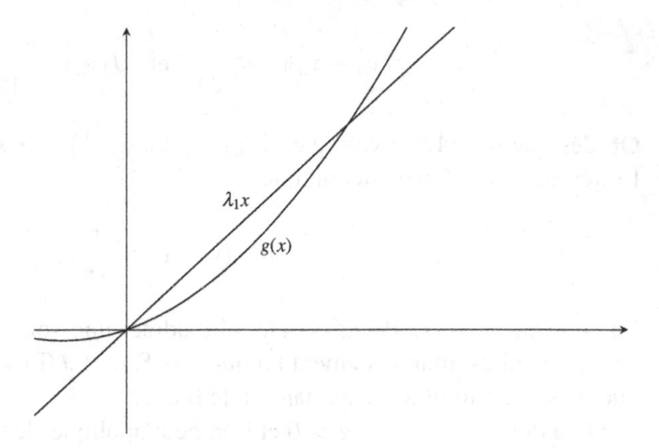

Fig. 7.13 Graphe de g

Preuve. Pour a), on utilise l'hypothèse iv). En effet, pour tout $\varepsilon > 0$ il existe $M > 0$ tel que pour $|s| \geq M$, $\frac{|g(s)|}{|s|^{\frac{d+2}{d-2}}} \leq \varepsilon$. On pose alors $C(\varepsilon) = \big(\max_{[-M,M]}(|g(s)| - \varepsilon|s|^{\frac{d+2}{d-2}})\big)_+$.

Pour b), inégalité de droite, on prend $\varepsilon = 1$ dans l'estimation du a). Pour $s \geq 0$, il vient

$$|G(s)| \leq \int_0^s \big(|t|^{\frac{d+2}{d-2}} + C(1)\big)\,dt = \frac{1}{2^*}s^{2^*} + C(1)s \leq \Big(\frac{1}{2^*} + \frac{C(1)}{R^{2^*-1}}\Big)s^{2^*}.$$

On procède de même pour $s \leq 0$ en changeant s en $-s$. Pour l'inégalité de gauche, on utilise l'hypothèse iii). Pour $s \geq R$, on a donc

$$\big(s^{-\theta}G(s)\big)' = s^{-\theta}g(s) - \theta s^{-\theta-1}G(s) = s^{-\theta-1}(sg(s) - \theta G(s)) \geq 0.$$

Par conséquent,

$$s^{-\theta}G(s) \geq R^{-\theta}G(R),$$

d'où

$$G(s) \geq R^{-\theta}G(R)s^{\theta},$$

avec $G(R) > 0$. On procède de même pour $s \leq -R$.

L'inégalité c) découle immédiatement du fait que $Cs^{\theta} \leq C's^{2^*}$ pour $s \geq R$ et du fait que $C > 0$, en faisant tendre s vers $+\infty$.

L'inégalité d) découle de l'hypothèse iii) et de b), puisque

$$g(s) \geq \frac{\theta G(s)}{s} \geq Cs^{\theta-1}$$

pour $s \geq R$ et de même pour $s \leq -R$. □

Comme $\theta > 2$, on dit que G est à croissance sur-quadratique à l'infini et que g est sur-linéaire.

Il est facile de voir en utilisant ces propriétés et le même type d'arguments que précédemment, que trouver les solutions du problème (7.11) est équivalent à trouver les points critiques de la fonctionnelle

$$J(u) = \frac{1}{2} \int_\Omega \|\nabla u\|^2 \, dx - \int_\Omega G(u) \, dx,$$

qui est bien définie et de classe C^1 sur $H_0^1(\Omega)$ et dont la différentielle est donnée par

$$DJ(u) = -\Delta u - g(u) \text{ au sens de } H^{-1}(\Omega).$$

Donnons tout d'abord un résultat de compacité.

Lemme 7.4. *Soit Ω un ouvert borné de $\mathbb{R}^d$, $g \in C^0(\mathbb{R}; \mathbb{R})$, $Q \in C^0(\mathbb{R}; \mathbb{R}_+)$ telles que $\frac{|g(s)|}{Q(s)} \to 0$ quand $s \to \pm\infty$. On se donne une suite de fonctions mesurables u_n qui tend presque partout vers u et telle que $\int_\Omega Q(u_n)^p \, dx \leq C$ pour un certain $p \geq 1$. Alors $g(u_n) \to g(u)$ dans $L^p(\Omega)$ fort.*

Preuve. Par le théorème d'Egorov, pour tout $\varepsilon > 0$, il existe un ensemble mesurable $\Omega_\varepsilon \subset \Omega$ tel que mes $(\Omega \setminus \Omega_\varepsilon) \leq \varepsilon$ et u_n converge uniformément vers u sur Ω_ε.

Comme $|g(s)|^p \leq \varepsilon'^p Q(s) + C(\varepsilon')$, sur le complémentaire de Ω_ε, on peut écrire

$$\begin{aligned}
\int_{\Omega\setminus\Omega_\varepsilon} |g(u_n) - g(u)|^p \, dx &\leq 2^{p-1} \int_{\Omega\setminus\Omega_\varepsilon} (|g(u_n)|^p + |g(u)|^p) \, dx \\
&\leq \varepsilon'^d \int_{\Omega\setminus\Omega_\varepsilon} (Q(u_n)^p + Q(u)^p) \, dx + \text{mes}\,(\Omega \setminus \Omega_\varepsilon) C(\varepsilon')^p \\
&\leq C\varepsilon'^p + \varepsilon C(\varepsilon')^p,
\end{aligned}$$

en effet, $\int_\Omega Q(u)^p \, dx \leq C$ par le lemme de Fatou. On choisit d'abord ε' pour rendre le premier terme petit, puis ε pour le second terme. Une fois ε fixé, on a donc

$$\int_{\Omega_\varepsilon} |g(u_n) - g(u)|^p \, dx \to 0 \text{ quand } n \to +\infty.$$

par convergence uniforme, d'où le résultat. □

Lemme 7.5. *La fonctionnelle J vérifie la condition de Palais-Smale.*

Preuve. Soit u_n une suite telle que $J(u_n) \to c$ et $DJ(u_n) \to 0$ dans $H^{-1}(\Omega)$. Remarquant que $\theta G(s) \leq s g(s) - C$ pour tout s, on a

$$\begin{aligned}\langle DJ(u_n), u_n\rangle &= \int_\Omega \|\nabla u_n\|^2\,dx - \int_\Omega g(u_n)u_n\,dx\\ &\leq \int_\Omega \|\nabla u_n\|^2\,dx - \theta\int_\Omega G(u_n)\,dx + C\,\mathrm{mes}\,\Omega\\ &= \theta J(u_n) - \Big(\frac{\theta}{2}-1\Big)\int_\Omega \|\nabla u_n\|^2\,dx + C\,\mathrm{mes}\,\Omega.\end{aligned}$$

Comme $\theta > 2$, on en déduit comme dans la démonstration de la Proposition 7.3 que u_n est uniformément bornée dans $H_0^1(\Omega)$.

On peut donc extraire une sous-suite (toujours notée u_n) et trouver un $u \in H_0^1(\Omega)$ tels que

$$u_n \rightharpoonup u \text{ dans } H_0^1(\Omega) \quad \text{et} \quad u_n \to u \text{ p.p. dans } \Omega.$$

Prenons alors $Q(s) = |s|^{\frac{d+2}{d-2}}$ et $p = \frac{2d}{d+2} = 1 + \frac{d-2}{d+2} \geq 1$. Il vient

$$\int_\Omega Q(u_n)^p\,dx = \int_\Omega |u_n|^{2^*}\,dx \leq C$$

par l'injection de Sobolev. Le lemme de compacité (7.4) nous donne donc que

$$g(u_n) \to g(u) \text{ dans } L^{\frac{2d}{d+2}}(\Omega) \text{ fort.}$$

Or l'exposant conjugué de 2^* n'est autre que $\frac{2d}{d+2}$ et comme $H_0^1(\Omega) \hookrightarrow L^{2^*}(\Omega)$, par dualité, il vient $L^{\frac{2d}{d+2}}(\Omega) \hookrightarrow H^{-1}(\Omega)$. Finalement on a obtenu que

$$-\Delta u_n = DJ(u_n) + g(u_n) \to g(u) \text{ dans } H^{-1}(\Omega)\text{fort.}$$

On a déjà noté que $(-\Delta)^{-1}$ est un isomorphisme de $H^{-1}(\Omega)$ sur $H_0^1(\Omega)$ ce qui montre que

$$u_n \to (-\Delta)^{-1}(g(u)) \text{ dans } H_0^1(\Omega) \text{ fort,}$$

et la condition de Palais-Smale est satisfaite. □

Lemme 7.6. *La fonctionnelle J vérifie les hypothèses du théorème du col.*

Preuve. En effet, $J(0) = 0$ trivialement. De plus, comme λ_1 est la première valeur propre de $-\Delta$, on a $\int_\Omega \|\nabla u\|^2\,dx \geq \lambda_1 \|u\|^2_{L^2(\Omega)}$ pour tout $u \in H_0^1(\Omega)$.

Par l'hypothèse ii), il existe $\mu < \lambda_1$ tel que $g(s)/s \leq \mu$ au voisinage de 0. Par ailleurs, au voisinage de l'infini, on a $|g(s)| \leq C|s|^{\frac{d+2}{d-2}}$. On peut donc écrire globalement $g(s) \leq \mu s + Cs^{\frac{d+2}{d-2}}$ pour $s \geq 0$ et $g(s) \geq \mu s - C|s|^{\frac{d+2}{d-2}}$ pour $s \leq 0$. Dans les deux cas, en intégrant à partir de 0, on obtient

$$G(s) \leq \frac{\mu}{2}s^2 + C|s|^{2^*}.$$

Pour minorer la fonction J, on choisit un $\varepsilon > 0$ tel que $(1-\varepsilon)\lambda_1 - \mu \geq 0$ et l'on remarque que

$$\begin{aligned} J(u) &\geq \frac{\varepsilon}{2}\int_\Omega \|\nabla u\|^2\,dx + \Big(\frac{1-\varepsilon}{2}\lambda_1 - \frac{\mu}{2}\Big)\int_\Omega u^2\,dx - C\int_\Omega |u|^{2^*}\,dx \\ &\geq \frac{\varepsilon}{2}\|u\|^2_{H^1_0(\Omega)} - C\|u\|^{2^*}_{L^{2^*}(\Omega)} \\ &\geq \frac{\varepsilon}{2}\|u\|^2_{H^1_0(\Omega)} - C\|u\|^{2^*}_{H^1_0(\Omega)} \geq C\|u\|^2_{H^1_0(\Omega)} \end{aligned}$$

au voisinage de 0 dans $H^1_0(\Omega)$ par l'injection de Sobolev et parce que $2^* > 2$. Ceci entraîne la condition ii) du théorème du col.

Enfin, soit $\varphi_1 \in H^1_0(\Omega)$ une fonction propre de $-\Delta$ associée à la valeur propre λ_1, que l'on suppose normalisée dans $L^2(\Omega)$ et positive sans perte de généralité. Pour tout $\sigma \geq 0$ on a

$$J(\sigma\,\varphi_1) = \frac{\sigma^2\lambda_1}{2} - \int_\Omega G(\sigma\,\varphi_1)\,dx.$$

Comme g croît sur-linéairement à l'infini, il existe $\alpha > \lambda_1$ tel que $g(s) \geq \alpha s$ pour s assez grand, d'où $g(s) \geq \alpha s - C$ pour tout $s \geq 0$. Par conséquent, on a $G(s) \geq \frac{\alpha}{2}s^2 - C$ pour tout $s \geq 0$. Il s'ensuit que

$$J(\sigma\,\varphi_1) \leq \frac{\sigma^2(\lambda_1 - \alpha)}{2} - C.$$

Il existe donc $\sigma \geq 0$ tel que $J(\sigma\,\varphi_1) < 0$, c'est-à-dire la condition iii) du théorème du col. □

Théorème 7.5. *Le problème (7.11) admet une solution non triviale.*

Preuve. On applique le théorème du col qui nous assure de l'existence d'une valeur critique c strictement positive. Il existe donc au moins un point critique correspondant et ce point critique n'est pas nul puisque $J(0) = 0 < c$. □

On trouvera un panorama beaucoup plus exhaustif des techniques de points critiques appliquées à la résolution de problèmes d'équations aux dérivées partielles dans l'ouvrage [33].

7.6 Exercices du chapitre 7

1. Que dit le lemme d'Ekeland quand la distance d est un multiple de la distance discrète ? Refaire les dessins qui l'illustrent dans ce cas.
2. Donner un exemple de fonction minorée, ne satisfaisant pas la condition de Palais-Smale au niveau de sa borne inférieure, mais atteignant néanmoins son minimum.

3. Démontrer le Théorème 7.2 dans le cas général : V espace de Banach, J de classe C^1.

4. On s'intéresse ici à une application un peu plus sophistiquée du principe du min-max.

4.1. Soit ω un ouvert borné non vide de $\mathbb{R}^k$ et $F \in C^0(\bar{\omega}; \mathbb{R}^k)$ telle que $F(x) = x$ pour tout $x \in \partial\omega$. Montrer que pour tout $y \in \omega$, il existe $x \in \omega$ tel que $F(x) = y$ (*Indication :* on pourra prolonger F à une boule euclidienne contenant ω et considérer $G(x) = F(x) - y$).

4.2. Soit V est un espace de Banach décomposé en somme directe $V = V_0 \oplus V_1$ où V_0 est un sous-espace vectoriel fermé et V_1 un sous-espace vectoriel de dimension finie. On se donne $u_0 \in V_0$, $\|u_0\|_V = 1$, $R_0, R_1 > 0$ et on note

$$\omega = \{u = su_0 + u_1; 0 < s < R_0, u_1 \in V_1, \|u_1\|_V < R_1\} \subset \mathbb{R}u_0 \oplus V_1.$$

Soient $\varphi \in C^0(\bar{\omega}; V)$ telle que $\varphi(u) = u$ pour tout $u \in \partial\omega$ et $0 < R < \inf(R_0, R_1)$. Considérons l'application $F: \mathbb{R}u_0 \oplus V_1 \to \mathbb{R}u_0 \oplus V_1$ définie par

$$F(u) = \| \varphi(u) - \pi(\varphi(u))\|_V u_0 + \pi(\varphi(u))$$

où π est la projection de V sur V_1 parallèlement à V_0. Montrer qu'il existe $u \in \omega$ tel que $F(u) = Ru_0$.

4.3. On pose $A = \varphi(\bar{\omega})$. Montrer qu'il existe $v \in A$ tel que $\|v\|_V = R$.

4.4. Soit $J \in C^1(V; \mathbb{R})$ vérifiant la condition de Palais-Smale et telle que

i) $J(0) = 0$,
ii) il existe $R > 0$, $a > 0$ tels que si $u \in V_0$ et $\|u\|_V = R$ alors $J(u) \geq a$,
iii) il existe $u_0 \in V_0$, $\|u_0\|_V = 1$, $R_0, R_1 > R$ tels que $J(u) \leq 0$ pour tout $u \in \partial\omega$.

Posant $\mathscr{A} = \{\varphi(\bar{\omega}); \varphi \in C^0(\bar{\omega}; V), \varphi = id \text{ sur } \partial\omega\}$, montrer que

$$c = \inf_{A \in \mathscr{A}} \max_{v \in A} J(v)$$

est une valeur critique de J et que $c \geq a$. Interpréter le cas $V_1 = \{0\}$.

5. Soit Ω est un ouvert borné régulier de $\mathbb{R}^d$ avec $d \geq 3$ et $V = H_0^1(\Omega)$. On se donne $1 < p < \frac{d+2}{d-2}$ et $2 < \theta \leq p + 1$.

5.1. Montrer que pour tout $\varepsilon > 0$, il existe une constante $C(\varepsilon) > 0$ telle que pour tout $v \in V$ avec $\|v\|_{L^2(\Omega)} = 1$, on a

$$1 \leq \varepsilon \int_\Omega \|\nabla v\|^2 \, dx + C(\varepsilon)\Big(\int_\Omega |v|^\theta \, dx\Big)^{\frac{2}{\theta}}.$$

(*Indication :* raisonner par l'absurde.) En déduire que pour tout $v \in V$,

$$\int_\Omega v^2\,dx \le \varepsilon \int_\Omega \|\nabla v\|^2\,dx + C(\varepsilon)\Big(\int_\Omega |v|^\theta\,dx\Big)^{\frac{2}{\theta}}.$$

5.2. Soit $g \in C^0(\mathbb{R};\mathbb{R})$ telle que $g(0)=0$ et G sa primitive s'annulant en 0. On suppose que $|g(s)| \le C(1+|s|^p)$ pour tout s et que $0 \le \theta G(s) \le sg(s)$ pour $|s|$ assez grand. Soit $\lambda > 0$ un nombre donné. On introduit la fonctionnelle sur V

$$J(v) = \frac{1}{2}\int_\Omega (\|\nabla v\|^2 - \lambda v^2)\,dx - \int_\Omega G(v)\,dx.$$

Montrer que cette fonctionnelle est bien définie, de classe C^1 et que

$$DJ(v) = -\Delta v - \lambda v - g(v) \in H^{-1}(\Omega).$$

5.3. Soit u_n une suite de Palais-Smale pour J. Montrer que l'on a

$$\int_\Omega G(u_n)\,dx \le C(1+\|\nabla u_n\|_{L^2}),$$

où C ne dépend pas de n. (*Indication :* Noter que $G(s) = \frac{1}{\theta-2}(\theta G(s) - 2G(s))$ et que $\int_\Omega u_n g(u_n)\,dx = 2J(u_n) + 2\int_\Omega G(u_n)\,dx - \langle DJ(u_n), u_n\rangle$.) En déduire que la suite u_n est bornée dans V.

5.4. Montrer que la fonctionnelle J satisfait la condition de Palais-Smale (attention à la compacité ! On montrera que $g(u_n) \to g(u)$ dans $L^{\frac{p+1}{p}}(\Omega)$ fort, à une sous-suite près).

5.5. Soit λ_i, $i \in N^*$, la suite croissante des valeurs propres de $-\Delta$ sur $H_0^1(\Omega)$ et ϕ_i une suite de fonctions propres associées. On suppose qu'il existe j tel que $\lambda_j \le \lambda < \lambda_{j+1}$. Posons $V_1 = \mathrm{vect}\{\phi_1, \dots, \phi_j\}$ et $V_0 = V_1^\perp$. On suppose aussi que $\limsup_{s\to 0}(g(s)/s) \le 0$. Montrer que J satisfait les conditions ii) et iii) de l'exercice 4. (*Indication :* Montrer que $G(s) \le \varepsilon s^2 + C(\varepsilon)|s|^{p+1}$ et se rappeler que $\int_\Omega \|\nabla v\|^2\,dx \ge \lambda_{j+1}\int_\Omega v^2\,dx$ pour tout $v \in V_0$.)

5.6. Posant $\tilde{g}(s) = \lambda s + g(s)$, qu'en conclut-on ? Pourquoi ne pouvait-on pas utiliser ici le théorème du col ?

6. Soit Ω un ouvert borné de $\mathbb{R}^2$ de classe C^∞. Pour tout $\lambda \ge 0$, on considère la fonctionnelle

$$I_\lambda(v) = \frac{1}{2}\int_\Omega |\nabla v|^2\,dx + \frac{\lambda}{8}\int_\Omega (v^4-1)^2\,dx.$$

6.1. Montrer que I_λ est bien définie de $H_0^1(\Omega)$ à valeurs dans $\mathbb{R}$ et est de classe C^1.

6.2. Montrer que tout point critique $u \in H_0^1(\Omega)$ de I_λ est solution de l'équation

$$-\Delta u = \lambda u^3(1-u^4) \quad \text{au sens de } \mathscr{D}'(\Omega). \qquad (7.12)$$

6.3. Montrer que toute solution de (7.12) appartenant à $H_0^1(\Omega)$ est telle que

$$|u| \leq 1 \quad \text{p.p. dans}\Omega.$$

(*Indication :*On pourra utiliser la fonction-test $v = (u - 1)_+$.)

6.3. Montrer que toute solution de (7.12) appartenant à $H_0^1(\Omega)$ appartient en fait à $C^\infty(\overline{\Omega})$.

6.4. Montrer que I_λ est de classe C^2 sur $H_0^1(\Omega)$ et en déduire que la solution nulle de (7.12) réalise un minimum local de I_λ.

6.5. Montrer qu'il existe $\lambda^* > 0$ tel que pour tout $0 \leq \lambda < \lambda^*$, 0 est l'unique solution de (7.12).

6.6. Soit $\varphi \in \mathscr{D}(\Omega)$ telle que $0 \leq \varphi \leq 1$ et $\varphi = 1$ sur une boule fermée $\bar{B} \subset \Omega$. Montrer qu'il existe $\lambda_1 > \lambda^*$ tel que $I_\lambda(\varphi) < I_\lambda(0)$ pour tout $\lambda \geq \lambda_1$.

6.7. Montrer que pour $\lambda \geq \lambda_1$, il existe une solution non nulle $u_\lambda \in H_0^1(\Omega)$ de l'équation (7.12).

6.8. À l'aide du théorème du col, montrer qu'il existe alors une troisième solution v_λ.

Chapitre 8
Opérateurs monotones et inéquations variationnelles

Un opérateur quasi-linéaire ne s'écrit pas toujours comme la différentielle d'une fonctionnelle du calcul des variations. La notion abstraite d'opérateur monotone, et plus généralement d'opérateur pseudo-monotone, permet d'aller plus loin que le calcul des variations dans le cas convexe. Les inéquations variationnelles apparaissent quant à elles dans de nombreux problèmes, notamment ceux qui font intervenir un obstacle.

8.1 Opérateurs monotones, définitions et premières propriétés

Dans ce qui suit, V est un espace de Banach réflexif et séparable et A une application de V dans V' (en général non linéaire[1]).

Définition 8.1. On dit que

i) A est monotone si

$$\forall u, v \in V, \quad \langle A(u) - A(v), u - v \rangle \geq 0. \tag{8.1}$$

ii) A est strictement monotone si de plus $\langle A(u) - A(v), u - v \rangle = 0$ implique $u = v$.

iii) A est hémicontinue si pour tous $u, v \in V$, l'application $t \mapsto \langle A(u + tv), v \rangle$ est continue de $\mathbb{R}$ dans $\mathbb{R}$.

Remarque 8.1. i) Soit $J : V \to \mathbb{R}$ convexe et différentiable au sens de Gateaux. Alors sa différentielle $DJ : V \to V'$ est monotone. En effet, soit $w = u - v$. Alors $j(t) = J(v + tw)$ est convexe de $\mathbb{R}$ dans $\mathbb{R}$, $j(0) = J(v)$, $j(1) = J(u)$, j est dérivable avec $j'(t) = \langle DJ(v + tw), w \rangle$. Comme j est convexe, j' est croissante, et

---

[1] Mais pas multi-valuée. Les opérateurs monotones se généralisent au cas multi-valué, avec une riche théorie des opérateurs maximaux monotones. Nous n'en parlerons pas ici mais on pourra consulter [10].

H. Le Dret, *Équations aux dérivées partielles elliptiques non linéaires*, Mathématiques et Applications 72, DOI: 10.1007/978-3-642-36175-3_8,

écrire que $j'(0) \leq j'(1)$ n'est rien d'autre qu'écrire la monotonie de DJ. Comme une fonction convexe de $\mathbb{R}$ dans $\mathbb{R}$ dérivable est en fait de classe C^1, on voit que DJ est aussi hémicontinue.

ii) On peut toujours supposer que $A(0) = 0$. En effet, on remplacera sinon A par $A - A(0)$.

iii) Si A est continue de V fort dans V' faible, alors A est hémicontinue.

iv) Si V est un espace de Hilbert et A est l'opérateur linéaire associé à une forme bilinéaire $a(\cdot, \cdot)$ continue par le théorème de représentation de Riesz, alors A est hémicontinu. Il est monotone si et seulement si a est positive et strictement monotone si et seulement si a est définie positive. □

La remarque 8.1 iii) admet une réciproque assez surprenante, dans la mesure où l'hémicontinuité est une condition a priori très faible.

Lemme 8.1. *Soit A un opérateur borné, hémicontinu et monotone. Alors A est continu de V fort dans V' faible.*

Preuve. Soit u_n une suite telle que $u_n \to u$ dans V fort. Cette suite est donc bornée, et comme A envoie les bornés dans les bornés, $A(u_n)$ reste dans un borné de V'. On extrait une sous-suite n' telle que $A(u_{n'}) \rightharpoonup \psi$ (car V' est réflexif). En raison de la monotonie, pour tout $v \in V$, on a

$$0 \leq \langle A(u_{n'}) - A(v), u_{n'} - v\rangle = \langle A(u_{n'}), u_{n'} - v\rangle - \langle A(v), u_{n'} - v\rangle.$$

Il est bien clair que $\langle A(v), u_{n'} - v\rangle \to \langle A(v), u - v\rangle$. Par ailleurs, comme $A(u_{n'})$ converge faiblement dans V' et $u_{n'}$ fortement dans V, leur crochet de dualité converge :

$$\langle A(u_{n'}), u_{n'} - v\rangle \longrightarrow \langle \psi, u - v\rangle.$$

Par conséquent, on obtient à la limite

$$\forall v \in V, \quad 0 \leq \langle \psi - A(v), u - v\rangle. \tag{8.2}$$

On va montrer que cette inégalité détermine en fait ψ en utilisant un procédé caractéristique des opérateurs monotones et appelé *astuce de Minty*. Soit $w \in V$ quelconque et $t \in \mathbb{R}_+^*$. Appliquant (8.2) à $v = u + tw$ et divisant l'inégalité obtenue par $t > 0$, on obtient

$$\langle \psi - A(u + tw), w\rangle \leq 0.$$

Faisons alors tendre t vers 0. Comme A est hémicontinu, il vient

$$\forall w \in V, \quad \langle \psi - A(u), w\rangle \leq 0.$$

Cette inégalité est aussi vraie pour $-w$, donc en fait

$$\forall w \in V, \quad \langle \psi - A(u), w\rangle = 0,$$

soit

$$\psi = A(u).$$

On conclut par unicité de la limite faible des sous-suites extraites de la suite $A(u_n)$ et faiblement convergentes. □

On pourra consulter [9, 40] pour plus de détails.

8.2 Exemples d'opérateurs monotones

Dans cette section, nous donnons quelques exemples d'opérateurs monotones dans le contexte des problèmes aux limites quasi-linéaires.

Commençons par un exemple d'opérateur monotone qui n'est pas la différentielle d'une fonctionnelle du calcul des variations. Soit Ω un ouvert borné de $\mathbb{R}^d$, $V = H_0^1(\Omega)$ et $b \in \mathbb{R}^d \setminus \{0\}$. On pose $A(u) = -\Delta u + b \cdot \nabla u$. L'opérateur (linéaire ici) A envoie bien $H_0^1(\Omega)$ dans son dual $H^{-1}(\Omega)$. Il est monotone. En effet, pour tout $v \in V$

$$\langle A(v), v\rangle = \int_\Omega |\nabla v|^2\,dx + \int_\Omega (b \cdot \nabla v)v\,dx.$$

Or, si $v \in H_0^1(\Omega)$, il est clair que $\int_\Omega v\partial_i v\,dx = 0$, ce qui implique que

$$\langle A(v), v\rangle = \int_\Omega |\nabla v|^2\,dx \geq 0.$$

Comme $B(u) = -\Delta u$ est la différentielle d'une fonctionnelle bien connue, il suffit en fait de montrer que $C(u) = b \cdot \nabla u$ n'est pas une différentielle. Supposons donc qu'il existe $J : V \to \mathbb{R}$ telle que $DJ(u)v = \int_\Omega (b \cdot \nabla u)v\,dx$. Si l'on pose $j(t) = J(tu)$, il vient $j'(t) = DJ(tu)u = t\int_\Omega (b \cdot \nabla u)u\,dx = 0$. Donc $J(u) = j(1) = j(0) = 0$ pour tout u dans V, soit $DJ(u) = 0$ pour tout u dans V, ce qui n'est pas le cas.

Pour le voir, on note que, comme $b \cdot \nabla u \in L^2(\Omega)$ et que $\mathscr{D}(\Omega)$ est dense dans $L^2(\Omega)$, il existe une suite $v_n \in \mathscr{D}(\Omega)$ telle que $v_n \to b \cdot \nabla u$ dans $L^2(\Omega)$ fort. Pour cette suite, on a donc $DJ(u)v_n \to \|b \cdot \nabla u\|^2_{L^2(\Omega)}$. Or si $u \neq 0$, alors $b \cdot \nabla u \neq 0$.

En effet, soit $u \in H_0^1(\Omega)$ tel que $b \cdot \nabla u = 0$. En effectuant un changement de coordonnées, on peut supposer que $b = e_d$ et donc $b \cdot \nabla u = \partial_d u$. Étendant u par 0 en dehors de Ω et convoluant par un noyau régularisant ρ_ε, on voit que la fonction $u_\varepsilon = \rho_\varepsilon \star u$ est dans $\mathscr{D}(\mathbb{R}^d)$ et telle que $\partial_d u_\varepsilon = 0$. En intégrant cette dérivée sur les droites parallèles à e_d à partir de points situés hors du support de u_ε, on en déduit que $u_\varepsilon = 0$, puis en passant à la limite quand $\varepsilon \to 0$, que $u = 0$. □

Soit maintenant Ω un ouvert borné de $\mathbb{R}^d$, $p \in \,]1, +\infty[$ et $V = W_0^{1,p}(\Omega)$. On se donne une application $F : \mathbb{R}^d \to \mathbb{R}^d$ continue et monotone au sens où pour tout couple $\xi, \zeta \in \mathbb{R}^d$,

$$(F(\xi) - F(\zeta)) \cdot (\xi - \zeta) \geq 0,$$

où $\cdot$ désigne le produit scalaire euclidien usuel dans $\mathbb{R}^d$. On suppose que F satisfait la condition de croissance

$$\forall \xi \in \mathbb{R}^d, \quad |F(\xi)| \leq C(1 + |\xi|^{p-1})$$

pour une certaine constante C indépendante de ξ.

Proposition 8.1. *L'opérateur* $A(u) = -\text{div}\,(F(\nabla u))$ *est bien défini de* $W_0^{1,p}(\Omega)$ *dans* $W^{-1,p'}(\Omega)$. *Il est borné, hémicontinu et monotone.*

Preuve. Soit p' l'exposant conjugué de p. Si $u \in W_0^{1,p}(\Omega)$, alors $\nabla u \in L^p(\Omega; \mathbb{R}^d)$ et $F(\nabla u) \in L^{p'}(\Omega; \mathbb{R}^d)$. En effet,

$$|F(\nabla u)|^{p'} = |F(\nabla u)|^{\frac{p}{p-1}} \leq C(1 + |\nabla u|^{p-1})^{\frac{p}{p-1}} \leq C'(1 + |\nabla u|^p) \in L^1(\Omega).$$

Par conséquent, $-\text{div}\,(F(\nabla u)) \in W^{-1,p'}(\Omega)$ avec la dualité

$$\langle -\text{div}\,(F(\nabla u)), v\rangle = \int_\Omega F(\nabla u) \cdot \nabla v \, dx,$$

pour tout v dans $W_0^{1,p}(\Omega)$, dualité que l'on établit par densité de $\mathscr{D}(\Omega)$ dans $W_0^{1,p}(\Omega)$.

De plus, si u est dans un borné de $W_0^{1,p}(\Omega)$, alors ∇u est dans un borné de $L^p(\Omega; \mathbb{R}^d)$ et par le calcul précédent, $F(\nabla u)$ est dans un borné de $L^{p'}(\Omega; \mathbb{R}^d)$. Par conséquent, $A(u)$ reste dans un borné de $W^{-1,p'}(\Omega)$.

Par le théorème de Carathéodory, l'application $z \mapsto F(z)$ est continue de $L^p(\Omega; \mathbb{R}^d)$ fort dans $L^{p'}(\Omega; \mathbb{R}^d)$ fort. Par composition avec des applications linéaires continues, on en déduit que A est continu de $W_0^{1,p}(\Omega)$ fort dans $W^{-1,p'}(\Omega)$ fort, donc *a fortiori* hémicontinu.

Enfin, pour tout couple $u, v \in W_0^{1,p}(\Omega)$, on a

$$\langle A(u) - A(v), u - v\rangle = \int_\Omega (F(\nabla u) - F(\nabla v)) \cdot (\nabla u - \nabla v) \, dx \geq 0$$

puisque l'intégrande est positive par monotonie de F sur $\mathbb{R}^d$. Donc l'opérateur A est monotone. □

Un exemple d'une telle fonction F est donné par $F(\xi) = |\xi|^{p-2}\xi$. C'est la différentielle de la fonction $\frac{1}{p}|\xi|^p$ et elle correspond au p-laplacien que nous avons déjà rencontré au Chapitre 6.

On pourra consulter [9, 12, 48].

8.3 Inéquations variationnelles

Les opérateurs monotones se prêtent bien à la résolution des inéquations variationnelles abstraites, dont nous donnerons des exemples concrets dans le contexte des problèmes aux limites non linéaires plus loin, voir [36, 40].

Théorème 8.1. *Soit $A\colon V \to V'$ un opérateur borné, hémicontinu et monotone et soit C un convexe fermé borné non vide de V. Alors, pour tout $f \in V'$, l'inéquation variationnelle : trouver $u \in C$ tel que*

$$\forall v \in C, \quad \langle A(u) - f, v - u \rangle \geq 0 \tag{8.3}$$

admet au moins une solution.

On utilise la méthode de Galerkin à travers une série de lemmes. Adaptons d'abord l'idée de base de la méthode de Galerkin au cas de convexes.

Lemme 8.2. *Il existe une famille dénombrable de convexes fermés $(C_m)_{m\in\mathbb{N}}$ croissante, telle que chaque C_m est de dimension finie, inclus dans C et $\bigcup_{m=0}^{+\infty} C_m$ est dense dans C.*

Preuve. Comme V est métrique séparable, il en va de même de C et il existe donc une famille dénombrable $(w_m)_{m\in\mathbb{N}}$ dense dans C. On pose

$$C_m = \overline{\mathrm{conv}}\{w_0, w_1, \ldots, w_m\}.$$

De cette façon, C_m est un convexe fermé de dimension inférieure à m. Il est bien clair que $C_m \subset C_{m+1} \subset C$. Enfin, on a trivialement que $\bigcup_{m=0}^{+\infty} C_m$ est dense dans C, puisque cet ensemble contient chaque w_m. □

Une fois construits les C_m, on résout le problème en dimension finie.

Lemme 8.3. *L'inéquation variationnelle : trouver $u_m \in C_m$ tel que*

$$\forall v \in C_m, \quad \langle A(u_m) - f, v - u_m \rangle \geq 0 \tag{8.4}$$

admet au moins une solution.

Preuve. On note $V_m = \mathrm{vect}\, C_m$ l'espace vectoriel engendré par C_m. Il est de dimension finie et on le munit d'une structure euclidienne, dont on note le produit scalaire par $(\cdot|\cdot)_m$. Par le théorème de Riesz dans V_m, il existe une application linéaire continue J_m de V' faible dans V_m telle que

$$\forall g \in V', \forall v \in V_m, \quad \langle g, v \rangle = (J_m g|v)_m.$$

Par définition, C_m est un convexe fermé, borné, non vide de V_m pour tout m. La projection orthogonale sur C_m, notée Π_m, est caractérisée par $\Pi_m(v) \in C_m$ et

$$\forall w \in C_m, \quad (v - \Pi_m(v)|\Pi_m(v) - w)_m \geq 0. \tag{8.5}$$

C'est une application continue de V_m dans C_m, non linéaire puisque C_m est borné. On définit alors une application $T_m : C_m \to C_m$ par

$$\forall v \in C_m, \quad T_m(v) = \Pi_m(v - J_m A(v) + J_m f). \tag{8.6}$$

Comme A est continue de V fort dans V' faible par le Lemme 8.1, on voit que T_m est continue comme composée d'applications continues. D'après le théorème de Brouwer, T_m admet au moins un point fixe $u_m \in C_m$. En particulier, d'après (8.5) et (8.6), on a pour tout $v \in C_m$,

$$(u_m - J_m A(u_m) + J_m f - T_m(u_m)|T_m(u_m) - v)_m \geq 0,$$

soit, comme u_m est un point fixe,

$$\langle f - A(u_m), u_m - v\rangle = (J_m f - J_m A(u_m)|u_m - v)_m \geq 0,$$

par définition de l'application J_m. □

Notons que la monotonie ne joue pratiquement aucun rôle dans l'existence d'une solution de l'inéquation variationnelle en dimension finie (elle n'intervient que pour la continuité de A). Le Lemme 8.3 donne en fait l'existence d'une telle solution si V est de dimension finie, sans autre hypothèse sur A que la continuité, voir Figure 8.1.

Lemme 8.4. *Il existe une sous-suite (toujours notée m), $u \in C$ et $\psi \in V'$ tels que $u_m \rightharpoonup u$ dans V faible et $A(u_m) \rightharpoonup \psi$ dans V' faible.*

Preuve. Comme $C_m \subset C$, qui est borné, la suite u_m est bornée dans V. Comme A est un opérateur borné, la suite $A(u_m)$ est bornée dans V'. On extrait donc une sous-suite telle que $u_m \rightharpoonup u$ dans V faible et $A(u_m) \rightharpoonup \psi$ dans V' faible. De plus, comme C est convexe fermé fort, il est faiblement fermé et $u \in C$. □

Il s'agit maintenant d'identifier ψ.

Lemme 8.5. *On a l'inégalité* $\liminf_{m\to+\infty}\langle A(u_m), u_m\rangle \geq \langle\psi, u\rangle$.

Preuve. Utilisons la monotonie de A. Il vient

$$\langle A(u_m) - A(u), u_m - u\rangle \geq 0,$$

soit en développant le crochet de dualité

$$\langle A(u_m), u_m\rangle - \langle A(u_m), u\rangle - \langle A(u), u_m\rangle + \langle A(u), u\rangle \geq 0. \tag{8.7}$$

Or, grâce aux convergences faibles respectives de $A(u_m)$ et de u_m, on a que $\langle A(u_m), u\rangle \to \langle\psi, u\rangle$ et $\langle A(u), u_m\rangle \to \langle A(u), u\rangle$. Par conséquent, en passant à la

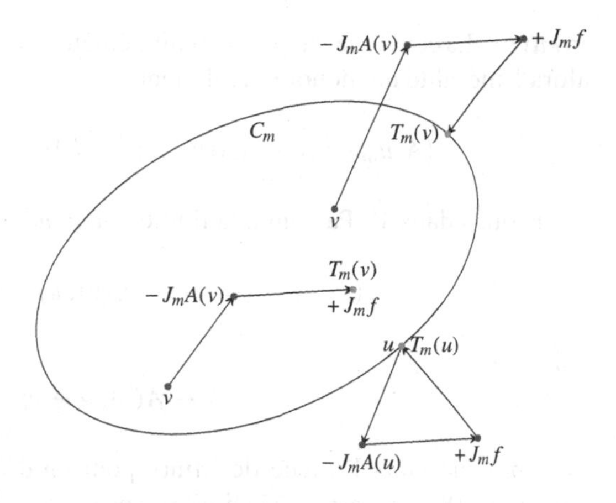

Fig. 8.1 Point fixe en dimension finie

limite inférieure dans l'inégalité ci-dessus, on obtient

$$\liminf_{m\to+\infty}\langle A(u_m), u_m\rangle - \langle \psi, u\rangle - \langle A(u), u\rangle + \langle A(u), u\rangle \geq 0,$$

d'où le résultat. □

Lemme 8.6. *On a aussi l'inégalité* $\limsup_{m\to+\infty}\langle A(u_m), u_m\rangle \leq \langle \psi, u\rangle$.

Preuve. On utilise cette fois l'inéquation variationnelle en dimension finie (8.4). Prenons un entier i quelconque et $v \in C_i$. Pour tout $m \geq i$, $C_i \subset C_m$, donc

$$\langle A(u_m) - f, v - u_m\rangle \geq 0,$$

soit en développant le crochet de dualité,

$$-\langle A(u_m), u_m\rangle - \langle f, v\rangle + \langle f, u_m\rangle + \langle A(u_m), v\rangle \geq 0. \tag{8.8}$$

Passant à la limite inférieure dans cette inégalité, on obtient

$$-\limsup_{m\to+\infty}\langle A(u_m), u_m\rangle - \langle f, v\rangle + \langle f, u\rangle + \langle \psi, v\rangle \geq 0,$$

et cette inégalité a lieu pour tout $v \in C_i$. Or, comme la réunion des C_i pour $i \geq 0$ est dense dans C, on peut prendre une suite v_i qui tend fortement vers u. Passant à la limite sur cette suite, on obtient le lemme. □

Nous pouvons maintenant conclure la démonstration du Théorème 8.1.

Lemme 8.7. *On a* $\langle A(u_m), u_m\rangle \to \langle \psi, u\rangle$, $A(u) = \psi$ *et* u *est solution de l'inéquation variationnelle* (8.3).

Preuve. La convergence provient immédiatement des Lemmes 8.5 et 8.6. Reprenant alors l'inégalité de monotonie, il vient

$$\langle A(u_m), u_m\rangle - \langle A(u_m), v\rangle - \langle A(v), u_m\rangle + \langle A(v), v\rangle \geq 0$$

pour tout v dans V. Passant à la limite quand $m \to +\infty$, on obtient

$$\langle \psi, u\rangle - \langle \psi, v\rangle - \langle A(v), u\rangle + \langle A(v), v\rangle \geq 0,$$

soit

$$\langle \psi - A(v), u - v\rangle \geq 0.$$

On applique alors l'astuce de Minty pour en déduire que $\psi = A(u)$. Reprenant l'inégalité (8.8) et passant à la limite en m, on voit alors que pour tout v dans $\bigcup_{i=0}^{+\infty} C_i$,

$$-\langle A(u), u\rangle - \langle f, v\rangle + \langle f, u\rangle + \langle A(u), v\rangle \geq 0,$$

soit

$$\langle A(u) - f, v - u\rangle \geq 0,$$

d'où le résultat par densité de $\bigcup_{i=0}^{+\infty} C_i$ dans C. □

Remarque 8.2. Notons la difficulté essentielle : la suite u_m converge faiblement, mais l'opérateur A est non linéaire. Il n'y a donc aucune raison en général pour que $A(u_m)$ tende en aucun sens, raisonnable ou pas, vers $A(u)$. Il est remarquable que l'astuce de Minty et la monotonie permettent à elles seules ce passage à la limite quand u_m est solution de l'inéquation variationnelle sur une suite de convexes dont la réunion est dense dans C. □

Théorème 8.2. *Si A est strictement monotone alors la solution de l'inéquation variationnelle* (8.3) *est unique.*

Preuve. Soient $u_1, u_2 \in C$ deux solutions. Pour tous $v_1, v_2 \in C$,

$$\langle A(u_1) - f, v_1 - u_1\rangle \geq 0 \quad \text{et} \quad \langle A(u_2) - f, v_2 - u_2\rangle \geq 0.$$

On prend $v_1 = u_2$ et $v_2 = u_1$, d'où

$$\langle A(u_1) - A(u_2), u_1 - u_2\rangle \leq 0.$$

Par conséquent, comme A est monotone,

$$\langle A(u_1) - A(u_2), u_1 - u_2\rangle = 0,$$

d'où $u_1 = u_2$ par stricte monotonie. □

Pour traiter le cas d'un convexe C non borné, on a besoin d'une hypothèse supplémentaire.

Définition 8.2. On dit que A est coercif s'il existe $v_0 \in C$ ($v_0 = 0$ si $C = V$) tel que

$$\lim_{\|v\|_V \to +\infty} \frac{\langle A(v), v - v_0 \rangle}{\|v\|_V} = +\infty. \tag{8.9}$$

Théorème 8.3. *Soit $A : V \to V'$ un opérateur borné, hémicontinu, monotone et coercif et soit C un convexe fermé non vide de V. Alors, pour tout $f \in V'$, l'inéquation variationnelle* (8.3) *admet au moins une solution.*

Preuve. Pour $R > 0$, on pose $C_R = \{v \in C;\ \|v\|_V \leq R\}$. C'est un convexe fermé borné de V, non vide si R est assez grand. Grâce au Théorème 8.1, il existe alors au moins une solution u_R à l'inéquation sur C_R. En particulier, on peut prendre R assez grand pour que $v_0 \in C_R$ et donc

$$\langle A(u_R) - f, v_0 - u_R \rangle \geq 0,$$

soit

$$\langle A(u_R), u_R - v_0 \rangle \leq \langle f, u_R - v_0 \rangle \leq \|f\|_{V'}(\|u_R\|_V + \|v_0\|_V).$$

Montrons que u_R reste bornée dans V indépendamment de R. Divisant la dernière inégalité par $\|u_R\|_V$ (que l'on suppose non nul, sinon il n'y a rien à montrer), il vient

$$\frac{\langle A(u_R), u_R - v_0 \rangle}{\|u_R\|_V} \leq \|f\|_{V'}\Big(1 + \frac{\|v_0\|_V}{\|u_R\|_V}\Big).$$

Supposons qu'il existe une suite $R_n \to +\infty$ telle que $\|u_{R_n}\|_V \to +\infty$. Alors on a $\|v_0\|_V / \|u_{R_n}\|_V \to 0$ et l'inégalité ci-dessus contredit la coercivité de A. Il existe donc une constante M telle que $\|u_R\|_V \leq M$ pour tout R.

On prend maintenant $R = M + 1$. Montrons que u_R est alors solution de l'inéquation variationnelle (8.3). Pour tout $v \in C$ et tout $\lambda \in [0, 1]$, $\lambda v + (1 - \lambda) u_R$ appartient à C. De plus,

$$\|\lambda v + (1 - \lambda) u_R\|_V \leq \lambda \|v\|_V + (1 - \lambda)\|u_R\|_V \leq \lambda \|v\|_V + M.$$

En particulier, si l'on prend $0 < \lambda \leq 1/\|v\|_V$, on voit que $\lambda v + (1-\lambda)u_R$ appartient à C_R. Donc, par l'inéquation variationnelle sur C_R,

$$\langle A(u_R) - f, \lambda v + (1 - \lambda) u_R - u_R \rangle \geq 0,$$

soit

$$\lambda \langle A(u_R) - f, v - u_R \rangle \geq 0,$$

d'où le résultat en divisant par λ. □

Corollaire 8.1. *Soit $A\colon V \to V'$ un opérateur borné, hémicontinu, monotone et coercif. Alors A est surjectif.*

Preuve. On prend $C = V$. Pour tout $f \in V'$, il existe donc $u \in V$ tel que, pour tout v dans V, on a

$$\langle A(u) - f, v - u\rangle \geq 0.$$

Prenant $v = u + w$, on en déduit que pour tout w dans V

$$\langle A(u) - f, w\rangle \geq 0,$$

d'où, comme cette inégalité a aussi lieu pour $-w$,

$$\langle A(u) - f, w\rangle \leq 0,$$

d'où $A(u) = f$ et A est surjectif. □

8.4 Exemples d'inéquations variationnelles

Reprenons l'exemple de la Proposition 8.1. Soit Ω un ouvert borné de $\mathbb{R}^d$, $p \in]1, +\infty[$, $V = W_0^{1,p}(\Omega)$, $F\colon \mathbb{R}^d \to \mathbb{R}^d$ continue et monotone, qui satisfait la condition de croissance

$$\forall \xi \in \mathbb{R}^d, \quad |F(\xi)| \leq C(1 + |\xi|^{p-1})$$

pour une certaine constante C indépendante de ξ. On suppose en outre qu'il existe une constante $\alpha > 0$ telle que

$$\forall \xi \in \mathbb{R}^d, \quad F(\xi) \cdot \xi \geq \alpha|\xi|^p.$$

Théorème 8.4. *Pour tout $f \in W^{-1,p'}(\Omega)$, il existe $u \in W_0^{1,p}(\Omega)$ tel que*

$$-\mathrm{div}\,(F(\nabla u)) = f \textit{ au sens de } \mathscr{D}'(\Omega).$$

Si F est strictement monotone, cette solution est unique.

Preuve. Il nous reste à montrer que l'opérateur $A(v) = -\mathrm{div}\,(F(\nabla v))$ est coercif. On prend comme norme sur $W_0^{1,p}(\Omega)$ la norme L^p du gradient. Il vient

$$\frac{\langle A(v), v\rangle}{\|v\|} = \frac{\int_\Omega F(\nabla v) \cdot \nabla v \, dx}{\|\nabla v\|_{L^p(\Omega;\mathbb{R}^d)}} \geq \alpha \|\nabla v\|^{p-1}_{L^p(\Omega;\mathbb{R}^d)} \longrightarrow +\infty$$

quand $\|\nabla v\|_{L^p(\Omega;\mathbb{R}^d)} \to +\infty$. □

Remarque 8.3. Pour $F(\xi) = |\xi|^{p-2}\xi$, on retrouve le théorème d'existence et d'unicité déjà obtenu par les méthodes du calcul des variations. □

Donnons maintenant des exemples où le convexe C n'est pas l'espace tout entier. Une classe importante de problèmes est constituée par les problèmes d'*obstacle*, dont le prototype est défini par la donnée d'une fonction g mesurable sur Ω et à valeurs dans $\mathbb{R} \cup \{\pm\infty\}$. On pose alors

$$C = \{v \in H_0^1(\Omega);\, v \geq g \text{ presque partout dans } \Omega\}.$$

Cet ensemble est visiblement convexe. Montrons qu'il est fermé. Soit $v_n \in C$ une suite telle que $v_n \to v$ dans $H_0^1(\Omega)$. On peut en extraire une sous-suite qui converge presque partout, et donc $v \geq g$ presque partout, *i.e.*, $v \in C$. On a donc par exemple le théorème suivant.

Théorème 8.5. *Supposons que g est telle que C soit non vide. Alors pour tout $f \in H^{-1}(\Omega)$, il existe un unique $u \in H_0^1(\Omega)$, $u \geq g$ presque partout, tel que*

$$\langle -\Delta u - f, v - u\rangle \geq 0$$

pour tout $v \in H_0^1(\Omega)$, $v \geq g$ presque partout.

Remarque 8.4. Pour interpréter cette inéquation variationnelle, plaçons nous dans le cas unidimensionnel, $d = 1$, avec $g \in H_0^1(\Omega)$. À cause des injections de Sobolev, toutes les fonctions qui interviennent sont continues et l'ensemble

$$E = \{x \in \Omega;\, u(x) > g(x)\}$$

est un ouvert, donc une réunion au plus dénombrable d'intervalles ouverts disjoints. Soit I un tel intervalle. Pour tout $\varphi \in \mathscr{D}(I)$, il existe ε tel que $v = u \pm \varepsilon\varphi \in C$. Par conséquent, $-u'' = f$ sur I, donc sur E. En dehors de E, $u = g$. Dans le cas où $f = 0$, on voit que u est affine sur chaque composante connexe de E et égale à g ailleurs. Le graphe de u réalise donc l'(unique) forme que prend un fil dont on fixe les deux extrémités et que l'on tend au maximum au dessus d'un obstacle constitué par le graphe de g, d'où la dénomination utilisée pour ce type de problèmes. □

Donnons un autre exemple, qui intervient dans le problème de la torsion élastoplastique d'une poutre. On se donne Ω ouvert de $\mathbb{R}^2$ (c'est la section de la poutre) et le convexe

$$C = \{v \in H_0^1(\Omega);\, |\nabla v| \leq 1 \text{ presque partout dans } \Omega\},$$

avec l'opérateur $A(v) = -\Delta v$ et $f = 1$. La solution u de ce problème, qui représente des contraintes associées à un angle de torsion, fait apparaître deux régions, celle où $|\nabla u| < 1$, où le matériau reste élastique, et celle où $|\nabla u| = 1$, où apparaissent des phénomènes de plasticité. Voir [19] pour d'autres exemples d'inéquations variationnelles issues de la mécanique et de la physique.

8.5 Opérateurs pseudo-monotones

Les opérateurs monotones généralisent les gradients de fonctionnelles convexes. Néanmoins, en observant la démonstration d'existence de solution d'une inéquation variationnelle, on s'aperçoit que l'on peut encore franchir un pas dans l'abstraction, donc dans la généralité, en exhibant les ingrédients qui sont vraiment essentiels dans les démonstrations de convergence pour la méthode de Galerkin (on a déjà vu que l'existence en dimension finie n'avait pratiquement rien à voir avec la monotonie). Une telle généralisation n'a bien sûr d'intérêt que si elle trouve des applications et nous reviendrons plus loin sur ce point. On est donc amenés à introduire les définitions suivantes, voir [9, 40].

Définition 8.3. *i*) On dit que $A\colon V \to V'$ est de type M si

$$\left.\begin{aligned} u_n &\rightharpoonup u \text{ dans } V \text{ faible}\\ A(u_n) &\rightharpoonup \psi \text{ dans } V' \text{ faible}\\ \limsup_{n\to+\infty}\langle A(u_n), u_n\rangle &\leq \langle \psi, u\rangle \end{aligned}\right\} \Longrightarrow \psi = A(u). \tag{8.10}$$

ii) On dit que A est pseudo-monotone *(*au sens *1)* si

$$\left.\begin{aligned} u_n &\rightharpoonup u \text{ dans } V \text{ faible}\\ A(u_n) &\rightharpoonup \psi \text{ dans } V' \text{ faible}\\ \limsup_{n\to+\infty}\langle A(u_n), u_n\rangle &\leq \langle \psi, u\rangle \end{aligned}\right\} \Longrightarrow \psi = A(u) \text{ et } \langle A(u_n), u_n\rangle \to \langle A(u), u\rangle. \tag{8.11}$$

iii) On dit que A est pseudo-monotone *(*au sens *2)* si

$$\left.\begin{aligned} u_n &\rightharpoonup u \text{ dans } V \text{ faible}\\ \limsup_{n\to+\infty}\langle A(u_n), u_n - u\rangle &\leq 0 \end{aligned}\right\} \Longrightarrow \forall v \in V,\ \liminf_{n\to+\infty}\langle A(u_n), u_n - v\rangle \geq \langle A(u), u - v\rangle. \tag{8.12}$$

Remarque 8.5. La définition i) est utile pour les équations ($C = V$) et les définitions ii) et iii) pour les inéquations ($C \neq V$). Pour la définition iii), on peut se restreindre à $v \in C$. □

Les deux définitions de pseudo-monotonie sont essentiellement équivalentes. Plus précisément,

Proposition 8.2. *Si A est borné, alors A est pseudo-monotone au sens* 1 *si et seulement si il est pseudo-monotone au sens* 2.

Preuve. Supposons d'abord que A soit pseudo-monotone au sens 2 (mais pas nécessairement borné). Soit u_n une suite telle que

$$u_n \rightharpoonup u,\ A(u_n) \rightharpoonup \psi \text{ et } \limsup_{n\to+\infty} \langle A(u_n), u_n\rangle \leq \langle \psi, u\rangle.$$

On en déduit que

$$\limsup_{n\to+\infty} \langle A(u_n), u_n - u\rangle = \limsup_{n\to+\infty} (\langle A(u_n), u_n\rangle - \langle A(u_n), u\rangle) \leq 0.$$

Donc, par pseudo-monotonie au sens 2, il vient que pour tout $v \in V$,

$$\liminf_{n\to+\infty} \langle A(u_n), u_n - v\rangle \geq \langle A(u), u - v\rangle,$$

d'où en développant le crochet de gauche,

$$\liminf_{n\to+\infty} \langle A(u_n), u_n\rangle - \langle \psi, v\rangle \geq \langle A(u), u - v\rangle.$$

Prenant $v = u$, on en déduit que $\liminf_{n\to+\infty} \langle A(u_n), u_n\rangle \geq \langle \psi, v\rangle$, d'où $\langle A(u_n), u_n\rangle \to \langle \psi, u\rangle$, et en reportant dans l'inégalité ci-dessus,

$$\langle \psi, u - v\rangle \geq \langle A(u), u - v\rangle.$$

Prenant $v = u + w$, on en déduit donc que $\psi = A(u)$ et que A est pseudo-monotone au sens 1.

Supposons maintenant que A soit pseudo-monotone au sens 1 et borné. Soit u_n une suite telle que $u_n \rightharpoonup u$ et $\limsup_{n\to+\infty} \langle A(u_n), u_n - u\rangle \leq 0$. Soit $v \in V$. Comme A est borné, on peut extraire une sous-suite telle que

$$A(u_{n'}) \rightharpoonup \psi \quad \text{et} \quad \langle A(u_{n'}), u_{n'} - v\rangle \to \liminf_{n\to+\infty} \langle A(u_n), u_n - v\rangle.$$

Comme $\langle A(u_{n'}), u\rangle \to \langle \psi, u\rangle$, on a d'abord $\limsup_{n'\to+\infty} \langle A(u_{n'}), u_{n'}\rangle \leq \langle \psi, u\rangle$. Donc, par pseudo-monotonie au sens 1, il vient que $\psi = A(u)$ et $\langle A(u_{n'}), u_{n'}\rangle \to \langle A(u), u\rangle$. On voit donc que

$$\langle A(u_{n'}), u_{n'} - v\rangle \to \langle A(u), u - v\rangle,$$

donc A est pseudo-monotone au sens 2. □

Remarque 8.6. Remarquons que si A est pseudo-monotone au sens 1, alors A est trivialement de type M. □

La pseudo-monotonie est une généralisation de la monotonie.

Théorème 8.6. *Si A est hémicontinu et monotone, alors A est pseudo-monotone au sens* 1.

Preuve. Soit A un opérateur hémicontinu monotone et soit u_n une suite telle que $u_n \rightharpoonup u$, $A(u_n) \rightharpoonup \psi$ et $\limsup_{n\to+\infty}\langle A(u_n), u_n\rangle \leq \langle \psi, u\rangle$. Comme

$$\langle A(u_n) - A(u), u_n - u\rangle \geq 0,$$

il vient en développant

$$\langle A(u_n), u_n\rangle \geq \langle A(u_n), u\rangle + \langle A(u), u_n - u\rangle.$$

Le membre de droite converge vers $\langle \psi, u\rangle$. Par conséquent, en passant à la limite inférieure, on obtient

$$\liminf_{n\to+\infty}\langle A(u_n), u_n\rangle \geq \langle \psi, u\rangle,$$

d'où

$$\langle A(u_n), u_n\rangle \longrightarrow \langle \psi, u\rangle.$$

Pour montrer que $\psi = A(u)$, on utilise encore l'astuce de Minty. Pour tout $w \in V$,

$$\langle A(u_n) - A(w), u_n - w\rangle \geq 0,$$

d'où en développant, puis passant à la limite,

$$\langle \psi - A(w), u - w\rangle \geq 0.$$

Prenons $w = u + tv$ avec $t > 0$. Il vient

$$-t\langle \psi, v\rangle + t\langle A(u + tv), v\rangle \geq 0.$$

Divisant par t puis faisant tendre t vers 0, on obtient par hémicontinuité

$$\langle A(u), v\rangle \geq \langle \psi, v\rangle,$$

pour tout v dans V, d'où $A(u) = \psi$. □

Donnons maintenant les théorèmes d'existence.

Théorème 8.7. *Tout opérateur A de type M borné et coercif est surjectif.*

Preuve. On utilise encore une fois la méthode de Galerkin. Montrons d'abord que A est continu de V fort dans V' faible. Soit donc une suite v_n telle que $v_n \to v$ fortement. Comme $A(v_n)$ est borné, on peut extraire une sous-suite $v_{n'}$ telle que $A(v_{n'}) \rightharpoonup \psi$ faiblement. On a donc $\langle A(v_{n'}), v_{n'}\rangle \to \langle \psi, v\rangle$ et comme A est de type M, on en déduit que $\psi = A(v)$. On conclut par unicité de la limite.

Grâce à la coercivité, on démontre facilement l'existence en dimension finie par la variante du théorème de Brouwer 2.7, *i.e.*, pour tout $f \in V'$ il existe $u_m \in V_m$ tel que pour tout $v \in V_m$

$$\langle A(u_m), v\rangle = \langle f, v\rangle. \tag{8.13}$$

En particulier,

$$\langle A(u_m), u_m\rangle = \langle f, u_m\rangle.$$

De plus, toujours grâce à la coercivité, la suite u_m est bornée. La suite $A(u_m)$ est donc aussi bornée, et l'on peut supposer que $u_m \rightharpoonup u$ et $A(u_m) \rightharpoonup \psi$. Passant à la limite dans la dernière égalité, on voit que

$$\langle A(u_m), u_m\rangle \to \langle f, u\rangle. \tag{8.14}$$

D'autre part, d'après (8.13), pour tout v dans $\bigcup V_m$, on a

$$\langle f, v\rangle = \langle A(u_m), v\rangle \to \langle \psi, v\rangle.$$

Donc, par densité, pour tout v dans V, on a

$$\langle f, v\rangle = \langle \psi, v\rangle,$$

soit $\psi = f$. Combinant cette relation avec (8.14), il vient

$$\langle A(u_m), u_m\rangle \to \langle \psi, u\rangle,$$

et comme A est de type M, on obtient finalement $\psi = A(u) = f$. □

On démontre un résultat analogue pour les inéquations variationnelles.

Théorème 8.8. *Soit C un convexe fermé non vide de V et $A\colon V \to V'$ un opérateur pseudo-monotone borné (coercif si C est non borné). Alors, pour tout $f \in V'$, l'inéquation variationnelle* (8.3) *admet au moins une solution.*

Preuve. Tout d'abord, notons que si A est pseudo-monotone borné, alors il est de type M et on vient de voir que tout opérateur de type M borné est continu de V fort dans V' faible.

On commence par le cas d'un convexe C borné que l'on approche par une suite C_m de convexes fermés de dimension finie comme au Lemme 8.2. L'inéquation variationnelle sur C_m, (8.4), admet donc une solution u_m exactement comme au Lemme 8.3, puisque le seul ingrédient est la continuité de A de V fort dans V' faible.

Comme C est borné, on extrait une sous-suite telle que $u_m \rightharpoonup u$ dans V faible et $A(u_m) \rightharpoonup \psi$ dans V' faible, avec bien sûr $u \in C$, puisque ce dernier est convexe fermé.

On a alors $\limsup_{m\to+\infty}\langle A(u_m), u_m\rangle \le \langle \psi, u\rangle$, comme au Lemme 8.6. En effet, seule l'inéquation variationnelle y est utilisée.

Juste par définition de la pseudo-monotonie, on en déduit que $\psi = A(u)$ et que $\langle A(u_m), u_m \rangle \to \langle A(u), u \rangle$ quand $m \to +\infty$.[2]

En passant alors à la limite dans l'inéquation variationnelle (8.4) quand $m \to +\infty$, on en déduit immédiatement que $u \in C$ est solution de l'inéquation variationnelle sur le convexe C, (8.3).

On déduit enfin le cas d'un convexe non borné du cas d'un convexe borné en reprenant exactement la démonstration du Théorème 8.3. □

8.6 Exemples, les opérateurs de Leray-Lions

Il s'agit d'une classe d'opérateurs introduite dans [39]. On travaille dans les espaces $W_0^{1,p}(\Omega)$ où Ω est un ouvert borné de $\mathbb{R}^d$. Soit $F : \Omega \times \mathbb{R} \times \mathbb{R}^d \to \mathbb{R}^d$ une fonction telle que

i) F est mesurable par rapport à $x \in \Omega$, continue par rapport à $(s, \xi) \in \mathbb{R} \times \mathbb{R}^d$,
ii) Il existe $k \in L^{p'}(\Omega)$ et une constante C tels que

$$\forall (x, s, \xi) \in \Omega \times \mathbb{R} \times \mathbb{R}^d, \quad |F(x, s, \xi)| \leq k(x) + C(|s|^{p-1} + |\xi|^{p-1}),$$

iii) Pour x et s fixés, F est monotone par rapport à ξ,
iv) Il existe une constante $\alpha > 0$ telle que

$$\forall (x, s, \xi) \in \Omega \times \mathbb{R} \times \mathbb{R}^d, \quad F(x, s, \xi) \cdot \xi \geq \alpha |\xi|^p.$$

Théorème 8.9. *L'opérateur*

$$A : u \mapsto -\mathrm{div}\,(F(x, u, \nabla u))$$

est borné, pseudo-monotone et coercif de $W_0^{1,p}(\Omega)$ dans $W^{-1,p'}(\Omega)$.

Cette famille d'opérateurs contient ce qu'on appelle les opérateurs de Leray-Lions.

Preuve. Grâce à la condition de croissance ii), l'opérateur A agit bien entre ces deux espaces par

$$\langle A(u), v \rangle = \int_\Omega F(x, u(x), \nabla u(x)) \cdot \nabla v(x)\, dx.$$

De plus, par le théorème de Carathéodory, il est continu de $W_0^{1,p}(\Omega)$ fort dans $W^{-1,p'}(\Omega)$ fort et borné. Enfin, il est visiblement coercif par la condition iv).

[2] C'est d'ailleurs pour cela que cette définition a été posée, toute la difficulté étant ensuite reportée sur la question de comment montrer que tel ou tel opérateur que l'on se donne est pseudo-monotone, voir section 8.6.

Montrons que A est pseudo-monotone au sens 1. Soit donc une suite $u_n \in W_0^{1,p}(\Omega)$ telle que

$$\begin{cases} u_n \rightharpoonup u, \\ -\operatorname{div}(F(x, u_n, \nabla u_n)) \rightharpoonup \psi, \\ \limsup\limits_{n\to+\infty} \int_\Omega F(x, u_n, \nabla u_n) \cdot \nabla u_n \, dx \leq \langle \psi, u \rangle. \end{cases}$$

Par la condition de croissance ii), $F(x, u_n, \nabla u_n)$ est borné dans $L^{p'}(\Omega; \mathbb{R}^d)$. Nous pouvons donc extraire une sous-suite (toujours notée u_n) telle que

$$F(x, u_n, \nabla u_n) = g_n \rightharpoonup g \text{ dans } L^{p'}(\Omega; \mathbb{R}^d),$$

et il vient immédiatement

$$\psi = -\operatorname{div} g.$$

Par hypothèse, on a donc

$$\limsup_{n\to+\infty} \int_\Omega g_n \cdot \nabla u_n \, dx \leq \int_\Omega g \cdot \nabla u \, dx. \tag{8.15}$$

Utilisons maintenant la monotonie de F par rapport à sa troisième variable. Pour tout ϕ dans $L^p(\Omega; \mathbb{R}^d)$ (notons que ϕ n'est pas forcément un gradient), on a

$$\int_\Omega \big(F(x, u_n, \nabla u_n) - F(x, u_n, \phi)\big) \cdot (\nabla u_n - \phi) \, dx \geq 0,$$

soit

$$\int_\Omega g_n \cdot \nabla u_n \, dx - \int_\Omega g_n \cdot \phi \, dx - \int_\Omega F(x, u_n, \phi) \cdot (\nabla u_n - \phi) \, dx \geq 0. \tag{8.16}$$

Par le théorème de Rellich-Kondrašov, $u_n \to u$ fortement dans $L^p(\Omega)$ et nous pouvons donc extraire une autre sous-suite telle que $u_n \to u$ presque partout dans Ω et est dominée par une fonction de $L^p(\Omega)$. Comme F est continue par rapport à s et satisfait la condition de croissance ii), on déduit alors du théorème de convergence dominée de Lebesgue que

$$F(x, u_n, \phi) \longrightarrow F(x, u, \phi) \text{ dans } L^{p'}(\Omega; \mathbb{R}^d)\text{fort.}$$

Par conséquent

$$\int_\Omega F(x, u_n, \phi) \cdot (\nabla u_n - \phi)\, dx \longrightarrow \int_\Omega F(x, u, \phi) \cdot (\nabla u - \phi)\, dx,$$
$$\int_\Omega g_n \cdot \phi\, dx \longrightarrow \int_\Omega g \cdot \phi\, dx,$$

si bien que, passant à la limite supérieure dans (8.16) et utilisant l'inégalité (8.15), on obtient

$$\int_\Omega g \cdot \nabla u\, dx - \int_\Omega g \cdot \phi\, dx - \int_\Omega F(x, u, \phi) \cdot (\nabla u - \phi)\, dx \geq 0,$$

soit

$$\int_\Omega \big(g - F(x, u, \phi)\big) \cdot (\nabla u - \phi)\, dx \geq 0.$$

On applique alors l'astuce de Minty, encore une fois. Pour tout $\varphi \in \mathscr{D}(\Omega; \mathbb{R}^d)$, on prend $\phi = \nabla u + t\varphi$ avec $t > 0$. Il vient

$$\int_\Omega \big(g - F(x, u, \nabla u + t\varphi)\big) \cdot \varphi\, dx \geq 0,$$

d'où, en faisant tendre t vers 0 et en utilisant le théorème de convergence dominée,

$$\int_\Omega \big(g - F(x, u, \nabla u)\big) \cdot \varphi\, dx \geq 0.$$

On en déduit que $g = F(x, u, \nabla u)$, c'est-à-dire $\psi = A(u)$.

Reprenons alors la monotonie de F.

$$\int_\Omega \big(F(x, u_n, \nabla u_n) - F(x, u_n, \nabla u)\big) \cdot (\nabla u_n - \nabla u)\, dx \geq 0,$$

soit

$$\int_\Omega F(x, u_n, \nabla u_n) \cdot \nabla u_n\, dx \geq \int_\Omega F(x, u_n, \nabla u_n) \cdot \nabla u\, dx + \int_\Omega F(x, u_n, \nabla u) \cdot \nabla(u_n - u)\, dx. \tag{8.17}$$

Comme précédemment,

$$\int_\Omega F(x, u_n, \nabla u) \cdot \nabla(u_n - u)\, dx \longrightarrow 0,$$
$$\int_\Omega F(x, u_n, \nabla u_n) \cdot \nabla u\, dx \longrightarrow \int_\Omega g \cdot \nabla u\, dx = \int_\Omega F(x, u, \nabla u) \cdot \nabla u\, dx,$$

par conséquent, passant à la limite inférieure dans (8.17), il vient

$$\liminf_{n\to+\infty} \int_\Omega F(x, u_n, \nabla u_n) \cdot \nabla u_n \, dx \geq \int_\Omega F(x, u, \nabla u) \cdot \nabla u \, dx = \langle A(u), u \rangle.$$

Par hypothèse

$$\limsup_{n\to+\infty} \int_\Omega F(x, u_n, \nabla u_n) \cdot \nabla u_n \, dx \leq \langle \psi, u \rangle = \langle A(u), u \rangle,$$

puisque par l'étape précédente $\psi = A(u)$. Nous avons donc montré que

$$\int_\Omega F(x, u_n, \nabla u_n) \cdot \nabla u_n \, dx = \langle A(u_n), u_n \rangle \longrightarrow \langle A(u), u \rangle,$$

donc que A est pseudo-monotone au sens 1. □

Remarque 8.7. i) L'équation $-\mathrm{div}\,(F(x, u, \nabla u)) = f$ s'écrit, au moins formellement,

$$-\frac{\partial F_i}{\partial \xi_k}(x, u, \nabla u)\partial_{ik} u - \frac{\partial F_i}{\partial s}(x, u, \nabla u)\partial_i u - \frac{\partial F_i}{\partial x_i}(x, u, \nabla u) = f.$$

ii) On peut introduire les mêmes notions dans $W_0^{1,p}(\Omega; \mathbb{R}^m)$ pour traiter les systèmes. Il existe également une notion de fonction quasi-monotone qui généralise les gradients de fonctions quasi-convexes, tout comme les fonctions monotones généralisent les gradients de fonctions convexes. Néanmoins, un analogue de la polyconvexité, qui permettrait de construire des fonctions quasi-monotones non triviales, ne semble pas être connu. □

8.7 Exercices du chapitre 8

1. Résoudre le problème de la torsion élasto-plastique d'une poutre.
2. Démontrer le Théorème 8.8.
3. Soit V est un espace de Banach séparable et réflexif et K un convexe fermé non vide de V. Tous les opérateurs considérés dans la suite sont de V dans V'. On dit qu'un opérateur β monotone, hémicontinu et borné est un opérateur de pénalisation associé au convexe C si

$$v \in C \Longleftrightarrow \beta(v) = 0.$$

3.1. Soient A_1 un opérateur pseudomonotone borné et A_2 un opérateur monotone, hémicontinu et borné. Montrer que $A_1 + A_2$ est pseudomonotone borné.

3.2. Soit A un opérateur pseudomonotone borné et coercif et soit $f \in V'$. Pour tout $\varepsilon > 0$ on considère le problème :

$$A(u^\varepsilon) + \frac{1}{\varepsilon}\beta(u^\varepsilon) = f.$$

Montrer que ce problème admet au moins une solution et qu'il existe une sous-suite ε' telle que $u^{\varepsilon'}$ converge faiblement dans V vers une solution $u \in C$ de l'inéquation variationnelle :

$$\forall v \in C, \quad \langle A(u) - f, v - u \rangle \geq 0.$$

3.3. On suppose que V est un espace de Hilbert que l'on identifie à son dual par l'intermédiaire de son produit scalaire. Soit P la projection orthogonale sur C. Montrer que l'opérateur β défini par $\beta(v) = v - P(v)$ est un opérateur de pénalisation associé au convexe C.

4. Soit Ω un ouvert borné de $\mathbb{R}^d$ (muni du produit scalaire euclidien standard).

4.1. Soient A_1 et A_2 deux opérateurs monotones de $H_0^1(\Omega)$ dans $H^{-1}(\Omega)$. Montrer que $A = A_1 + A_2$ est monotone.

4.2. On se donne une application $B\colon \mathbb{R}^d \to \mathbb{R}^d$ continue, strictement monotone pour ledit produit scalaire et telle qu'il existe $C \geq 0$ et $\alpha > 0$ avec

$$\forall \xi \in \mathbb{R}^d, \quad |B(\xi)| \leq C(1 + |\xi|) \quad \text{et} \quad B(\xi) \cdot \xi \geq \alpha |\xi|^2.$$

Soit $\psi \in H_0^1(\Omega)$. Pour tout $\varepsilon > 0$ et tout $v \in H_0^1(\Omega)$, on pose

$$\mathscr{B}_\varepsilon(v) = -\mathrm{div}\,(B(\nabla v)) - \frac{1}{\varepsilon}(v - \psi)_-.$$

Montrer que pour tout $f \in H^{-1}(\Omega)$, il existe un unique $u^\varepsilon \in H_0^1(\Omega)$ tel que

$$\mathscr{B}_\varepsilon(u^\varepsilon) = f.$$

4.3. Montrer que u^ε est borné dans $H_0^1(\Omega)$ indépendamment de ε. On extrait une sous-suite (encore notée u^ε) telle que $u^\varepsilon \rightharpoonup u$ dans $H_0^1(\Omega)$ faible quand $\varepsilon \to 0$.

4.4. Montrer que $u \geq \psi$ presque partout dans Ω.

4.5. Soit $C = \{v \in H_0^1(\Omega); v \geq \psi \text{ p.p. dans } \Omega\}$. Montrer que C est un convexe fermé non vide et que u satisfait

$$\forall v \in C, \langle \mathscr{B}(u) - f, v - u \rangle_{H^{-1}(\Omega), H_0^1(\Omega)} \geq 0$$

où

$$\mathscr{B}(v) = -\mathrm{div}\,(B(\nabla v)).$$

En déduire que c'est toute la suite qui converge.

4.6. Posant $\mu = f + \operatorname{div}(B(\nabla v)) \in H^{-1}(\Omega)$, montrer que μ est une mesure de Radon négative et que μ satisfait $\langle \mu, u - \psi \rangle_{H^{-1}(\Omega), H_0^1(\Omega)} = 0$.

4.7. On suppose que u et ψ sont continues sur $\overline{\Omega}$. Soit $E = \{x \in \Omega; u(x) > \psi(x)\}$. Montrer que $-\operatorname{div}(B(\nabla u)) = f$ dans E (préciser le sens fonctionnel de cette affirmation). Que peut-on en déduire si $d = 1$?

4.8. On suppose pour cette question qu'il existe une constante $\gamma > 0$ telle que pour tous $\xi, \xi' \in \mathbb{R}^d$, $(B(\xi) - B(\xi')) \cdot (\xi - \xi') \geq \gamma |\xi - \xi'|^2$. Montrer que u^ε tend vers u fortement dans $H_0^1(\Omega)$.

4.9. On ne suppose plus l'existence de γ. Montrer que la fonction

$$g^\varepsilon = (B(\nabla u^\varepsilon) - B(\nabla u)) \cdot (\nabla u^\varepsilon - \nabla u)$$

tend vers 0 dans $L^1(\Omega)$ fort. En déduire qu'il existe une sous-suite telle que $\nabla u^{\varepsilon'}$ converge presque partout, puis que $u^\varepsilon \to u$ dans $H_0^1(\Omega)$ fort.

4.10. On suppose que $B(\xi) = \xi$ et $\psi = 0$. Montrer en choisissant des fonctions-test appropriées qu'il existe une constante $C > 0$ telle que $\|(u^\varepsilon)_-\|_{H_0^1(\Omega)} \leq C\sqrt{\varepsilon}$ et que $\|(u^\varepsilon)_+ - u\|_{H_0^1(\Omega)} \leq C\sqrt{\varepsilon}$. En déduire que $\|u^\varepsilon - u\|_{H_0^1(\Omega)} \leq C\sqrt{\varepsilon}$.

5. Soient Ω un ouvert borné de $\mathbb{R}^d$, $d \leq 3$, muni de la structure euclidienne usuelle, $s = 2$ si $d = 1$, $1 \leq s < 2$ si $d = 2$, $s = 3/2$ si $d = 3$, $f \in H^{-1}(\Omega)$, F une fonction continue monotone de $\mathbb{R}^d$ dans $\mathbb{R}^d$ telle qu'il existe $C \geq 0$ et $\alpha > 0$ avec

$$\forall \xi \in \mathbb{R}^d, \quad \begin{cases} |F(\xi)| \leq C(1 + |\xi|), \\ F(\xi) \cdot \xi \geq \alpha |\xi|^2. \end{cases}$$

On s'intéresse au problème

$$\begin{cases} u \in H_0^1(\Omega), \\ -\operatorname{div}(F(\nabla u)) + u\partial_1 u = f \text{ dans } \mathscr{D}'(\Omega). \end{cases} \tag{8.18}$$

5.1. Montrer que le problème (8.18) est équivalent à la formulation variationnelle

$$\forall v \in H_0^1(\Omega) \cap L^{s'}(\Omega), \quad \int_\Omega F(\nabla u) \cdot \nabla v \, dx + \int_\Omega u\partial_1 u v \, dx = \langle f, v \rangle.$$

5.2. Soit $w_m \in \mathscr{D}(\Omega)$ une famille dénombrable telle que les combinaisons linéaires des w_m sont denses dans $H_0^1(\Omega) \cap L^{s'}(\Omega)$. On note $V_i = \operatorname{vect}\{w_1, w_2, \ldots, w_i\}$ l'espace vectoriel engendré par les i premiers vecteurs. Montrer que le problème : trouver $u_i \in V_i$ tel que

$$\forall v \in V_i, \quad \int_\Omega F(\nabla u_i) \cdot \nabla v \, dx + \int_\Omega u_i \partial_1 u_i v \, dx = \langle f, v \rangle,$$

admet au moins une solution.

5.3. Montrer que l'on peut extraire une sous-suite, toujours notée u_i telle que $u_i \rightharpoonup u$ dans $H_0^1(\Omega)$ faible, $F(\nabla u_i) \rightharpoonup g$ dans $L^2(\Omega; \mathbb{R}^d)$ faible et $-\mathrm{div}\,(F(\nabla u_i)) \rightharpoonup \xi$ dans $H^{-1}(\Omega)$ faible.

5.4. Montrer que l'on a

$$-\mathrm{div}\, g + u\partial_1 u = f \text{ dans } \mathscr{D}'(\Omega).$$

5.5. Montrer que

$$\liminf_{i\to+\infty} \int_\Omega F(\nabla u_i)\cdot \nabla u_i\, dx \geq \int_\Omega g\cdot \nabla u\, dx.$$

5.6. Montrer que

$$\int_\Omega u_i^2 \partial_1 u_i\, dx \to \int_\Omega u^2 \partial_1 u\, dx \text{ quand } i \to +\infty,$$

(on rappelle que $d \leq 3$). En déduire que

$$\limsup_{i\to+\infty} \int_\Omega F(\nabla u_i)\cdot \nabla u_i\, dx \leq \int_\Omega g\cdot \nabla u\, dx.$$

5.7. Montrer que $g = F(\nabla u)$ et que u est solution du problème (8.18).

Bibliographie

La bibliographie sur les sujets traités dans cet ouvrage est extrêmement vaste. Ce qui suit est une sélection parfois un peu arbitraire d'ouvrages de référence et d'articles de recherche.

1. Acerbi, E. et Fusco, N., Semicontinuity problems in the calculus of variations, *Arch. Rational Mech. Anal.* 62, 371–387, 1984.
2. Adams, R.A., *Sobolev Spaces*, Academic Press, New York, 1975.
3. Agmon, S., Douglis, A. et Nirenberg, L., Estimates near the boundary for solutions of elliptic partial differential equations satisfying general boundary conditions I, *Comm. Pure Appl. Math.* 12, 623–727, 1959.
4. Agmon, S., Douglis, A. et Nirenberg, L., Estimates near the boundary for solutions of elliptic partial differential equations satisfying general boundary conditions II, *Comm. Pure Appl. Math.* 17, 35–92, 1964.
5. Ball, J.M., Convexity conditions and existence theorems in nonlinear elasticity, *Arch. Rational Mech.* Anal. 63, 337–403, 1977.
6. Ball, J.M., A version of the fundamental theorem for Young measures, *PDEs and continuum models of phase transitions* (*Nice*, 1988), 207 215, Lecture Notes in Phys., 344, Springer, Berlin, 1989.
7. Ball, J.M., Currie, J.C. et Olver, P.J., Null Lagrangians, weak continuity, and variational problems of arbitrary order, *J. Funct. Anal.*, 41, 135–174, 1981.
8. Bourbaki, N., *Espaces vectoriels topologiques*, Hermann, Paris, 1967
9. Brezis, H., Équations et inéquations non linéaires dans les espaces vectoriels en dualité, *Ann. Inst. Fourier, Grenoble* 18, 115–175, 1968.
10. Brezis, H., *Opérateurs maximaux monotones et semi-groupes de contractions dans les espaces de Hilbert*, North-Holland Mathematics Studies, No. 5. Notas de Matemática (50), North-Holland Publishing Co., Amsterdam-London, American Elsevier Publishing Co., Inc., New York, 1973.
11. Brezis, H., *Analyse fonctionnelle. Théorie et applications*, Masson, Paris, 1983.
12. Browder, F., *Problèmes non linéaires*, Université de Montréal, 1966.
13. Chazarain, J. et Piriou, A., *Introduction à la théorie des équations aux dérivées partielles linéaires*, Gauthier-Villars, Paris, 1981.
14. Ciarlet, P.G., *Mathematical elasticity. Vol. I. Three-dimensional elasticity*, Studies in Mathematics and its Applications, 20. North-Holland Publishing Co., Amsterdam, 1988.
15. Dautray, R. et Lions, J.-L., *Analyse mathématique et calcul numérique pour les sciences et les techniques, Vol. 5*, Masson, Paris, 1985.
16. Dacorogna, B., *Direct Methods in the Calculus of Variations*, Springer-Verlag, Berlin, 1989.
17. Dieudonné, J., *Éléments d'analyse, vol.* 2, Gauthier-Villars, Paris, 1974.
18. DiPerna, R.J., Convergence of approximate solutions to conservation laws, *Arch. Rational Mech. Anal.* 82, 27–70, 1983.

H. Le Dret, *Équations aux dérivées partielles elliptiques non linéaires*, Mathématiques et Applications 72, DOI: 10.1007/978-3-642-36175-3,

19. Duvaut, G. et Lions, J.-L., *Les inéquations en mécanique et en physique*, Travaux et Recherches Mathématiques, No. 21, Dunod, Paris, 1972.
20. Ekeland, I., On the variational principle, *J. Math. Anal. Appl.* 47, 324–353, 1974.
21. Ekeland, I. et Temam, R., *Analyse convexe et problèmes variationnels*, Dunod, Paris, 1974.
22. Evans, L.C., *Weak convergence methods for nonlinear partial differential equations*, Regional Conference Series in Mathematics 74, AMS, 1990.
23. Evans, L.C., Quasiconvexity and partial regularity in the calculus of variations, *Arch. Rational Mech. Anal.* 95, 227–252, 1986.
24. Evans, L.C. et Gariepy, R.F., *Measure Theory and Fine Properties of Functions*, Studies in Advanced Mathematics, Boca Raton, 1992.
25. Fonseca, I., The lower quasiconvex envelope of the stored energy function for an elastic crystal, *J. Math. Pures Appl.* 67, 175–195, 1988.
26. Fonseca, I. et Gangbo, W., *Degree Theory in Analysis and Applications*, Oxford University Press, 1995.
27. Fonseca, I. et Müller, S., Quasiconvex integrals and lower semicontinuity in L^1, *SIAM J. Math. Anal.* 23, 1081–1098, 1992.
28. Geymonat, G., Sui problemi ai limiti per i sistemi lineari ellittici, *Ann. Mat. Pura Appl.* 69, 207–284, 1965.
29. Gilbarg, D. et Trudinger, N.S., *Elliptic Partial Differential Equations of Second Order*, second edition, Springer-Verlag, Berlin, 1983.
30. Grisvard, P., *Elliptic Problems in Nonsmooth Domains*, Pitman, Marshfield, 1985, republié dans Classics in Applied Mathematics, SIAM, Philadelphia, 2011.
31. Giaquinta, M. et Giusti, E., Nonlinear elliptic systems with quadratic growth, *Manu. Math.* 148, 323–349, 1978.
32. Giusti, E. et Miranda, M., Sulla regolarità delle soluzioni deboli di una classe di sistemi ellittici quasi-lineari, *Arch. Rational Mech. Anal.* 115, 329–365, 1991.
33. Kavian, O., *Introduction à la théorie des points critiques et applications aux problèmes elliptiques*, Springer-Verlag, Paris, New York, 1993.
34. Kinderlehrer, D. et Pedregal, P., Characterizations of Young measures generated by gradients, *Arch. Rational Mech. Anal.* 115, 329–365, 1991.
35. Kinderlehrer, D. et Pedregal, P., Gradient Young measures generated by sequences in Sobolev spaces, *J. Geom. Anal.* 4, 59–90, 1994.
36. Kinderlehrer, D., Stampacchia, G., *An Introduction to Variational Inequalities and Their Applications*, Academic Press, New York, 1980, republié dans Classics in Applied Mathematics, SIAM, Philadelphia, 2000.
37. Kristensen, J., On the non-locality of quasiconvexity, *Ann. Inst. H. Poincaré Anal. Non Linéaire* 16, 1–13, 1999.
38. Le Dret, H. et Raoult, A., Variational convergence for nonlinear shell models with directors and related semicontinuity and relaxation results, *Arch. Rational Mech. Anal.* 154, 101–134, 2000.
39. Leray, J. et Lions, J.-L., Quelques résultats de Visik sur les problèmes elliptiques non linéaires par les méthodes de Minty-Browder, *Bull. Soc. Math. France*, 93, 97–107, 1965.
40. Lions, J.-L., *Quelques méthodes de résolution des problèmes aux limites non linéaires*, Dunod, Gauthier-Villars, Paris 1969, republié par Dunod, Paris, 2002.
41. Lions, J.-L. et Magenes, E., *Problèmes aux limites non homogènes, Vol. 1*, Dunod, Paris, 1968.
42. Marcellini, P., Approximation of quasiconvex functions, and lower semicontinuity of multiple integrals, *Manuscripta Math.* 51, 1–28, 1985.
43. Meyer, Y. et Coifman, R.R., *Opérateurs multilinéaires*, Hermann, Paris, 1991.
44. Meyers, N., An L^p-estimate for the gradient of solutions of second order elliptic divergence equations, *Ann. Scuola Norm. Sup. Pisa* 17, 189–206, 1963.
45. Milnor, J.W., *Topology from the Differentiable Viewpoint*, University Press of Virginia, Charlottesville, 1965.

46. Morrey Jr., C.B., Quasiconvexity and the lower semicontinuity of multiple integrals, *Pacific J. Math.* 2, 25–53, 1952.
47. Morrey Jr., C.B., *Multiple Integrals in the Calculus of Variations*, Springer-Verlag, Berlin, 1966.
48. Minty, G., On a monotonicity method for the solution of non linear equations in Banach spaces, *Proc. Nat. Acad. Sci. U.S.A.*, 50, 1038–1041, 1963.
49. Nečas, J., *Les méthodes directes en théorie des équations elliptiques*, Masson, Paris, 1967.
50. Palais, R.S., Critical point theory and the minimax principle, *Global Analysis (Proc. Sympos. Pure Math., Vol. XV, Berkeley, Calif, 1968)*, 185–212, Amer. Math. Soc., Providence, R.I., 1970.
51. Rabinowitz, P.H., *Théorie du degré topologique et applications à des problèmes aux limites non linéaires*, notes de cours de l'Université Pierre et Marie Curie, rédigées par H. Berestycki, 1975.
52. Rockafellar, R.T., *Convex Analysis*, Princeton University Press, Princeton, NJ, 1970.
53. Rudin, W., *Analyse réelle et complexe*, Masson, Paris, 1975.
54. Schaefer, H.H., *Topological Vector Spaces*, Springer-Verlag, New York, Heidelberg, Berlin, 1986 (5ème édition).
55. Schwartz, J.T., *Nonlinear Functional Analysis*, Lecture notes, 1963–1964, Courant Institute of Mathematical Sciences, New York, 1965.
56. Stampacchia, G., *Équations elliptiques du second ordre à coefficients discontinus*, Presses de l'Université de Montréal, série « Séminaires de Mathématiques Supérieures », 16, Montréal, 1965.
57. Šverák, V., Rank one convexity does not imply quasiconvexity, *Proc. R. Soc. Edinburgh A*, 120, 185–189, 1992.
58. Tartar, L., Compensated compactness and applications to partial differential equations. *Nonlinear analysis and mechanics: Heriot-Watt Symposium, Vol. IV*, pp. 136–212, Res. Notes in Math., 39, Pitman, Boston, London, 1979.
59. Trèves, F., *Topological Vector Spaces, Distributions and Kernels*, Academic Press, New York, 1967, republié par Dover Publications, Mineola, 2006.
60. Young, L.C., *Lectures on the Calculus of Variations and Optimal Control Theory*, W.B. Saunders, Philadelphia-London-Toronto, Ont., 1969.
61. Ziemer, W.P., *Weakly Differentiable Functions*, Springer-Verlag, Berlin, New York, 1989.

Index

H. Le Dret, *Équations aux dérivées partielles elliptiques non linéaires*, Mathématiques et Applications 72, DOI: 10.1007/978-3-642-36175-3,

E

F

G